THE NVIDIA WAY

JENSEN HUANG
AND THE MAKING OF
A TECH GIANT

エヌビディアの流儀

テイ・キム 千葉敏生 訳

ダイヤモンド社

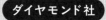

THE NVIDIA WAY

Jensen Huang and the Making of a Tech Giant

by Tae Kim

First published by W. W. Norton & Company, Inc.

Japanese translation rights arranged with
W. W. NORTON & COMPANY, INC.
through Japan UNI Agency, Inc., Tokyo

目次

第Ⅱ部

瀕死の経験

1993年～2003年

第Ⅲ部

エヌビディアの隆盛

2002年～2013年

第Ⅳ部

未来に向かって

2013年〜現在

原著のnotesは本文内の数字と巻末の注としてまとめた。
訳注は本文内で〔 〕で示した。

ヘレナとノアに捧ぐ

エヌビディアのCEOになっていなければ、ジェンスン・フアンは教師になっていたかもしれない。彼のお気に入りの道具はホワイトボードだ。1993年にエヌビディアを共同創業してからずっと同社のCEOを務めるジェンスンは、会議に出席すると、たびたびノミの先端のような形状をした愛用のホワイトボード・マーカーを持って立ち上がり、問題を図式化したりアイデアをスケッチしたりしていく。たとえ誰かが話したり、ホワイトボードに何かを書き込んだりしている最中でもおかまいなしだ。実際、彼は教師役と学生役を交互にこなしながら、社員たちが思考を深め、目の前の問題を解決できるよう、共同作業の精神を養っていく。彼のスケッチはそのまま技術文書の図面として使えるくらい精密だ。彼はどんなに複雑な概念でもホワイトボードを使ってわかりやすく説明してみせることから、同僚たちに「ジェンスン教授」と呼ばれている。

エヌビディアでは、ホワイトボードは単に会議で用いられる主なコミュニケーション手段であるだけでなく、「可能性」と「短命性」の両方を象徴する存在でもある。その根底には、どんなにすばらしく見事なアイデアでも、最後には消し去って一から練り直さなければならない、という信念がある。実際、カリフォルニア州サンタクララにある2棟のエヌビディア本社ビルの会議室には、必ずホワイトボードが備えつけられている。それはまるで、一日一日、一つひとつの会議が新たなチャンスであり、イノベーションが必要不可欠であることを象徴するかのようだ。また、ホワイトボードを使った説明には能動的に考えることが欠かせないので、幹部社員も含め、社員が目の前の題材をどれだけ深く理解しているのか（またはしていないのか）がおのずと一目瞭然になる。社員は聴衆の前で自分の思考プロセスをリアルタイムで披露しなければならない。体裁の整ったスライドやおしゃれなマーケティング動画の陰に身を隠すことなど、誰にもできないのだ。

もしかすると、ホワイトボードはエヌビディアの独特な社風を象徴する究極のシンボルなのかもしれない。マイクロチップ設計会社であるエヌビディアは、1990年代に小さな産声を上げてから、みるみる巨大企業へと成長を遂げていった。当初は、何十社とあるコンピュータ・グラフィックス・チップ・メーカーのひとつとして、主に一人称視点シューティング・ゲーム『クエイク』などのゲームで最高の性能を求めるコアなゲーマーたちにしか知られていない存在だったが、今や人工知能（AI）時代の最先端のプロセッサを供給する筆頭企業へとのぼり詰めた。同社のプロセッサのアーキテクチャ（設計思想）は、AI関連の処理にとりわけ適している。その肝となるのが、数学的計算を同時並行的に行なう能力であり、それは高度な大規模言語ＡＩモデルのトレーニングと実行には欠かせないものである。

エヌビディアはＡＩの重要性をいち早く察知し、10年以上にわたってハードウェア機能の向上、ＡＩソフトウェア・ツールの開発、ネットワーキング性能の最適化など、未来を見据えた投資を行なってきた。だからこそ、エヌビディアの技術プラットフォームは現在のＡＩブームの波に乗り、その最大の恩恵を受ける絶好の立場にいられたわけだ。

そんなＡＩの用途は今や多岐にわたる。多くの企業がエヌビディア製品を搭載したＡＩサーバを利用し、開発者が面倒で書きたがらない機械語に近いコードを自動生成して、プログラマーの生産性を向上させている。また、顧客サービスに関連する繰り返し業務を自動化したり、デザイナーがテキスト入力だけで画像の作成や修正を行なえるようにし、今までよりもすばやいアイデアの改良を実現したりもしている。

エヌビディアの変革は功を奏した。２０２４年６月18日、同社はマイクロソフトを抜き、時価総額３・３兆ドルの世界でもっとも価値のある企業となった。この快挙達成の追い風となったのは、エヌビディア製ＡＩチップに対する莫大な需要だ。実際、同社の株価は過去12か月間で３倍になった。エヌビディア株を「歴史的に見て優良な投資先」と呼ぶのは控えめな表現だろう。１９９９年初頭のＩＰＯ（新規株式公開）から２０２３年末までのあいだに、エヌビディアの投資家は、年平均成長率（CAGR）にして33パーセント以上という、アメリカの株式史上最高のリターンを享受した。[1] もし1999年1月22日の上場初日にエヌビディア株を1万ドルぶん購入していれば、2023年12月31日には1320万ドルになっていた計算だ。

そんなエヌビディアの社風の原点は、ほかならぬジェンスン・ファンにある。彼は友人、社員、取引先、ライバル、投資家、ファンから単純に「ジェンスン」と呼ばれている（本書でもこの呼び名を用いる）。『タイム』誌の2021年版「世界で最も影響力のある100人」に選ばれるなど、AIブームが訪れる前からすでに一定の名声は得ていたが、エヌビディアの企業価値が1兆ドル、それから2兆ドル、3兆ドルに達するにつれ、彼の知名度もそれに比例してうなぎのぼりに上昇していった。今では、彼のトレードマークである革ジャンとシンプルな横分けの銀髪を記事や動画で見ない日はないくらいだ。その多くがジェンスンのことを「知られざる天才」と評している。

私たちのようにずっと半導体業界を追ってきた者にとっては、ジェンスンはしばらく前からよく知られた存在だ。創業から30年にわたってずっとエヌビディアを率いてきた彼は、テクノロジー企業の現CEOのなかでは最長の在任記録を誇る。しかも、彼はただエヌビディアを存続させてきただけではない。厳しく不安定な半導体業界の並み居る競合企業だけでなく、地球上のほとんどの企業をも凌駕する企業へと育て上げてきたのだ。私は職業柄、初めは株式アナリストとして、そして今はジャーナリストとして、長年エヌビディアを追いつづけ、彼の指導力と戦略的ビジョンが同社を形づくる様子を目の当たりにしてきた。といっても、それはあくまで外部の観察者の視点からだ。具体的な事実と同じくらい、主観的な解釈にも頼ってきたことは否定しようがない。よって、エヌビディアの成功の秘密をひもとくには、エヌビディア内外の多くの人に話を聞く必要があるだろう。そして、社員たちと同じようにジェンスンの教え子となり、ジェンスン本人に話を聞く必要も。

ジェンスン・フアンへのインタビュー

その絶好の機会が巡ってきたのは、エヌビディアが世界でもっとも価値のある企業になるわずか4日前のことだった。私が本の執筆中だと知っていたエヌビディアは、2024年6月上旬、カリフォルニア工科大学の2024年度の卒業生に向けたジェンスンの祝辞のあとに彼と会わないかと言ってくれた。私は了承し、6月14日金曜日の午前10時前、舞台の前でジェンスンの登壇を待った。その日はきれいな青空が広がり、暖かい陽光が降り注ぐ、実にカリフォルニアらしい一日だった。学生やその家族たちが巨大な白いテントのもとで席に着くと、カリフォルニア工科大学理事会会長のデイヴィッド・トンプソンがジエンスンを紹介した。ふたりはその日の朝、一緒にキャンパスを歩いたのだが、ジェンスンがあまりに注目を集めたので、トンプソンはまるでエルヴィス・プレスリーと並んで歩いている気分だった、と冗談を言った。

祝辞の最中、ジェンスンはカリフォルニア工科大学の卒業が学生たちにとって人生の頂点のひとつになるだろう、と語り、自分も頂点を何度か経験していると述べた。「私たちは今、お互い人生の頂点にいる」と彼は言った。「エヌビディアや私自身に注目してきた人たちなら、この言葉の意味がわかると思う。ただ、君たちの場合はこの先たくさんの頂点が待ち受けているだろう。私は、今日が私自身の頂点ではないことを願うばかりだ。最大の頂点ではないことを」。そう言うと、彼はエヌビディアにもっと多くの頂点が訪れるよう今後も全力を尽くすことを誓い、自分のあとに続くよう卒業生たちを鼓舞した。

ジェンスンが祝辞を終えると、私は構内のケック宇宙研究所へと案内され、木製のパネルをあしらった会議室に通された。壁にパイロットや宇宙飛行士、大統領の白黒写真が飾られている部屋に入ると、ジェンスンがすでに私を待っていた。本題に入る前、私たちは少しだけ世間話を交わした。私は１９９０年代からコンピュータを自作していたほどのPCゲーム・マニアであり、グラフィックス・カードを探している最中に初めてエヌビディアと出会い、それからずっとエヌビディア製品一筋だったことを説明した。また、ウォール街のファンドに勤めていた駆け出しのころ、エヌビディアに投資して初めて大儲けしたことも明かした。

「そいつはよかった」とジェンスンはそっけなく言った。「私もエヌビディアで初めて大儲けしたんだ」

そのあと、私たちはいよいよエヌビディアの歴史について幅広い話を始めた。ジェンスンは、多くの元社員たちがエヌビディアの創業期に懐かしい気持ちを抱いていることを知っている。だが、彼はエヌビディアの創業期や自分自身の失敗をいたずらに美化しようとはしない。

「若いころは失敗ばかりだったよ。エヌビディアは創業初日から偉大な企業だったわけじゃない。31年かけて偉大な企業に育て上げていったんだ。最初からそうだったわけじゃなくてね」と彼は言った。「本当に偉大ならNV1なんてつくらなかったし、本当に偉大ならNV2なんてつくらなかった」と彼は続けた。彼のいうNV1とNV2というのは、それぞれエヌビディアの初代と第2代のチップのことで、どちらも会社を瀕死の状態に追いやった失敗作だった。「私たちは自分自身の魔の手から生き延びた。最大の敵は自分自身だったんだ」

その後も、エヌビディアは何度も死の淵に立たされたが、そのたびにストレスやプレッシャーをはねのけ、みずからの失敗を糧にした。そうした危機を乗り越えてきた屈強な社員たちは、その多くが今もなおエヌビディアに在籍している。もちろん、社員が去り、新たな人材の獲得が必要になることもあった。「誰かが去るたび、私たちは奮い立った。一人前の企業へと育て上げるために、会社を修復しつづけたんだ」と彼は言った。

すると、彼は急に文章を三人称へと切り替えた。「ジェンスンが最初の15年間、経営にかかわっていなければよかったんだけどね」と彼は笑った。それは彼が当時のエヌビディアの運営方法や自分自身の未熟さ、戦略的思考の欠如を恥じていることの表れだった。

私は創業者であるジェンスン本人を前にエヌビディアの過去を擁護する、という奇妙な立場に置かれた。私は本書の執筆に向けた下調べの過程で、エヌビディアの初期の意思決定について色々と学んでいたが、そのどれもが悪かったわけではない、と指摘した。確かに失敗もあったが、その一部は予測不能な要因や、ジェンスンやエヌビディアにはコントロールしようのない要因と結びついていたからだ。今にして思えば、失敗の多くは避けられなかったようにも見える。

「確かに、そうかもしれないね」とジェンスンは言った。「ただ、過去について話すのはあまり好きじゃないんだ」

私はこの言葉にこそエヌビディア社内に浸透する考え方が集約されているのではないか、と感じた。過去の失敗や成功は振り返らず、ひたすら未来に目を向ける。無限の可能性を秘めたまっさらなホワイトボードを見るように。そうはいっても、これまでのエヌビディアの歩みを理解しないかぎり、現在のエヌビディアを理解することはできない。

エヌビディアの決定的な特徴は、技術力ではない

本書は史上初となるエヌビディアの物語である。その主役がジェンスンであることはまちがいないが、本書は単なるジェンスン・フアンの伝記ではなく、エヌビディアという企業の全容を描いた物語だ。エヌビディアは1993年、デニーズの奥にあるボックス席で、ジェンスン、カーティス・プリエム、クリス・マラコウスキーによって創業された。テクノロジー業界で働く人々にとっては太古の出来事だ。この3人全員の貢献がなければ、エヌビディアは誕生しなかったといっても差し支えないだろう。ジェンスンのビジネス手腕と厳格な経営スタイルがエヌビディアの初期の成功にとって重要だったのは確かだが、プリエムのチップ・アーキテクチャに関する能力とマラコウスキーの製造に関する専門知識も同じく不可欠だった。

本書はエヌビディアがたどってきたこれまでの30年間の物語であり、この物語を描くた

めに総勢100人を超える人々にインタビューを敢行した。その多くが会社の内情に詳しいエヌビディアの現社員や元社員だ。そのなかには、ジェンスン本人や彼のふたりの共同創業者、創業初期や現在の経営陣もいるし、エヌビディアに投資した最初のふたりのベンチャーキャピタリストやテクノロジー業界のCEOたち、エヌビディアのチップの製造と販売に力を貸してきたパートナーたち、そしてエヌビディアと戦い、ことごとく敗れていったほかの半導体企業の関係者たちも含まれている。

これらのインタビューを通じて、エヌビディアを特別な存在にしている要因が少しずつ見えてきた。エヌビディアの決定的な特徴とは、技術力ではない。技術力は結果であって根本原因ではないのだ。また、高い時価評価から得られる資金力や新たなチャンスでもないし、未来を見通す神通力《じんつうりき》でも、運のよさでもない。むしろ、エヌビディアを特徴づけるのは、私が「エヌビディアの流儀」と呼ぶに至った独特の組織設計や労働文化なのだ。この文化こそが、各社員に与えられる異例の自律性と最大限の基準を結びつけている。最高の品質を求めつつ最高のスピードを促している。ジェンスンを社内のすべての人間や物事を直接見通すことのできる戦略家や実行者たらしめている。そして何より、全社員から超人的な努力と精神的な強さを引き出している。エヌビディアの仕事は確かに激務だが、エヌビディアがほかのアメリカ企業と一線を画すのは、CEOであるジェンスンの経営スタイルなのだ。

ジェンスンが今のような経営スタイルを取り入れているのは、エヌビディアの最大の敵が競合他社ではなく、むしろエヌビディア自身である、と信じているからだ。もう少し具体的にいえば、エヌビディアのように長年驚異的な成功を遂げてきた企業に例外なく忍び寄る「慢心」だ。ジャーナリストという職業柄、私は成功や成長を遂げるにつれて機能不全に陥っていく企業を数多く目の当たりにしてきた。その主な原因は社内政治にある。社員たちはイノベーションの促進や顧客の満足ではなく、上司の出世を手助けすることばかりに力を注ぐようになる。そのせいで、最高の仕事ができなくなり、常に隣のオフィスからの脅威に目を光らせるはめになる。これこそ、ジェンスンがエヌビディアからずっと排除しようとしてきた習慣だ。

「年月を経るごとに、人々が自分の縄張りやアイデアをどう守るのかがわかってきた。だからこそ、私はずっとフラットな組織を築こうと思ったんだ」とジェンスンは言う。彼が裏切りや指標の不正操作、社内政治を防ぐために導入したのは、公的な説明責任、そして必要に応じた公開叱責という手段だった。「他人の成功に手を貸せないリーダー、他人の機会を奪おうとするリーダーを見つけたら、声に出して指摘するだけだよ」と彼は言う。

「私は人を名指しで批判することなどなんとも思わない。それをいちどか一度やられれば、誰も同じまねはしなくなる」

エヌビディアの独特の社風は、テクノロジー業界の基準からしても異質で、残酷すぎるように思えるかもしれない。しかし、私が話を聞いた元エヌビディア社員のなかで、エヌビディアを悪く言う人を見つけるのは難しかった。彼らは一様に、エヌビディアには大企業にありがちな社内政治や優柔不断がほとんど見られなかった、と口を揃えた。そして、直接的で率直なコミュニケーションが少なく、仕事のペースがはるかにゆったりとしているほかの企業に適応するのが難しかった、と述べた。エヌビディアは社員たちに自律性を与えただけでなく、雇用条件のひとつとして、プロとしての職責を果たすよう義務づけていたのだという。

ある意味、これこそがもっとも純粋な形の「エヌビディアの流儀」といえる。それは自分の仕事に全力を尽くすことこそが最大の喜びであるという揺るぎない信念であり、逆境に耐え抜くという意欲だ。ジェンスンは私の目をまっすぐ見据えながら言った。エヌビディアの成功の最大の秘訣は「強い意志」なのだ、と。

より正確にいうと、エヌビディアを形づくってきたのはジェンスン個人の意志だ。彼はエヌビディア史上もっとも重要な意思決定の数々を個人的に行なってきた。新しい技術に対して巨額の賭けを的確に行なう能力は、彼の深い技術的知識に根差している。それはエンジニアリング分野の経歴を持つ創業者ならではの能力だ。本書では、エヌビディアの流儀を誰もがまねできるとはいわないまでも学ぶことのできる一連の原則へと凝縮しようと試みている。しかし、その背後にはこんな疑問がある。本当にエヌビディアをＣＥＯのジェンスンと切り離すことなどできるのか？

本書の執筆時点で、ジェンスンは61歳であり、人生の半分を超える31年間をエヌビディアの運営に捧げてきた。エヌビディアは今までになく巨大で、収益性が高く、世界経済にとって重要な存在へと成長した。しかし、エヌビディアはいまだにビジネス・リーダーとしても会社の顔としてもジェンスンに頼りきっている。アップルは１９８５年のスティーブ・ジョブズの追放や２０１１年の彼の死を乗り越えた。アマゾン、マイクロソフト、グーグルもそれぞれジェフ・ベゾス、ビル・ゲイツ、ラリー・ペイジとセルゲイ・ブリンが退いたあともうまくやってきた。いつの日か、エヌビディアも同じような転換を迎えるだろう。しかし、ジェンスンが去ったあとのエヌビディアがどんな姿になるのかははっきりとしない。エヌビディアの社風は生き残るのか？　エヌビディアの勢いは続くのか？

結局のところ、ホワイトボードを活かせるかどうかは、マーカーを持つ人物の手にかかっている。ホワイトボードは才能を映し出すことはできても、才能を生み出すことはできないのだ。

第　I　部

黎明期

～1993年

第1章 苦難を乗り越えて：ジェンスンの生い立ち

ストリートファイターの誕生

ジェンスン・フアンが4歳のころ、彼の父親がニューヨーク市を訪れ、アメリカに一目惚れをした。そのときから、両親にはひとつの目標ができた。その一攫千金の地で、ジェンスンと彼の兄を育てる方法を見つけることだ。

しかし、一筋縄ではいかなかった。ジェンスンは１９６３年2月17日、台湾で台湾人の両親のもとに生まれる。一家は決して裕福とはいえず、父親の仕事の都合で転居を繰り返した。やがてタイに長期滞在することになると、母親はふたりの息子に英語を教えた。毎日、辞書から10個の単語を適当に拾い、綴りと意味を丸暗記させたそうだ。[1]

そんななか、タイに政情不安の波が訪れると、ジェンスンの両親は息子兄弟をワシントン州タコマで暮らす叔母と叔父のもとに預けることを決心する。タコマはかつて、ノーザン・パシフィック鉄道のターミナルがあったことから「運命の街」と呼ばれるほど栄えたが、1970年代になるとニューヨーク市の活気とは対極に位置するようになっていた。街は湿っぽく陰気で、郊外に建ち並ぶ製紙工場から出る硫黄の臭いがいつも漂っていた。ジェンスンの叔母と叔父自身もアメリカに移住してきたばかりで、両親が息子たちを追って太平洋を渡ってくるまでのあいだ、甥っこたちが新しい国に早くなじめるよう万策を尽くした。

ところが、ふたりは絵に描いたようなやんちゃ兄弟だった。「じっとしているのが苦手でね」とジェンスンは言う。「棚のなかのお菓子を食べ尽くしたり、屋根から飛び降りたり、窓から這い出たり、家じゅうを泥んこにしたり、シャワーカーテンを閉め忘れて浴室の床を水浸しにしたりと、そんなことばかりしていたよ」[2]

両親自身はまだアメリカに移住していなかったが、子どもたちに立派な教育を受けさせるため、アメリカの寄宿学校に入れようと考えた。そうして見つけたのが、ケンタッキー州東部に位置し、外国籍の生徒を受け入れている「オネイダ・バプテスト・インスティテュート」という学校だ。両親は私財をほとんどなげうってなんとか授業料を工面した。

ジェンスンはケンタッキー州の山道を初めて車で走り、オネイダの町で唯一のガソリンスタンド、スーパー、郵便局がひとつになった建物の前を通り過ぎたときのことを鮮明に覚えている。寄宿学校は生徒数約３００人で、ぴったり男女半々だったのだが、そこはジェンスン一家が思い描いていた学校とは違った。オネイダ・バプテスト・インスティテュートは大学進学向けの学校ではなく、なんと不良少年や不良少女のための矯正施設だったのである。１８９０年代に設立されたその学校は、子どもたちを州内の機能不全家族から引き離し、家族どうしの殺し合いを防ぐための施設だった。

その本来の目的どおり、同校の生徒たちは厳格な日課を守る義務があった。毎朝、ジェンスンはレッド・バード川に架かる古い吊り橋を渡り、授業に出席した。水泳チームに加わり、仲間とサッカーをし、ゼリー、ソーセージ、ビスケット、グレイビーソースといった新しい食べ物に出会った。週に2回は教会に通い、週末はＡＢＣのテレビ番組『サンデー・ナイト・ムービー』を観て過ごすのがお決まりの習慣だった。晩には学校の管理人とチェスを楽しむこともあれば、自動販売機への商品の補充を手伝ってご褒美に炭酸飲料をもらうこともあった。たまに町に出てスーパーでファッジシクル〔子どもに人気のチョコレート・アイス〕を買う機会もあったが、普段は寮の窓の外にある木からリンゴをもぎ取って食べていた。

何よりたいへんだったのは雑用だ。生徒全員が毎日雑用を言いつけられた。すでに長時間の肉体労働に耐えられる体になっていたジェンスンの兄は、近くのタバコ農場で働かされたが、幼いジェンスンは3階建ての寮の清掃係を任された。「トイレ掃除をさせられた」と彼は言う。「あの光景はいちど見たら二度と忘れられないよ」[3]

まわりと比べて幼かったうえ、民族が違ったせいか、ジェンスンは自然といじめの標的になった。建前上は若者向けの矯正施設ということになっていたが、実際には監視の目は甘く、入学後の数か月間はしょっちゅう誰かに殴られた。おまけに、ルームメイトも強面《こわもて》だった。ジェンスンの8歳年上で、全身がタトゥーや刺し傷の跡で覆われていた。それでも、ジェンスンはとうとう恐怖を乗り越えるすべを学んだ。そのルームメイトと仲良くなり、読み書きを教えてやる代わりに、ウェイトリフティングのやり方を教えてもらったのだ。彼はすぐさまウェイトリフティングにのめり込み、腕力だけでなく自信、つまり独り立ちする能力と意欲を身につけた。

後年、ジェンスンの部下の幹部社員たちは、彼がタフなストリートファイターの精神を養ったのはこのケンタッキー州時代だったと語っている。「初期の学校教育の影響なのかもしれないけれど、私は自分から喧嘩を売らないが、売られた喧嘩はいつでも買う。だから、私に喧嘩を売ろうとするヤツは、よくよく考えたほうがいい」とジェンスン自身は言った。[4]

数年後、ジェンスンの両親がようやくタイからポートランド都市圏のはずれにある都市、オレゴン州ビーバートンに移住してきた。両親はふたりの息子をケンタッキー州の〝寄宿学校〟から公立学校に転校させた。ジェンスンはまた両親と一緒に暮らせてうれしかったが、オネイダ・バプテスト・インスティテュート時代が自分の人格形成に役立ったと考えている。

「あまり怖いと思うことがなくなったね。見知らぬ場所に行くのも平気だし、そうとう我慢強くなったと思う[5]」

卓球とデニーズでの学び

ポートランド中心部にある「エルクス・クラブ」ビルの4階、シャンデリアや彫刻を施した天井が目を惹く煌《きら》びやかな舞踏場で、ルー・ボチェンスキーという男性が「パドル・パレス」という卓球クラブを立ち上げた。クラブは毎日午前10時から午後10時まで開いており、若い卓球好きのためのプログラムでいつも賑わっていた。放課後、ジェンスンはこのパドル・パレスに足繁く通い、卓球への才能と情熱を見出すことになる。気づけば、彼はそこでも小遣い稼ぎのために清掃の仕事に励むようになっていた。パドル・パレスの床を掃除してボチェンスキーから清掃代をもらっていたのだ。

それはボチェンスキーの単なる慈善事業というわけではなかった。彼の娘のジュディ・ホアフロストは、1971年に中国を訪問した「ピンポン外交」チームの一員だった。実際、ホアフロストと8人のチームメイトは、1949年の共産革命以降に国費で中国を訪問した初のアメリカ人代表団となった。試合はほとんど負けだったものの、その訪問をきっかけに米中関係に雪解けが訪れ、アメリカでの卓球の存在感が高まったのである。ボチェンスキーは、若くて有望な卓球選手を見つけ、全国レベルの選手へと育てることが自分の使命だと考えていた。

ホアフロストとボチェンスキーのふたりは、ジェンスンの才能と勤勉さにいたく感心した。[6] すると1978年、ボチェンスキーは『スポーツ・イラストレイテッド』誌にジェンスンを太平洋岸北西部で「もっとも有望な若手」と称賛する手紙を送った。雑誌に出てくるような、親から年間1万ドルの遠征費をもらってトーナメントに参戦している10代の選手たちとは違い、ジェンスンは自分で遠征費を稼いでいる、と彼は強調した。「彼はオールAの優等生で、なんとしても卓球のチャンピオンになりたがっている。卓球歴はまだ3か月と浅いが、1年後の成長を楽しみにしておいてほしい」とボチェンスキーは記した。[7] 当時、ジェンスンはわずか14歳だった。

あるとき、ジェンスンは卓球の全国大会でラスベガスを訪れた。ところが、市《まち》の明かりと喧噪は彼にとってあまりにも魅力的すぎた。彼は試合前に体力を蓄える代わりに、一晩じゅうストリップ〔ラスベガスでもっとも有名な大通り〕を歩き回った。結局、彼は惨敗し、自分自身の失敗の痛みを心に刻み込んだ。

「13歳や14歳で初めてラスベガスに行けば、誰だって試合に集中するのは難しい」とジェンスンは30年後に語った。[8]「今でも、トーナメントにもっと集中するべきだったと後悔しているよ」

15歳になると、彼は全米オープン・ジュニア・ダブルス・トーナメントへの出場を果たした。今度は最後まで集中を切らさず、全体の３位で大会を終えた。

ジェンスンは常に優等生だったが、社交能力のほうはいまひとつだった。

「かなり内向的だったと思う。信じられないほどシャイだったんだ」と彼は言う。「私の殻を破ってくれたのが、デニーズでのウェイター経験だった」

15歳のころ、兄の手助けでポートランドのデニーズのアルバイトに就いたジェンスンは、高校と大学の何度かの夏をその24時間レストランでの仕事に費やした。最初はいつもどおり、皿洗いやトイレ掃除といった汚れ仕事だ。「トイレ掃除の経験なら、過去のどのCEOにも負けないさ」と彼は振り返る。[9]その後、バスボーイ〔ウェイターの助手〕を経て、のちに正式なウェイターとなった。

ジェンスンは混沌を乗り切る方法、時間的なプレッシャーのもとでの働き方、顧客とのコミュニケーション方法、ミス（この場合はキッチンでのミスだが）への対応など、人生で大事なスキルの多くをデニーズから学んだと考えている。また、どんなに些細な仕事でも、自分の仕事の質にやりがいを見出すこと、一つひとつの仕事を全力でこなすことの大切さも学んだ。それは同じトイレを100回掃除するときであれ、初めてデニーズに来て注文に迷っている来店客を接客するときであれ変わらなかった。誰よりも多くのコーヒーカップをいちどに運ぶとかいうつまらない目標に対しても、常に全力投球だったのを覚えているという。彼は日々の苦労に誇りを抱くすべを学んだのだ。

「きっと私がデニーズ史上最高の皿洗い、バスボーイ、それからウェイターだったと思うよ」と彼は言った。

ただし、ひとつのありふれた注文に対してだけは別だった。「シェイクだけは勘弁だった。つくるのが面倒でね」と彼は言う。シェイク1杯つくるのにイヤというほど時間がかかるし、そのあとの食器洗いにはもっと時間がかかる。彼はシェイクでなくコーラにするよう食事客をそれとなく誘導し、それでもシェイクが飲みたいと言われたら、「本当にそれでよろしいんですね？」と念を押した。[10] このころからすでに、彼は仕事のもうひとつの重要な側面を学びはじめていた。それは高い基準と効率的な時間の使い方とのあいだのトレードオフだ。

ふたつの恋愛とキャリアのスタート

ジェンスンはオレゴン州ビーバートンにあるアロア高等学校に進学すると、数学、コンピュータ、科学のクラブに加わり、友だちをつくった。空き時間にはアップルⅡでＢＡＳＩＣのプログラミングをし、大型のメインフレーム・コンピュータに接続された電動タイプライターのような見た目のテレタイプ端末でゲームを楽しんだ。

そうするうち、彼はビデオゲームと「恋に落ちた」そうだ。特にお気に入りだったのは、ハズブロの古典的なボードゲーム「バトルシップ」（敵の戦艦の位置を推測して撃沈する海戦ゲーム）をもとにしたメインフレーム・ゲーム『スター・トレック』だった。[11] また、『アステロイド』『センティピード』『ギャラクシアン』といったアタリやコナミのアーケード・ゲームにも没頭した。[12] 彼の自宅にはコンピュータがなかったので、どこか別の場所でゲームの欲求を満たすしかなかった。「うちは貧乏だったから」と彼は話す。[13]

早熟なジェンスンは、タイの小学校とケンタッキー州のオネイダ・バプテスト・インスティテュートでそれぞれ飛び級を果たすと、16歳でアロア高等学校を卒業し、コーバリスにあるオレゴン州立大学に進学を決めた。理由のひとつは州内出身者の学費が安かったから、もうひとつは親友のディーン・ヴァーハイデンも同じ大学に進学予定だったからだ。ふたりは電気工学を専攻に選び、多くの授業を一緒に受けた。電気工学分野の就労経験を積むため、ジェンスンは「テクトロニック・インダストリーズ」という地元のテクノロジー企業のインターンシップに何度も応募したが、結局合格することはなかった。

大学2年生のとき、ジェンスンはロリ・ミルズとの出会いを果たす。250人の電気工学のクラスに3人しかいなかった女性のうちのひとりだ。「私はクラスの最年少だったし、チビで痩せっぽちだった。ただ、口説き文句なら誰にも負けなかった」とジェンスンは言う。そのころにはもう、彼はすっかり自分の殻を破り、社交スキルに磨きをかけていた。

「よければ宿題を見せてあげようか?」[14]

この口説き文句はうまくいったようだ。ふたりは交際を始め、1984年の卒業直後に結婚した。ジェンスンは国内の大手の半導体企業やチップ・メーカー数社から面接の誘いを受けた。彼が最初に目をつけたのはテキサス・インスツルメンツだ。複数の郵便番号にまたがるほど巨大なオフィスを持つ企業だったが、面接はさっぱりで、内定は出なかった。次の面接の相手はカリフォルニア州に拠点を置くふたつの企業だ。1社目はアドバンスト・マイクロ・デバイセズ(AMD)。オレゴン州立大学でマイクロプロセッサのポスターを見て一目惚れした企業だ。２社目はＬＳＩロジック。科学技術的な用途に用いられる「特定用途向け集積回路（ＡＳＩＣ）」というカスタマイズ可能なマイクロチップのメーカーだ。

両社から内定を得たジェンスンは、普段からよい評判を耳にしていたＡＭＤのほうを選んだ。昼はマイクロチップを設計し、夜と週末は電子工学の修士号を取得するためにスタンフォード大学で勉学に勤しむ日々。そして、仕事と勉学のかたわら、彼と妻のロリは息子のスペンサーと娘のマディソンをもうけた。いちどに多くの授業を受けられなかったので、修士号取得までの道のりは長くて険しく、結局８年もの歳月を要した。「私はとても長期的な視野の持ち主なんだ」と彼は言う。「我慢できない物事もあれば、いくらでも我慢のきく物事もある。基本的には努力家だと思うよ[15]」

仕事、修士号の取得、家庭生活。ジェンスンは子どもによりよい人生を送らせるため、多大な犠牲を払ってアメリカへと移住する多くの親たちの夢を叶えたのだ。

それから30年近くがたち、過去を振り返ってどう思うかと問われると、ジェンスンはしみじみとこう答えた。「子どもを成功させたいという父の夢と母の願いが、最終的に私たちをここまで導いたんだ。両親には感謝してもしきれない[16]」

それでも、ジェンスンの野望は底なしだった。どんな仕事も完璧に、それもなるべく効率的にこなしたいという欲求から、彼はマイクロプロセッサの設計という自分自身の仕事にも疑いの目を向けた。勤め先であるAMDのためにマイクロチップを設計するのは朝飯前だったが、退屈にも感じられた。当時、マイクロチップの設計はまだ手作業で行なわれていたのだ。

偉大さは人格から生まれる

そんなとき、LSIに転職していた同僚がジェンスンを同社に誘った。当時の半導体製造業界では、LSIがチップの設計プロセスをずっと迅速化する新しいソフトウェア・ツールの開発に挑んでいる、という噂が流れていた。ジェンスンはLSIで働くという考えに心を惹かれた。リスクがないわけではなかったが、半導体産業の未来をはっきりと思い描いていそうな企業で働きたいという気持ちのほうが強かった。それは彼の飽くなき先見的思考を物語る最初のサインのひとつといえる。その思考があったからこそ、彼は安全や安心を脇に置いてでも常に時代の先端を追い求めることができたのだ。

こうして、ジェンスンは腹をくくり、LSIに加わった。彼に与えられたのは、顧客と共同で開発を行なう技術職だった。「サン・マイクロシステムズ」というスタートアップ（新興）企業を担当することになった彼は、そこでカーティス・プリエムとクリス・マラコウスキーというふたりのエンジニアとの出会いを果たす。ふたりはワークステーション・コンピュータの利用方法にまちがいなく革命を巻き起こす機密プロジェクトに取り組んでいた。ワークステーションとは、３Ｄモデリングや工業デザインなど、専門性の高い科学技術的な作業を実行するために設計された高性能コンピュータのことである。

ジェンスンにこの新たなチャンスが舞い込んできた背景には、明らかに運の要素もあった。もちろん彼自身の才能やスキルもあっただろう。しかしジェンスン本人は、人の何倍も努力し、みずから苦労を買って出る意欲と能力こそが、彼をトイレの清掃人からマイクロチップ企業の全部門の管理者へと押し上げた唯一最大の要因だと考えている。

「期待がとても高い人は、総じて忍耐力がとても低い。残念ながら、成功にとって大事なのは忍耐力のほうなんだ」と彼はのちに語った。「偉大さは知性から生まれるものじゃない。人格から生まれるものだ[17]」。そして人格は、彼から見れば、挫折や逆境を乗り越えてこそ磨かれる。ジェンスンにとっては、不利な状況、そして何より圧倒的な逆境のなかでがんばり抜くことこそが、仕事の本質なのだ。

だからこそ、誰かに成功の秘訣を訊かれたとき、ジェンスンは毎回こう答える。「これでもかというくらいの苦労と苦しみを体験することさ」

グラフィックス革命のなかで

カーティス・プリエム：アップルに憧れて

10代のころ、カーティス・プリエムはオハイオ州クリーブランド郊外のフェアビュー・パークにある高校のコンピュータ室でゲームを書きながら、独学でプログラミングを学んだ。学校にはテレタイプ社のモデル33ASRカプラ端末があった。端末は十数キロメートル離れたメインフレーム・コンピュータに接続されており、電話回線経由で1秒間に約10文字という速度でデータを送信することができた。彼はBASIC言語でプログラムを書き、命令を穿孔紙《せんこうし》テープに移し、テープをテレタイプ端末のテープ読み取り装置に読ませて、メインフレーム上で自身のプログラムをリモートで実行していた。

プリエムのもっとも野心的なプロジェクトといえば、ビリヤード・ゲームだ。テキスト文字を使ってビリヤード台の上のボールを表現し、プレイヤーがボールを打ち出す角度と速度を交代で指定していく。すると、メインフレームが衝突後のビリヤード・ボールの位置を計算するというわけだ。そのプログラムは巨大な代物だった。穿孔紙テープ・ロールは直径20センチメートルあまりにもなり、プリエムがゲームの新バージョンを書くたび、印刷し直すのに1時間近くかかった。彼が地元の科学展にそのプログラムを出展したところ、あっさりと優勝してしまったという。

プリエムがプログラミングで成し遂げた偉業は、フェアビュー高校の数学科長のエルマー・クレスの目に留まった。クレスはプリエムの指導者的存在となり、ほかの生徒たちが学校唯一のメインフレーム端末を学業で使い終わったあとは、彼に好きなだけ使わせてくれた。プログラミングの腕を磨くにつれて、彼はグレースケールのチャートを使って手作業で画像をデジタル化する方法を学んでいき、コンピュータ上でそうしたデジタル画像を操作できるプログラムを書いた。プリエムのコンピュータ・グラフィックスの世界への旅は、クレスのデジタル写真の拡大縮小や回転といった単純な作業から始まったのだ。

進学先の大学を検討していたプリエムは、最終的に候補をマサチューセッツ工科大学、ケース・ウェスタン・リザーブ大学、レンセラー工科大学（ＲＰＩ）の３つに絞った。最終的に、彼はふたつの要因からRPIを進学先に選んだ。ひとつは、RPIではティーチング・アシスタント（教育助手）ではなく教授が1年生のクラスを担当すること。もうひとつは、大学が最先端のメインフレーム・コンピュータ「IBM3033」を購入し、新入生にも使えるようにする予定だと直前に発表したことだ。プリエムは3つの大学すべてに合格したが、最新のIBMコンピュータの話を聞いたとたん、迷いが吹っ切れた。

RPIに入学するなり、プリエムはコンピュータに没頭した。手始めに、インテル8080プロセッサを2台の8インチ・フロッピーディスク・ドライブとモニターに接続し、マルチバスのコンピュータを自作した。そしてもちろん、大学が購入したIBM3033にもかなりの時間を費やした。それはRPIのヴォアヒーズ・コンピューティング・センター内の部屋を埋め尽くすほど巨大なメインフレーム・コンピュータで、冬には建物全体が暖まるほどの熱を放出したという。

しかし、大学2年生のときに起きた出来事が、プリエムの人生の軌跡を一変させたようだ。それは父親の失業である。安定した収入を失った両親は、もはや子どもの学費を支払う余裕がなくなってしまった。両親はRPIに支援を求めたが、大学は構内の工学研究所の仕事を紹介する以外に、直接手を差し伸べてはくれなかった。プリエムがそこで稼ぐ賃金は、学費をまかなうにはとうてい足りず、RPIでの後半2年間の学費を工面するため、彼はゼネラルモーターズ（ＧＭ）が支援する就労体験プログラムに参加することにした。有望なエンジニアをいち早く管理職へと育て上げるための英才教育プログラムだ。毎年夏になると、プリエムとＧＭの学者軍団がいくつもの組立工場のプロジェクトに取り組む。ある夏、彼は同社のスポーツカー「ポンティアック・フィエロ」の圧縮成形ボディ・パネルを生産する機械をプログラミングしたこともある。

１９８２年に電気工学の学位を取得したプリエムは、卒業後にＧＭに就職してくれるなら、大学院で研究を続けるための奨学金を全額支給してもいい、とＧＭから言われた。ＲＰＩからも、大学院レベルのグラフィックス研究者として大学に残るよう誘いを受けた。

しかし、プリエムには第三の考えがあった。その２年前、スティーブ・ジョブズとスティーブ・ウォズニアックというカリフォルニアの起業家コンビが、パーソナル・コンピュータの開発を手がけるスタートアップ企業の株式公開で大成功を果たし、その過程でひとり１億ドルを超える資産を手にしていた。同社はアップルⅡコンピュータの販売で３億ドル近い収益を上げ、史上もっとも急成長する企業となっていた。アップルⅡのヒットは、メインフレームやミニコンピュータよりも小型で、安く、生産性と娯楽の両面に優れたパーソナル・コンピュータの巨大な市場が存在することを証明した。パソコンの登場は、プリエムのようなエンジニアたちに、最先端のグラフィックス・チップの開発という大好きな仕事をする機会だけでなく、大好きな仕事で巨額の給料を稼ぐ環境まで与えたのである。

結局、プリエムは新興ハードウェア・メーカー「バーモント・マイクロシステムズ」からの仕事のオファーを受けることにした。近々同社が大ブレークを果たす予感がしたからだ。ＲＰＩのキャンパスから車で北に3時間ほどの距離、バーリントン郊外の旧織物工場に拠点を置くバーモント・マイクロシステムズは、コンピュータ・メーカー向けにグラフィックス・カードを含む独自のプラグイン・ボードを開発していた。すると、シカゴの見本市で、ＩＢＭの代表者がバーモント・マイクロシステムズのブースをふらりと訪れ、ＩＢＭ ＰＣに特化したグラフィックス・カードをつくれないか、と訊いた。すると、いかにもスタートアップ企業らしいことに、そのブースの代表者たちはお安い御用だと即答した。彼らが黙っていたのは、そんなカードをつくるのに必要な知識と技術を持つ従業員は社内にただひとり、新卒採用されたばかりのカーティス・プリエムという23歳の若者だけである、という事実だった。

一夜にして、プリエムは一介のエンジニアからそのカードの主任設計アーキテクトとなり、カードは「ＩＢＭプロフェッショナル・グラフィックス・コントローラ（ＰＧＣ）」として１９８４年に発売された。ＰＧＣは、それまでのＩＢＭ ＰＣに搭載されていたグラフィックス・カードのグラフィックス機能を大幅に改善したものだった。初代ＰＣは、

「モノクローム・ディスプレイ・アダプタ（ＭＤＡ）」カードを使用しており、80文字×25行の黒の背景に緑色のテキストを表示することしかできなかった。その後のモデルでは「カラー・グラフィックス・アダプタ（ＣＧＡ）」カードが使用され、個々の画素（ピクセル）を最大解像度６４０×２００、最大16色で表示できるようになった。しかし、エンジニアたちはもっと広い作業スペースを求めていたし、このカードが限られた範囲の紫色、青色、赤色しか描き出せないことにうんざりしていた。

その点、プリエムのＰＧＣは、市販のどのＩＢＭ ＰＣ向けグラフィックス・カードよりも多くの色を高い解像度で表示できた。最大解像度６４０×４８０ピクセルで最大２５６色を同時に描き出すことができたのだ。また、メインの中央処理装置（ＣＰＵ）から独立してグラフィックス・ルーチンを実行できたため、描画に要する時間が短縮された。彼はこのカードをＣＧＡ互換モードでブートさせ、必要に応じて高度な機能を有効にするようにした。

初めこそ、プリエムは仕事の内容や入社直後に与えられた大きな責任に興奮していたものの、蓋を開けてみれば、バーモント・マイクロシステムズはアップルとは程遠い企業だった。同社はプリエム以外の有能なエンジニアを採用するのに苦労した。会社が社員にストック・オプションや株式を提供するのを拒んだことが理由のひとつだ。スタートアップ企業の多くは、労働者を獲得して引き留め、いつ破産するとも知れない企業で働くリスクやプレッシャーのなかでも社員のモチベーションを保つための道具として、ストック・オプションや株式を利用する。しかし、プリエムがどれほど一所懸命に働いても、どれだけ高品質なグラフィックス・カードをつくっても、その会社にとどまっているかぎり、スティーブ・ジョブズのような金持ちにはなれそうもなかった。

そこで、プリエムは西のシリコンバレーに目を向けはじめた。彼は北カリフォルニアへの休暇旅行を予約したが、それは現実には仕事探しの旅だった。現地に到着するなり、彼はまっすぐにビーチではなく新聞売り場に向かい、『サンノゼ・マーキュリー・ニュース』紙を買って、真っ先に求人広告欄を開いた。スタートアップ企業の数ある求人のなかで、特に彼の目を惹いたのが、「ジェンラッド」という企業のハードウェア・エンジニアの職だ。当時、ジェンラッドは回路基板やマイクロプロセッサのテスト装置の世界的なメーカーのひとつだった。つまり、ほとんどの主要メーカーが開発する最新チップの初期のバージョンがここに集まってくる、というわけだ。プリエムにとって、この魅力的な機会を逃すわけにはいかなかった。[1] 彼はジェンラッドの面接を受け、見事に合格した。

バーモントに戻ったプリエムは、辞表を提出した。バーモント・マイクロシステムズでは2年間働いただけだったが、そのあいだに史上もっとも注目度の高い製品のひとつを設計することもできた。彼が退職したのは、バーモントが同社初のカードをＩＢＭに出荷したその日だった。発売記念パーティーが始まると、プリエムは退職面談に呼ばれ、その後、会社の出口まで見送られた。

「お忍びグラフィックス」チーム

プリエムは知らなかったが、彼が入社した時点でジェンラッドは火の車だった。１９７８年に株式公開を果たし、いっときは電子部品のテスト市場でテラダインやヒューレット・パッカード（ＨＰ）といった競合企業をゆうに上回る30パーセント近いシェアを誇ったが、[2]たび重なる経営ミスによって会社の存続自体が危ぶまれる事態に陥っていた。経営陣は半導体のテスト市場に参入するために惜しみなく投資を行なったが、その事業は失敗に終わった。ジェンラッドの経営陣は自社のまわりに競争上の「堀」を築くため、メーカーに対して半導体のテスト機能を完全にジェンラッドへとアウトソーシングするよう迫ったが、そのことがＩＢＭやハネウェルといった同社の大口顧客との軋轢《あつれき》を生んでしまった。そして、半導体テスト装置メーカー「ＬＴＸ」との合併の失敗がジェンラッド上層部に対する不信を生み、優秀な人材が流出してライバル企業が強化される結果となった。そして、プリエムが入社した直後、ジェンラッドは回復不能な急降下に陥ってしまった。

2年間の混乱を経て、プリエムはテクノロジー業界のヘッドハンターに、別の働き口を見つけてほしいと申し入れた。

するとサン・マイクロシステムズのウェイン・ロージングという男性が、プリエムに面接を持ちかけてきた。サンといえば、1台数千ドル、ときには数万ドルで販売されるハイエンド向けUNIXコンピュータ・ワークステーションの草分けであり、スタンフォード大学の3人の大学院生、スコット・マクネリ、アンディ・ベクトルシャイム、ビノッド・コースラによって、1982年に創業された。

ロージングはアップル社員時代、1983年発売のデスクトップ・コンピュータ「リサ」のエンジニアリング・チームを率いていた。ちょうど、プリエムがIBM向けのPGCカードを開発していた時期である。リサはデスクトップ・コンピューティングに革命をもたらすと目されていた。テキストのみのコマンドラインの代わりに、グラフィカル・ユーザ・インタフェース（GUI）を備えた史上初の量産パソコンとなり、ほとんどのコンピュータにハードディスクがなかった時代に、5MBのハードディスクを搭載した史上初のコンピュータとなった。しかし、同価格帯のワークステーションと肩を並べるソフトウエアがなかったことや、1万ドル近い高額な価格設定が災いし、発売前からリサの失敗は運命づけられていた。販売不振が続くと、アップルは外部の企業に依頼し、売れ残りをユタ州の埋立処分場に廃棄するはめになったという。ロージングがアップルを去ったのはその直後のことだ。

リサの開発中、ロージングは競合するマシンの性能の評価にかなりの時間を費やした。そのなかで、彼がうらやましいと思ったグラフィックス・カードがひとつだけあった。そう、プリエムのPGCである。ロージングが求めていたのはそういうカードだったが、リサで用いることはできなかった。リサが備えていたのは、解像度720×364ピクセルのモノクロ表示のみに対応した基本的なグラフィックスであり、PGC搭載のIBMマシンの性能には遠く及ばなかった。そこで、サン・マイクロシステムズに入社したロージングは、美しいカラー・グラフィックスを高速で描き出す技術がどんどん進化している状況に目をつけ、その技術を活かすと決意した。そのためには、強力なグラフィックス・チップを設計できる人物の力が必要だった。そこで、カーティス・プリエムに白羽の矢が立ったというわけだ。

面接で、ロージングはサンでもPGCのようなグラフィックス・カードをつくれるか、とその若きエンジニアにたずねた。すると、プリエムは即答した。「ええ」

ところが、それはサン・マイクロシステムズの幹部たちがロージングに望む仕事とはまるで正反対だった。当時、同社は新たなコンピュータの製品ラインである「SPARCステーション」シリーズの立ち上げに総力を挙げているところだった。ＳＰＡＲＣステーションとは、科学技術的な用途に特化したＵＮＩＸベースのワークステーションであり、特に橋や飛行機、機械部品などの複雑なモノの設計に使われるコンピュータ支援設計（ＣＡＤ）やコンピュータ支援製造（ＣＡＭ）プログラムに重点を置いていた。サンは、ＣＡＤおよびＣＡＭツールが、工業デザインを手書き設計と比べてはるかに高速で、安く、正確なものにすると信じていた。そして、ＳＰＡＲＣステーションをその旗振り役にしたいと考えていたのだ。

サンのエンジニアリング担当副社長であり、ロージングの直属の上司であるバーニー・ラクルートは、ＳＰＡＲＣステーションがＣＰＵの性能だけでも十分に市場を支配できると信じていた。そこで彼は、ＳＰＡＲＣステーション・チームに、グラフィックス機能は無視してメイン・プロセッサの改良のみに専念するよう指示した。彼はサンの前世代のワークステーションに搭載されたグラフィックス機能に満足していた。そこでは描画処理の大部分がＣＰＵ内部で行なわれていた。

しかし、ロージングは大反対だった。アップルでのリサの開発経験を通じて、高速なグラフィックスがいかに重要かを痛感していたからだ。ワークステーションの典型的な利用者にとっては、計算がどれだけ速くても、記憶容量がどれだけ大きくても、重いグラフィックス処理の埋め合わせにはならないだろう。ＳＰＡＲＣステーションには１００万ピクセルと数百色を描画できる最先端のディスプレイがどうしても必要だ、と彼は考えた。しかしそのためには、バーモント・マイクロシステムズのＰＧＣのように、グラフィックス処理をＣＰＵから切り離し、専用のグラフィックス・アクセラレータ・チップへと移行しなければならない。しかも、上司の目を盗みながら。

そういうわけで、プリエムから具体的な仕事の指示を求められたときも、ロージングの答えはほとんどプリエムの自由裁量に任せる内容だった。

「カーティス、好きなようにやってくれ。前回のワークステーションと同じサイズのフレーム・バッファに収めてくれればいい」とロージングは言った。「その領域に収まるかぎり、マザーボード上のスペースを君の自由に使ってかまわない」[3]

それはプリエムにとって、いやどのエンジニアにとっても、プロジェクトで得られる最大限の裁量権といってよかった。「フレーム・バッファ」のデータ量の制約内で機能するかぎり、どんなものでも設計し、つくっていいというのだから。ちなみにフレーム・バッファとは、ＳＰＡＲＣステーションによってグラフィックス処理専用に割り当てられたメモリ領域のことだ。

プリエムは、ひとりでこのプロジェクトに取り組むのは心許《こころもと》ないと思った。助けが必要だ。すぐに助け船を出したのは、サン・マイクロシステムズがヒューレット・パッカードから採用したエンジニアのクリス・マラコウスキーだった。ふたりは同じオフィスを共有し、やがて「お忍びグラフィックス」チームとして知られる存在となる。こうしてふたりは、上司の上司の目を盗みながら、機密のプロジェクトに取り組むこととなった。

クリス・マラコウスキー：医学の道からエンジニアへ

オフィスメイトのプリエムとは違い、クリス・マラコウスキーはコンピュータの世界に遅れてやってきた。１９５９年５月、ペンシルベニア州アレンタウンで、産科医と元作業療法士の主婦の息子として生まれた彼は、ニュージャージー州オーシャン・タウンシップで育った。10代のころは大工仕事が大好きで、いっときは家具づくりの職人になることも考えたが、両親の勧めで医学の道に進んだ。その時点では、エレクトロニクスやテクノロジーを仕事にするなど、夢にも思っていなかった。

17歳で高校を卒業し、フロリダ大学に進学した。医学部や建築系学科で有名なフロリダ大学は、ニュージャージー州の極寒の冬とは対極の場所にあった。また、この大学の医学部進学課程には、未来の医者になるべく幅広い知識基盤を提供するという独特の方針があり、学生は生命科学以外の授業も受講する必要があった。生命科学以外の要件を満たすため、マラコウスキーは物理学の授業を取り、電気関連の講座でAを取得したという。そのとき、彼はエンジニアリングが性《しょう》に合っていると感じた。

MCAT（医科大学入学試験）のあいだの昼休みのこと。それまで将来について深く考えたことがなかったマラコウスキーは、ピクニック・テーブルの上に寝そべり、フロリダの太陽を見上げながら、父親の足跡《そくせき》をたどって医者になる人生をぼんやりと頭に思い描いていた。一生そんな人生を送りたいのか？　いつでも呼び出しに応じ、ほぼ不眠不休で4日も5日も連続で働きつづけるような人生を。「本当に、薬のびんに書かれた名前の意味をひとつ残らず丸暗記するような人生を送りたいのか？」と彼は自問した。

「まっぴらだ」と彼は気づいた。「エンジニアリングが好きだ。エンジニアになりたい」

入学試験を終えると、彼はまっすぐ自宅に戻り、途中でセブン-イレブンにだけ立ち寄ってビールを1ケース買い、帰宅するやいなや両親に電話をかけた。

「母さん、父さん、実はいい知らせと悪い知らせがあるんだ」と彼は切り出した。「いい知らせというのは、試験がそこまで難しくなかったこと。悪い知らせというのは、医者になる気がなくなったことだ」

彼は答えを待った。きっと両親は激怒するだろう、と思っていたが、逆にホッとした様子だった。

「そう」と母親は言った。「昔から説明文とか指示を読まない性格だったでしょう。いいお医者さんにはなれないと思ってた。お父さんのためにムリをしていたのよね」

結局、マラコウスキーは電気工学を専攻し、優秀な成績を収めてカリフォルニアのヒューレット・パッカード（ＨＰ）に就職を果たす。彼は製造部門で働くこととなり、ＨＰの研究開発施設で開発中だった新型の16ビット・ミニコンピュータの生産に携わった。

「実際のコンピュータがどうつくられるのかを知る機会が得られて、最高の経験になった」と彼は言った。

コンピュータ・チップの設計方法を原理的に理解している人は多かったが、利益を生み出す大量生産可能なチップを設計できる人となると、そうはいなかった。ＨＰに初めてやってきたとき、マラコウスキーは製造部門で実地体験を積めば、この業界に関する貴重な実践的視点が得られる、と思った。加えて、ＨＰは若いエンジニアを一人前のベテランへと育て上げる指導プログラムや研修プログラムで定評があった。この企業にいれば、次に訪れるチャンスに備えられる、と彼は思った。

ＨＰの製造フロアでしばらく働いたあと、マラコウスキーは社内の研究所で新型チップの開発に取り組むよう指示される。彼はＨＰ－１０００ミニコンピュータという製品ラインの開発に取り組み、その通信周辺機器向けの組み込み制御ソフトウェアの書き方を学んだ。その後、彼はHP-1000のCPUを製造するチームを率いることになった。くしくも、そのCPUは彼がHPでキャリアを歩みはじめたのと同じ建物で製造されることになる。

連日、HP-1000のもっとも重要な要素に取り組むかたわら、彼は近隣のサンタクララ大学でコンピュータ科学の修士号の取得も目指した。チップの開発と学位の取得、その両方の目標を成し遂げると、彼は大学卒業の1年後に結婚した妻メロディとともに、どこで家庭を築くかを考えはじめた。

当初は、イングランドのブリストルにあるHPのサテライト・オフィスに移ることも検討したが、そこまで遠くに移住するという考えに妻が賛成しなかった。次に検討したのは東海岸だ。妻の家族はフロリダ州北部に、マラコウスキーの両親はニュージャージー州にいた。その中間にあるのがノースカロライナ州の通称リサーチ・トライアングルだった。そこにはデューク大学やノースカロライナ大学チャペルヒル校といった世界屈指の大学と、IBMやディジタル・イクイップメント・コーポレーション（DEC）などの大手テクノロジー企業のオフィス、その両方が集積していた。

しかし、大陸横断の旅を始める前に、マラコウスキーはほかの企業の求人にも応募してみることにした。その唯一の目的は、面接の練習を積むことだ。最初の面接の誘いは、軍事訓練用の高性能なフライト・シミュレータの開発で知られるグラフィックス企業「エバンス・アンド・サザランド」の誕生間もないスーパーコンピュータ部門から来た。だが、彼は一瞬で不合格になった。というのも、面接官たちは現状に疑問を呈してばかりいるマラコウスキーが会社に合わないと判断したのだ（マラコウスキーは、そんな時代遅れな考えの企業に未来はないと思った。そして、そのとおりになった。のちにエバンス・アンド・サザランドの初代スーパーコンピュータは販売不振に陥った。また、迫り来る冷戦終結の影響で、軍からのシミュレータの需要もすでに枯渇しつつあった）。

2回目の練習面接の相手はサン・マイクロシステムズだった。彼はグラフィックス・チップの開発業務とかいう詳細不明の役職に応募した。グラフィックス関連の経験はなかったものの、好奇心が勝ち、マラコウスキーは主任エンジニアのカーティス・プリエムとの面接に応じた。ただの肩慣らしのつもりだった面接が、マラコウスキーの人生、そしてテクノロジー業界全体の行く末を左右することになるなど、誰にも知る由はなかった。

「お忍びグラフィックス」チーム、ジェンスンに出会う

「グラフィックスを理解していたのはカーティスだった」とマラコウスキーはのちに振り返った。「私はただの組み立て屋さ。何がしたいのか、何が必要なのかを言ってくれ。や

り方はこっちで考えるから」
ロージングが求める（だが彼の上司は求めていない）高品質なグラフィックスを生み出すため、プリエムは怪物のようなグラフィックス・アクセラレータを設計した。それは２種類の特定用途向け集積回路（ＡＳＩＣ）を含むものだった。ひとつはフレーム・バッファ・コントローラ（ＦＢＣ）で、高解像度の画像を高速で描画する。もうひとつは変換エンジンおよびカーソル（ＴＥＣ）と呼ばれるもので、ユーザが操作したオブジェクトの動きや向きをすばやく計算できる。以前のサンのワークステーションのように、こうしたタスクをすべてＣＰＵで実行する代わりに、プリエムのアクセラレータはこれらの計算作業の最大80パーセントを自分で処理することができた。つまり、専用のグラフィックス・チップはもっとも得意な一握りの機能に専念し、手の空いたＣＰＵが自分の得意なその他無数のタスクを処理する、といえばわかりやすいだろう。

理論上は優れた設計だったが、その実現方法を見つけられるかどうかはマラコウスキーの腕にかかっていた。ＨＰとは異なり、サンは自社でチップを製造していなかった。代わりにマラコウスキーが頼ったのはＬＳＩロジックだ。近隣のサンタクララに本社があり、当時はハードウェア・メーカーからの受注によりカスタムＡＳＩＣを製造する世界有数の企業であった。タイミングは彼に味方した。というのも、ＬＳＩは「全面敷き詰め型ゲートアレイ（sea-of-gates）」と呼ばれる新しいチップ・アーキテクチャを発表したばかりで、これによりひとつのチップに1万個以上のゲート〔信号を加える電極〕を詰め込めるようになったのだ。これはほかのメーカーがそれまで実現できなかった偉業だった。LSI自身のプロトタイプは確かに印象的だったが、SPARCステーションに十分な処理能力を提供するためには、プリエムのチップ設計をそれ以上に大きくする必要があった。LSIの幹部たちは、サン・マイクロシステムズを大口顧客に変えるチャンスだと思い、この契約に応じた。もっとも、のちのマラコウスキーの指摘によると、同社の幹部たちは契約を履行できるかどうかに一抹の不安を抱いていたようだが。

プリエムとマラコウスキーの設計したチップを確実に納品できるよう、LSIは期待の新星のひとりをサンの担当に任命した。ジェンスン・フアンという名の新入社員だ。「その若者はAMDからLSIにやってきたばかりで、それまではずっとマイクロプロセッサに携わっていた」とマラコウスキーは語る。「カーティスは自分が求めるものをわかっていた。私はそれを設計することができた。そして、その製造方法を一緒に考えてくれたのがジェンスンだったんだ」

こうして、3人は力を合わせ、プリエムの設計を製造可能な状態にするための製造プロセスを練っていった。問題が生じるたび、それぞれが自分の専門分野のなかで知恵を振り絞り、問題を解決した。しかし、少人数のチームでプレッシャーのかかるプロジェクトに取り組んでいると、緊迫した場面が生まれることもある。

「カーティスは本当に聡明で、頭の回転が速い」とマラコウスキーは言う。「だから、アイデアを思いつくと、一直線で答えを出してしまう。間髪を入れずにね。私の最大の貢献は、みんなが支持できるような形で彼のアイデアを明確化する手助けをしたことだろうね。私のコミュニケーション能力は、エンジニアリング能力と同じくらい重要だったと思うよ」

ときには、コミュニケーションが完全なる対立に発展することもあった。

「クリスと私でよく大喧嘩をしたものだ。といっても、殴り合いじゃなくて罵り合いの喧嘩だが」とプリエムは振り返る。「クリスがチップに関する判断について、私から何かを聞き出そうとすることがよくあった。でも、彼の質問に答えだすと、つい熱くなって、話が止まらなくなってしまう。するとクリスが〝はいはい、もういいよ。答えはわかったから〟と口をはさむんだ」

するとプリエムはオフィスを猛然と飛び出していき、残りのチームの面々（当時はトム・ウェバーとヴァイタス・リアンというふたりのハードウェア・エンジニアがいた）が心配そうにマラコウスキーに目をやり、誰かが「これでこのチームも解散かな」とこぼす。

するとマラコウスキーは決まって、「大丈夫さ」と答えた。

ジェンスンもまた、ふたりの大喧嘩に危機よりも希望を見出していた。彼はふたりの喧嘩を「刀を研ぐこと」にたとえた。刀は砥石とぶつかり合ってこそ磨かれるのと同じように、最良のアイデアは常に白熱した討論や議論からこそ生まれるものである、と考えていたからだ。たとえそのやり取りが気まずい空気を生んだとしても、だ。このときからすでに、ジェンスンは対立から逃げるのではなく対立を受け入れるすべを学びはじめていた。それはやがてエヌビディアでの彼の哲学を特徴づけることになる教訓だった。

「私たちはLSIロジックの標準的なツールをことごとく破壊していったんだ」とマラコウスキーは振り返る。「ジェンスンは頭がよかったし、機転がきいたから、よくこんな言い方をしていた。〝いいか、こっちの問題はバックエンドでなんとか解決するから、無視してかまわない。ただ、この問題は僕に対処できるかどうかわからないから、そっちでなんとかしてくれ〟」

1989年、3人はとうとうサンの新型グラフィックス・アクセラレータの仕様を完成させた。正常に機能するためには、FBCには4万3000ゲートと17万トランジスタ、TECには2万5000ゲートと21万2000トランジスタが必要だった。これらはひとつのグラフィックス・アクセラレータに搭載され、「GXグラフィックス・エンジン」、略して「GX」としてパッケージ化された。

新型チップ発売の準備が整ったちょうどそのころ、「お忍びグラフィックス」チームにさらなる追い風が吹いた。数年前、グラフィックス・チップにあれほど強い拒否反応を示していた幹部のバーニー・ラクルートがウェイン・ロージングのところにやってきて、SPARCステーションのグラフィックス機能の改善には取り組まないように、という命令には従ったのかとたずねた。ロージングは従わなかったと答えた。

「お手柄だ」とラクルートは言った。[4]

「GX」の成功

GXは料金2000ドルの追加機能として販売を開始した。GXはディスプレイ上のあらゆる動作を高速にするものだった。2次元のジオメトリや3次元のワイヤーフレーム、さらにはテキストのスクロールという単純な作業でさえも、GXアクセラレータがあると高速かつ高性能になったのだ。

「ウィンドウ・システムにおけるテキスト・スクロールが目に見えないくらい速くなったのは、たぶん史上初のことだと思う」とプリエムは語った。「おかげで、実際にFBCが描画するところを目にすることなく、巨大な文書を上下にスクロールできるようになったんだ」

しかし、GXのグラフィックス性能を示す絶好の見本となったのは、なんといってもプリエムが余暇に取り組んでいたゲームであった。バーモント・マイクロシステムズ時代、彼は軍用機「A-10ウォートホッグ」のフライト・シミュレータ・ゲームの開発を始めた。近隣の街バーリントンにあるバーモント空軍州兵基地には、ウォートホッグの飛行隊が駐留していたので、仕事が終わると、彼は基地の滑走路の端に車を停め、ジェット機の離陸を観察した。彼のシミュレータ・プログラムは、そのジェット機にいっそう近づくためのものだった。架空の米ソ紛争において、「対戦車攻撃機」としてA-10を操縦できるようになるのだ。しかし、彼の所有するパーソナル・コンピュータ「アタリ８００」には、飛行中のA-10の複雑な動きを描き出すだけのグラフィックス処理能力がなかったため、結局そのゲームは完成に至らなかった。というよりも当時は、プリエムが構想を描いたゲームを実現できる市販のカード自体が存在しなかったのだ。

しかし、GX対応のSPARCステーションの登場により、史上初めてリアルなフライト・シミュレータが実現可能になった。プリエムは60パーセントの社員割引を利用して、定価より数千ドル安く私用のワークステーションを購入した。週60時間にもおよぶ昼間の仕事をこなしたあと、自宅に帰り、新型GXチップの性能を存分に活かす新しいシミュレータ・プログラムを開発する日々が続いた。そしてとうとう、彼は念願のビジョンを実現し、ゲームを完成させた。その名も『アビエーター』〔飛行士という意味〕だ。『アビエーター』では、プレイヤーがA-10ではなく高性能なF／A-18戦闘機のコックピットに乗り込み、ほかのF／A-18戦闘機との空中戦を繰り広げる。このゲームは、サイドワインダー・ミサイル、銃、爆弾といったF／A-18戦闘機搭載の武器を完全再現していた。プリエムは衛星データを購入して標高や土地の輪郭を正確に表現し、質感のあるグラフィックスを追加して、ゲームの戦場をリアルに描き出した。さらに、ＰＣ対応のジョイスティックをサンのワークステーションで動作させるためのハードウェア・デバイス・アダプタも設計し、プレイヤーがキーボードを使わずに仮想的な航空機を操縦できるようにした。

そんなプリエムには、このゲームのビジネス・パートナーがいた。それはサンのマーケティング部門で働くブルース・ファクターという人物で、販売とマーケティングを担当すると言ってくれた。ファクターはすぐさま『アビエーター』に単なる暇つぶし以上の価値があると悟った。サンのワークステーションの販売促進にも一役買うと気づいたのだ。このゲームは、当時のほとんどのＰＣゲームの解像度が最大でも３２０×２００ピクセルだったなか、高い解像度（１２８０×１０２４ピクセル）と２５６色で動作し、ＧＸのグラフィックス性能を見せつける絶好の手段となった。また、サンの新たな「マルチキャスト」プロトコルを使えば、複数のサンのワークステーションをネットワーク接続してリアルタイム対戦を行なうこともできた。それはある種、1990年代と2000年代に流行したLANパーティー（コンピュータを持ち寄ってLANで接続し、対戦ゲームを楽しむパーティー）の先駆けとなる、原始のローカル・エリア・ネットワーク（LAN）だった。

プリエムとファクターは、サン・マイクロシステムズの各営業所に『アビエーター』を無料で配布した。営業担当者たちは、それを自社のコンピュータの性能をアピールする手段として利用したばかりか、ワークステーションを購入してくれた顧客へのプレゼントとして追加購入することも多かった。

「私はハードウェアの性能を一滴残らず搾り出していたよ」とプリエムは語った。「アビエーターはどんどん本格的なプロジェクトになっていった。サン・マイクロシステムズの営業チームが標準ワークステーションの性能をアピールするのには最高の手段だったからね」

1991年、『アビエーター』は正式に一般発売され、「コンピュータ・グラフィックスおよびインタラクティブ技術分科会（SIGGRAPH《シーグラフ》）」の年次会議でデモが行なわれた。その展示会で、ふたりは11台のワークステーションのネットワークを構築し、参加者どうしに空中戦を試してもらった。

『アビエーター』の開発プロセスを通じて、プリエムはゲーム設計にとどまらない重要な教訓を得た。発売から2日足らずでゲームがサン社員のひとりにハッキングされ、自分で購入しなくても遊べるようになってしまったのだ。彼は将来的なハッキングを防ぐため、新バージョンではコードの改変を検出すると自動的に無効化され、ソフトウェアの海賊版をつくろうとしたユーザの詳細が自分のところにメールで送られてくる機能を追加した。その後、彼はエヌビディアの最初のチップ設計にも、同じような秘密鍵暗号技術を組み込むことになる。

追加機能として何年もすさまじい売上が続くと、ＧＸチップはサンのワークステーションのすべてに標準搭載となった。その成功はプリエムとマラコウスキーのキャリアを押し上げた。ふたりはグラフィックス・アーキテクトとなり、「ローエンド・グラフィックス・オプション」グループという独自のチームを与えられることになる。一方、このチップに対するＬＳＩの賭けは大成功を収めた。同社の収益は、１９８７年の2億６２００万ドルから１９９０年には6億５６００万ドルまで成長した。定価は当初の2チップ版のおよそ３７５ドルから、その後の１チップ版ではおよそ１０５ドルへと引き下げられたにもかかわらず、ＧＸの好調な販売が増収を牽引したのだ。こうしてジェンスンは、再利用可能な知的財産と設計のライブラリを用いて、サードパーティのハードウェア・ベンダー向けにカスタム・チップを製造するLSIの「コアウェア」部門の責任者へと昇進を果たした。

サンへの不満

皮肉にも、GXの成功はサン・マイクロシステムズにとってかえって裏目に出た。1990年代初頭になると、サンはスタートアップ企業らしい機敏で自律的な環境からどんどん遠ざかり、ロージング、プリエム、マラコウスキーのような人々が直感に従い、巧みな技術力を発揮するのは難しくなってしまった。今や、社風はどんどん官僚的になり、統制が強まり、硬直していった。プロジェクト・チームはもっとも革新的なアイデアを出そうと競い合うのではなく、なるべく多くの幹部の賛同を勝ち取れるパワーポイント・プレゼンテーションづくりばかりに躍起になった。一言でいえば、サン・マイクロシステムズは政治的な組織に変わったのだ。

それはマラコウスキーやプリエムが身を置きたいと思う環境ではなかった。特にプリエムは、「よりよい技術を考え出すよりも、ほかのプロジェクトを妨害したりつぶしたりするほうが簡単」な社風に不満を抱いた。優れたグラフィックス・チップをつくることだけがプリエムのただひとつの望みであり、社内闘争など彼にとってはなんの興味もなかった。

ある四半期に新たな提案が出され、承認されては、翌四半期に中止される、ということが延々と繰り返されると、サンから新しいチップ設計がリリースされることはなくなった。そうした提案の多くは、スライド上では有望に見えても、技術的または経済的に実現不能なものばかりだったのだ。

「2年間、あの建物からは何も生み出されなかった」とマラコウスキーは言う。「たぶん、それまであまりにも成功していたものだから、さらなる成功を追求することよりも、過去の成功を守ることに必死だったのだと思う。失敗への恐怖にとらわれ、アグレッシブさを失っていたんだ」

そればかりか、サンはプリエムとマラコウスキーがＧＸで成し遂げた進歩の大部分をむしろ帳消しにしようとした。あるとき、プリエムのチームは韓国の半導体メーカー「サムスン」の最先端のビデオメモリ技術を取り入れた新世代のグラフィックス・アクセラレータの開発を提案した。ところが、プリエムはライバル社員であるティモシー・ヴァン・フックの提案に敗れてしまう。ヴァン・フックは、専用のグラフィックス・チップに頼るのではなく、ＣＰＵにより高度な３Ｄグラフィックス機能を実行させるのが、サンのワークステーションのグラフィックスを向上させる最善策なのだと信じていたのだ。[5] プリエムは技術的な観点から、ヴァン・フックの案はうまくいかないと確信していたが、そんなことはなんの足しにもならなかった。というのも、ヴァン・フックにはプリエムにないひとつの強みがあったからだ。それは、サンの共同創業者のひとりであるアンディ・ベクトルシャイムに聞く耳を持ってもらえたことだ。社内に同じくらい影響力を持つ支援者がいないかぎり、自分たちのチームに勝ち目はない、とプリエムは思った。

「あるときアンディがやってきて、私たちの製品ラインはもう行き止まりだ、と言ったんだ」とプリエムは語る。

その瞬間、プリエムはサンを去るのも時間の問題だと悟った。すると、サンの上層部がプリエムのチームを解散させ、彼をクビにして、マラコウスキーを別のチップ・プロジェクトに回したがっている、という噂が飛び交いはじめた。過去6年間、プリエムと肩を並べて仕事してきたマラコウスキーは、友人であり、社内でもっとも有能なエンジニアのひとりであるプリエムへのひどい扱いに腹を立てていた。

「クリスはサンの経営陣からの攻撃の矢面に立たされていた私の苦悩をひとつ残らずわかっていた」とプリエムは言う。「彼は背中ですべての矢を受け止めている私のことを尊敬してくれていたんだ。あるときなんて、グラフィックス担当副社長からこれでもかと非難されて、泣きべそをかきながら人事部の人たちと一緒に公園内の建物を歩き回ったこともあったね。本当に苛酷だったよ」

ベクトルシャイムがヴァン・フックのアイデアを選んだことは、ふたりにとって我慢の限界だった。今となっては、ふたりがGXの開発で成し遂げた成功など、どんどん機能不全に陥っているとしか思えない企業ではほとんど意味を持たなかった。

「残された時間は少ないと思った。ふたりともサンで働きつづけるつもりなんてなかった」とプリエムは語った。ふたりはすでに新しいプロジェクトの構想を思い描いていた。サンの上層部が見送った次世代のアクセラレータ・チップを復活させることだ。

「サムスン向けにデモ用のチップをつくってみるのはどうだろう？」とプリエムはマラコウスキーに訊いた。「僕らがコンサルタントになって、サムスンがつくると言っているあの新型メモリ・デバイスの価値を証明してやろう」

マラコウスキーは面白そうだと思った。チップのつくり方はわかっている。高性能なチップをつくるための計画もある。しかし、この強みはちょっとしたことで弱みにもなりうる。何十億ドルという利害が絡む半導体業界では、少しでも競争上の優位に立てるなら、どの企業もふたりのエンジニアからアイデアを盗むことくらいは平気でやるだろう。自分たちの技術力に見合うビジネス手腕を持つパートナーを味方につけないかぎり、おとなしくしているほうが身のためだ。

そのとき、またしてもマラコウスキーの頭にアイデアがひらめいた。

「そのとき思い出したんだ！」と彼はのちに振り返った。「技術ライセンスの供与やSoC（システム・オン・チップ）の構築に携わっている友人がいたのをね。だから、大急ぎでジェンスンに連絡を取ったんだ」

マラコウスキーとプリエムは、サムスンとの業務契約書の作成でジェンスン・フアンに協力を仰いだ。3人はその韓国企業と対等に渡り合えるビジネス戦略を練るため、面会を重ねはじめたのだ。ある日、ジェンスンがポツリとこぼした。「どうして私たちが向こうのためにこんなことをやらなきゃならないんだ？」[6]

第3章 エヌビディア誕生

PC市場という最高のチャンス

カーティス・プリエムとクリス・マラコウスキーがグラフィックス・チップのベンチャー事業に乗り出すことを思いついたのは、抜群のタイミングだった。1992年、ひとつはハードウェア、もうひとつはソフトウェアの分野で起きたふたつの大きな進展が、グラフィックス・カードの需要を飛躍的に伸ばした。ひとつ目の進展は、コンピュータ業界がPCI（ペリフェラル・コンポーネント・インターコネクト）バスを採用したこと。PCIバスとは、従前のISA（インダストリ・スタンダード・アーキテクチャ）バスと比べてずっと広い帯域幅で、拡張カード（グラフィックス・アクセラレータなど）、マザーボード、CPU間のデータ転送を実現するハードウェア接続のことだ。おかげで、より高性能なカードの設計プロセスがスムーズになり、そうして開発された製品の市場ははるかに巨大なものになると期待された。

ふたつ目の進展は、マイクロソフトがウィンドウズ3・1をリリースしたこと。その目的は最先端のコンピュータ・グラフィックス機能を見せつけることにあった。すべてのマイクロソフト・プログラムにおいてテキストをピクセル単位で正確に表示できる「トゥルータイプ」フォント。新しいビデオ・エンコーディング形式であるAVI(オーディオ・ビデオ・インターリーブ)を用いた高品質な動画再生のサポート。何より、ウィンドウズ3・1はこうした進歩をいっさい隠すことがなかった。派手なスクリーンセーバーに、カスタマイズ可能なインタフェース、そしてウィンドウズ・メディア・プレーヤーの絶え間ないゴリ押し。このオペレーティング・システムはグラフィックス機能を惜しみなくアピールしていた。1992年4月6日のリリースから3か月間で、ウィンドウズ3・1は300万本以上を売り上げ、PCのグラフィックス機能の向上を活かせるプログラムに大きな需要があることを証明してみせた。

プリエムとマラコウスキーは、ワークステーション市場よりもPC市場のほうがふたりの新規事業にとっては最高の機会が潜んでいると判断した。ふたりの念頭にあったのは、プリエムのフライト・シミュレータだった。ふたりは職場にサン・マイクロシステムズのハードウェアがある人々だけでなく、パソコンを持つ全ゲーマーがフライト・シミュレータを利用できるようにしたかった。サン・マイクロシステムズ時代と同様、ふたりはコストを抑えるため、チップや回路基板を自前で製造するつもりはなかった。代わりに、最高のチップを設計することだけに専念し、すでに高額な生産インフラを持つ半導体企業に製造をアウトソーシングしようという魂胆だった。

とはいえ、プリエムは自分たちがライバルと比べてどの程度有利なのか、はっきりとわかっていたわけではない。「クリスと私がいい線を行っているのはわかっていたが、世界全体と比べていい線を行っているのかどうかはわからなかった」と彼は言った。

サンのマシンにはもともとウィンドウズのようなグラフィックス・インタフェースが内蔵されており、ウィンドウズＰＣもすぐ同じようなマルチウィンドウのＯＳ環境をサポートしなければならなくなるのは目に見えていた。それはプリエムとマラコウスキーがすでに構築していた機能であり、ふたりは自分たちのスキルがＰＣ市場できっと価値を持つと確信していた。

「10個のウィンドウを開いたまま、あらゆるセキュリティ保護や抽象化を行なわなければならないんだ」とマラコウスキーは言った。「それまでのＰＣではその必要はなかった。当時のＤＯＳ環境では基本的に画面はひとつだったからね」

1992年終盤、プリエム、マラコウスキー、ジェンスンは、イースト・サンノゼのキャピトル通りとベリエッサ通りの交差点に面するデニーズで頻繁に打ち合わせを重ね、自分たちのアイデアをビジネス・プランに変える方法を話し合った。

「入店したらまず、お代わり自由のコーヒーを1杯注文する。そのあと、4時間くらいみっちり仕事をしていたよ」とマラコウスキーは言った。[1]

プリエムは、デニーズのパイやグランドスラム・ブレックファスト（2枚のバターミルク・パンケーキに、目玉焼き、ベーコン、ソーセージを添えた朝食メニュー）を飽きるほど食べたのを覚えている。ジェンスンは自分の定番の注文を覚えていないが、たぶんスーパーバード・サンドイッチだったと思っている。七面鳥の肉、とろけるスイス・チーズ、トマトに、彼のお気に入りであるベーコンをトッピングしたサンドイッチだ。[2]

それでも、ジェンスンはすんなりと仕事を辞める気にはなれなかった。辞めるにはそれなりの確信が必要だった。食事の合間に、彼はカーティスとクリスを質問攻めにし、ビジネス・チャンスの規模についてたずねた。

「そのPC市場ってのはどれくらい巨大なんだ？」とジェンスンは訊いた。

「そりゃあ巨大さ」とふたりは答えた。それは事実だったが、どう見てもジェンスンを満足させられるほど詳しい説明とはいえなかった。

「クリスと私はひたすらジェンスンを見つめたまま座っていたね」とプリエムは言う。ジェンスンはＰＣ市場や潜在的な競合相手について分析を続けていた。ふたりのスタートアップ企業には成功の可能性がある、と彼は思ったが、ビジネスモデルに納得がいくまでは今の仕事を辞めたくなかった。クリスとカーティスが自分の存在を不可欠だと考えてくれたことはありがたかったが、彼は内心こう思ったのを覚えている。「私は自分の仕事が大好きだが、君たちは自分の仕事に嫌気が差している。私はうまくやっているが、君たちは行き詰まっている。なんの義理で私が君たちと一緒に仕事を辞めなきゃならないんだ？」

そこでジェンスンは、そのスタートアップ企業が最終的に年商５０００万ドルを達成できると証明してくれたら加わってもいい、と告げた。

ジェンスンはデニーズでの長い会話を懐かしく振り返る。「クリスとカーティスは僕が今まで会ったなかでいちばん頭の切れるエンジニアで、コンピュータ科学者だった」と彼は言う。[3]「成功には運がつきものだけれど、私にとっての幸運はふたりに出会えたことだね」

誰が最初に会社を辞める？

結局、ジェンスンは年商５０００万ドルの達成は可能だと判断した。ひとりのゲーマーとして、ゲーム市場が大きく成長するという確信があったのだ。

「私たちはビデオゲーム世代の人間だ」と彼は言う。[4]「ビデオゲームやコンピュータ・ゲームの持つ娯楽的な価値は、私にとっては明白だったんだ」

となると次なる疑問は、誰が最初に動くかだった。プリエムは先陣を切る覚悟ができていた。サンで置かれた状況を考えれば、どのみち数か月後に会社を辞めるはめになるのは目に見えていた。ところが、ジェンスンの妻ロリは、マラコウスキーがサンを去るまでは夫にLSIを辞めてほしくなかった。一方、マラコウスキーの妻メロディは、ジェンスンの約束が得られるまで夫にサンを辞めてほしくなかった。

1992年12月、プリエムがふたりの背中を押す行動に出る。12月31日付でサン・マイクロシステムズへの辞表を提出したのだ。そしてその翌日、自宅でひとり、新規事業を立ち上げた。「といっても、新規事業を始める、と宣言しただけだけどね」と彼はのちに振り返っている。

それさえも少し言いすぎだった。まだ社名も資本金もなければ、従業員もいない。マラコウスキーやジェンスンもまだ仲間に加わっていなかった。彼にあったのはたったひとつのアイデアと、友人たちに対する一定の影響力だけだった。

「このカーティスをひとりで苦しませるなんて許さない、とふたりに圧をかけたんだ」とプリエムは語る。それどころか、ふたりに半ば罪悪感を植えつけたという。「カーティスが辞めたからには自分も辞めないと、と言ってふたりも加わった。ふたりは同時に辞めたから、妻との問題も一件落着した。こうして、僕らはひとつのチームになったんだ」

　マラコウスキーは、彼の最後のプロジェクト、ＧＸシリーズのアップグレードを見届けるまで、サン・マイクロシステムズに残ることにした。部下のエンジニアたちがチップの完成を確認すると、彼はようやく安心し、１９９３年3月上旬をもって会社を去ると宣言した。

「優秀なエンジニアは職務を放り出して辞めたりはしないものさ」とマラコウスキーは言った。

　そして、優秀なエンジニアは商売道具を放り出して辞めたりもしない。退社の前、マラコウスキーは新たなスタートアップ企業に自身のサンのワークステーションを持っていきたい、と申し出た。まだ彼の上司だったウェイン・ロージングが持っていくことを認めると、マラコウスキーは退社前の数日間で自身のワークステーションのなるべく多くの部品をアップグレードした。

「メモリ、ディスク・ドライブ、モニター・サイズを最大限までアップグレードしたよ」

とプリエムは言った。

ジェンスンもまた、ＬＳＩを円満に退社したいと思っていた。彼は１９９３年の最初の6週間をかけて、自身の担当プロジェクトをほかのリーダーたちに割り振っていった。彼が正式にプリエムのチームに加わったのは2月17日。くしくもジェンスンの30歳の誕生日だった。

最初のチップの名前は「ＮＶ１」

ロージングは、自分が目をかけてきたプリエムが大きな過ちを犯しつつあると考えていた。１月、プリエムがまだ「ひとりで苦しんで」いたころ、ロージングは今や元エンジニアとなった彼を社外のある場所に連れていった。そこではサンの数人の社員が極秘プロジェクトに取り組んでいた。プリエムを機密保持契約書に署名させたあと、ロージングはサンがのちに「Ｊａｖａ」と呼ばれることになる新しい汎用プログラミング言語を開発していることを明かした。プロジェクトは上々のすべり出しだったが、ロージングは動作が遅すぎて使い物にならないと考えていた。彼はプリエムに、ＣＰＵの処理負荷を軽減し、新しいプログラミング言語の実行を高速化させられる新型チップの設計に興味はないか、とたずねた。

ジェンスンとマラコウスキーが約束どおり新規事業に加わってくれるかどうかがまだ不

透明だったこともあり、プリエムは興味をそそられた。「もしあのときイエスと答えていたら、僕のキャリアはまったく別の方向に進んでいただろうね」

プリエムはロージングの提案について真剣に検討したが、ＣＰＵの設計にはこれといった興味もなかったし、たとえ大きなリスクがあるにせよ、仲間たちと一緒に独自のグラフィックス・チップを設計することのほうがはるかに楽しみだった。結局、彼はロージングの誘いを断った。

しかし、あきらめきれないロージングは、2月にもういちど話を持ちかけた。今回は、プリエムを仲間たちから引き離そうとするのはやめ、３人を同時に懐柔する作戦に出た。彼は、プリエムとマラコウスキーの旧ＧＸチップの設計も含め、サンの特許全体のライセンスを３人のスタートアップ企業に供与することを申し出た。ただし、３人の新型チップを、サンのＧＸグラフィックスとＩＢＭ　ＰＣの両方に対応させることが条件だった。

ロージングの提案を聞いたあと、３人はサンの敷地内にある駐車場にこもってどうするかを話し合った。プリエムはロージングの提案のあらゆる影響を考慮したうえで、「なかなか面白い」とこぼした。なるほど、サンと提携すれば、のっけから名のある大口顧客を手に入れることができるし、元の勤務先から著作権侵害で訴えられるリスクを背負わずにすむ。しかし、デメリットもないではない。ロージングの提案に合意すれば、真の金脈が眠っていると３人が見ていた肝心のＰＣ市場に費やせる時間や資源が減ってしまう。しかも、本当に１枚のチップをサンとＰＣの両方のプラットフォームに対応させられるのかどうかも定かではなかった。結局、ロージングの提案を断り、独力でやるということで３人の意見が一致した。

駐車場での話し合いの最中、プリエムはＰＣベースの新型グラフィックス・アクセラレータの基本仕様はすでに頭のなかにあることを明かした。それは彼とマラコウスキーがサンで開発したＧＸチップよりも多くの色数と巨大なフレーム・バッファを備えたものになる予定だった。多くの面で、ふたりが６年がかりで開発したＧＸチップの進化版になるだろう。マイクロソフトは新たなオペレーティング・システムを「ウィンドウズＮＴ」と名づけた。ＮＴは「次世代の技術《ネクスト・テクノロジー》」を意味する（New TechnologyまたはN-10の略だという説もある）。そういうわけで、彼は新型チップを「ＧＸの次世代版《ネクスト・バージョン》」、つまり「ＧＸＮＶ」と名づけたいと考えた。

ＧＸＮＶは声に出して読むと「GX envy（ＧＸへの羨望《エンヴィ》）」に聞こえる。それはサンのワークステーションのライバルたちがＧＸに抱いていた感情そのものだ。プリエムはライバル企業の噂をよく耳にしていた。たとえば、ディジタル・イクイップメント・コーポレーション（ＤＥＣ）は、ＧＸグラフィックスと無料の『アビエーター』を携えたサンの営業チームにまんまと顧客を奪われていたようだった。この名称には、それと同じことをもういちど、しかも今回は自分たちのやり方で成し遂げる、という決意が込められていた。

過去との完全な決別を強調するため（そしておそらく、わずかな著作権侵害のリスクをも排除するため）、ジェンスンはプリエムに「GXを取る」よう言った。こうして、彼らの新型チップは「NV1」と名づけられることになった。

「NVIDIA」の由来

３人の共同創業者は、サンノゼ郊外のフリーモントにあるプリエムのテラスハウスで事業を開始した。彼らにあったのはひとつのビジョンと、マラコウスキーがサンから持ち帰ってきた数台のワークステーションくらいのものだった。プリエムは寝室以外の部屋を片づけ、家具をひとつ残らずガレージに移すと、すべての機材を置くための大きな折りたたみテーブルを並べていった。最初の数週間は特にやることがなく、毎日集まっては食べ物の話ばかりしていた。

「昨日の夜は何をしていた？　夕食に何を食べた？」と訊き合ったのをジェンスンは覚えている。一日のメイン・イベントは、昼食のメニュー決めだった。「情けない話だけど、本当なのだからしかたない」

しばらくして、3人は初めて正式にハードウェアを購入することを決め、ゲートウェイ2000が製造したIBM互換PCを注文した。ゲートウェイ2000は、黒と白の牛柄の製品パッケージで有名な通信販売のコンピュータ・メーカーだった。キャリアを通じてサン・マイクロシステムズのハードウェアとソフトウェアしか見てこなかったプリエムとマラコウスキーは、届いたマシンを前に、完全に途方に暮れた。

「それまでPCとは無縁だったからね」とマラコウスキーは言う。「面白いものだよ。これから世界を征服しようっていうのに、PCについては完全な素人《しろうと》だったんだから」

幸い、しばらくすると3人の前に強力な味方が現われる。3人の共同創業者による新規事業の噂が広まると、サン・マイクロシステムズの上級エンジニア数名が会社を辞め、その生まれたてのスタートアップ企業に加わったのだ。初期において重要な役割を果たしたのは、GXチームのソフトウェア・プログラマを務めていたブルース・マッキンタイアと、同社の主任科学者に就任することになる元チップ・アーキテクトのデイヴィッド・ローゼンタールだった。

「こんなに多くの優秀な人たちが会社に加わってくれたなんて、今でも信じられない。無給で働いてくれる人が十数人もいたんだ」とプリエムは語った。「ようやく給料を支払えたのは、初めて資金を調達した6月ごろだったと思う」

マッキンタイアとプリエムは、サンのGXグラフィックス・チップをゲートウェイに接続可能なボードに取りつけた。ハードウェア・インタフェースは簡単だったが、ソフトウェアの統合はそれよりもずっと難しかった。サンのハードウェアは、マイクロソフトのオペレーティング・システムが理解できない方法で命令を処理していたため、GXのグラフィックス・レジスタをウィンドウズ3・1に対応させるのにまるまる1か月の作業を要したが、最終的には問題は解決した。当然ともいうべきか、彼らがウィンドウズに移植した最初のゲームは、プリエムの最新版『アビエーター』であり、彼らはそれを『ゾーン5』と改名した。

これで、人材は揃った。実用的なデモ製品も完成した。あとは法人化することができる正式な社名を残すのみだった。プリエムはすでにいくつかの候補をリストアップしていた。最初の有力候補のひとつが「プライマル・グラフィックス（Primal Graphics）」で、響きがしゃれているうえ、ふたりの共同創業者の姓、プリエム（Priem）とマラコウスキー（Malachowsky）の先頭3文字ずつをつなげたものになっていた。評判はよかったが、その一方でジェンスンの名前も入れないと不公平だ、と全員が感じていた。あいにく、それだと少しでも魅力的な社名を考えるのは至難の業だった。実際、「フアプライマル（Huaprimal）」や「プライフアマル（Prihuamal）」、「マルフアプライ（Malhuapri）」も候補に挙がったが（いずれもジェンスン・ファンの名字Huangの先頭３文字を追加したもの）、結局、３人の名前を組み合わせるという考えはボツになった。

プリエムが挙げたその他の候補の大半には、最初に計画したチップ設計にちなんで「ＮＶ」の文字が含まれていた。どれも、「インベンション（iNVention）」や「エンバイロメント（eNVironment）」、「インヴィジョン（iNVision）」など、ほかの企業がすでに自社ブランドに取り入れている日常的な単語ばかりだった。たとえば、あるトイレットペーパー会社は、環境的に持続可能な製品ラインの名称として、「エンヴィジョン（Envision）」を商標登録していた。さらに、コンピュータ制御トイレのブランド名に似すぎている名称もあった。「どれもこれもクサい名前ばかりだった」とプリエムは言う。

最後に残った候補が「インヴィディア（Invidia）」だった。これはプリエムが「羨望」を意味するラテン語を調べていて見つけた単語であり、ある意味、ＧＸの開発を想起させる名称でもあった。プリエムとマラコウスキーは、サン内外を問わず、誰もがＧＸの成功に羨望の眼差しを向けている、と信じていた。

「そこで、開発中のＮＶ１チップに敬意を表し、InvidiaのＩを取ってエヌビディア（NVidia）としたんだ」とプリエムは言う。「いつかエヌビディアが羨望《エンヴィ》の的になるという期待を密かに込めてね」

ようやく社名が決まったところで、ジェンスンは弁護士探しを始め、法律事務所クーリー・ゴッドワードに勤めるジェームス・ゲイザーという人物を見つけた。ゲイザーの事務所は中規模で、弁護士は50人にも満たなかったが、シリコンバレーの若いスタートアップ企業にとって頼れる法律事務所として地位を確立していた。初めての面会の際、ジェンスンはゲイザーから、今ポケットにいくらあるかとたずねられた。２００ドルだとジェンスンは答えた。

「それをこちらに」とゲイザーは言った。これで君もエヌビディアの大株主だ、と彼は続けた。

エヌビディアの法人設立書類には、それぞれの共同創業者に等しい所有権を与える旨が記載されていた。ジェンスンは家に戻ると、共同創設者たちに２００ドルずつ投資してエヌビディアの株式を〝購入〟するよう言った。

「おいしい取引だった」とのちにジェンスンはいつもながらのそっけない口調で言った。

こうして１９９３年4月5日、エヌビディアは正式に誕生した。その日のうちに、プリエムは車両管理局に行って割増料金を払い、「ＮＶＩＤＩＡ」というナンバープレートを注文した。

ベンチャーキャピタリストたちとの面談

エヌビディアの事業性を占う最初の試練は、資金調達だった。1993年当時のベンチャーキャピタルの世界は、今よりもずっと小ぶりだった。シリコンバレーのベンチャーキャピタル企業のほとんどは、今と同じくパロアルトのサンド・ヒル・ロードに本社を構えていたが、国内のベンチャー投資全体の約20パーセントしか占めておらず、ボストンやニューヨークに拠点を置く企業と競い合っていた。ベンチャーキャピタル業界全体は、経済のなかではまだ脇役的な存在であり、支出額は年間10億ドル強（今日のドル価値に換算すると約20億ドル）にすぎなかった。[5] 現在では、ベイエリアのベンチャーキャピタル企業が業界を支配し、毎年流通する1700億ドルの資金の半分以上を投資している。

しかし、ベンチャーキャピタルに関して当時も今も変わらない法則がふたつある。ひとつ目に、すでに収益を上げているスタートアップ企業の創業者のほうが、市場に製品を持たないスタートアップ企業よりもはるかに資金調達が成功しやすいということ。特に、初期段階の企業に対するベンチャーキャピタルの関心が10年来の低水準にあった90年代初頭は、なおさらその傾向が強かった。ふたつ目に、ビジネスの世界ではありがちだが、事業の健全性と同じくらい創業者の人脈が物を言うということ。エヌビディアの場合、企業に安定した収益源がないことを十分に埋め合わせられるくらい、創業者たちの人脈は広かった。

ジェンスンがＬＳＩロジックを円満退社したことは、エヌビディアの資金調達プロセスにおいてすぐさま功を奏した。彼が辞表を提出すると、上司はすぐに彼をＬＳＩのＣＥＯのウィルフレッド・コリガンのところに連れていった。コリガンは、今日でも使われているいくつかの半導体製造工程や設計原則を開拓したイギリス人エンジニアだ。ジェンスンの上司は、社内で「ウィルフ」と呼ばれているコリガンに、その若きエンジニアを引き留めてほしかったのだ。ところが、新世代のグラフィックス・チップを開発したいというジェンスンのビジョンを聞いたコリガンは、彼にこうたずねた。「投資させてもらえないか？」[6]

コリガンは、ジェンスンのスタートアップ企業のターゲット市場や戦略的ポジショニングについて次々と質問を浴びせた。「どんな人がゲームをプレイするのか？」「ゲーム会社の例を挙げてみてくれ」。ジェンスンは、技術さえ完成すればゲーム会社が雨後の筍《たけのこ》のごとく設立されるだろう、と答えた。この分野の既存企業であるＳ３やマトロックスが製造していたのは、一般的に２Ｄの高速グラフィックス・カードであり、３Ｄグラフィックスを用いたゲームはまだ成長の途上にあった。

それでも、コリガンはジェンスンの事業の実現性に疑問を持っていた。

「きっとすぐに戻ってくるだろう」とコリガンは彼に言った。「席は残しておくよ」

そうは言いつつも、コリガンはジェンスンをセコイア・キャピタルのドン・バレンタインに紹介すると約束してくれた。バレンタインは、１９８２年にＬＳＩロジックに投資し、翌年の上場で大儲けを果たした。アタリ、シスコ、アップルなどのテクノロジー企業への投資でもさらなる大当たりを経験したことがある。そんなこともあって、１９９０年代初頭には「世界最高のベンチャーキャピタリスト」の名をほしいままにしていた。[7]

コリガンはエヌビディアの将来性については疑念を抱いていたかもしれないが、ジェンスンという人間には全幅の信頼を寄せていた。コリガンは会社を去ろうとしている若きエンジニアとの会話を終え、バレンタインに電話をかけたとき、ジェンスンの起業のアイデアを売り込んだりはしなかった。ジェンスンという人間を売り込んだのだ。

「やあ、ドン」とコリガンは切り出した。「実は、ＬＳＩロジックを辞めて起業しようとしている若者がいるんだが、本当に頭が切れるし、優秀なんだ。いちど会ってやってくれないか」[8]。バレンタインはジェンスン、プリエム、マラコウスキーの３人に会うことを了承し、５月末に面会の手はずを組んだ。それまでのあいだ、３人にはほかの投資家に売り込みをかける余裕があった。

４月中旬、エヌビディアの設立からわずか数週間後、３人はマッキントッシュ・シリーズのグラフィックスのニーズについて話し合うため、アップル本社を訪れた。しかし、収穫はゼロだった。

その３週間後、今度はクライナー・パーキンス・コーフィールド・アンド・バイヤーズのオフィスを訪れた。セコイアと同じく、１９７０年代に設立され、ホームラン級の投資を幾度となく行なってきたベンチャーキャピタル企業だ。過去には、アメリカ・オンライン、ジェネンテック、サン・マイクロシステムズへの投資も成功させており、３人がこのベンチャーキャピタル企業に注目したのも、サン・マイクロシステムズとの縁があったからだ。面談中、クライナーのパートナーのひとりが回路基板の話題にこだわり、エヌビディアはボードの製造を社内で行なうべきだと訴えた。しかし、エヌビディアの計画では、グラフィックス・チップの設計を自社で行ない、それを他社に製造してもらったあと、そのチップをボード・パートナーに販売し、ボード・パートナーがそれをグラフィックス・カードに取りつけてＰＣメーカーに販売する予定だった。

そのパートナーの主張は、マラコウスキーにとってはまったくのナンセンスだった。「どうして抵抗器なんかでちまちま小銭稼ぎをしなきゃならないんです？」と彼はたずねた。「私たちにはその分野の専門知識がないんですよ。自分の得意なことに専念したほうがいい。お気に召さないならそれで結構」

それは起業家にありがちな（不可欠ではないにせよ）虚勢から出た言葉だったが、同時にマラコウスキーの現実的な性格を表わしてもいた。ＰＣグラフィックス市場を征服したいという野心はあったにせよ、エヌビディアはあらゆる可能性を薄く広く追求するのではなく、最大の好機に労力や予算を一点集中させる必要があった。それが、サンのワークステーションとＩＢＭ互換ＰＣの両方で動作するチップをつくってくれないかというウェイン・ロージングの提案を断った理由だった。今回も、それがクライナー・パーキンスとの交渉から手を引く決め手になった。

次のサッター・ヒル・ベンチャーズとの面談は、より順調に進んだ。今度も、共同創業者たちの過去の人脈のおかげで飛び込み営業をせずにすんだ。というのも、サッター・ヒルもまたＬＳＩロジックに投資した過去があったため、ウィルフ・コリガンに連絡してジェンスンに関する問い合わせをすませていたのだ。コリガンはドン・バレンタインのときと同じくらい熱烈にジェンスンを推薦した。しかし、サッター・ヒルはすでに数社のグラフィックス企業にそれなりの規模の投資をしており、きわめて競争が激しくコモディティ化の進んだ市場で、若いスタートアップ企業が果たして差別化を図れるのか、疑問を抱いていた。結局、エヌビディアに興味を持ったパートナーは、その数年前に入社したテンチ・コックスという人物ただひとりだった。

「物議を醸す投資だった」とコックスは振り返った。「私はサッターの５人のパートナーのなかでは若造だったからね」

コックスは３人に感銘を受けた。ジェンスンについてはすでにコリガンのお墨付きを得ていたとはいえ、面談中、プリエムとマラコウスキーの専門知識に関して探りを入れたコックスは、３Ｄグラフィックスやコンピュータ０Ｓに関するふたりの知識の深さに驚かされた。

「君たちは何者なんだ？」

サッター・ヒルとの前向きな面談は、２日後に迫る大きな試練、つまりセコイアのドン・バレンタインへの売り込みにとっては幸先のよいスタートに思えた。エヌビディアはまだバレンタインに見せつけられるような独自のチップを開発していなかったが、ゲートウェイ２０００のＰＣで動作するようハッキングしたサンのＧＸグラフィックス・カードを試作品として披露することならできた。このチップはすでに４年物だったが、いまだにほかのどの市販のウィンドウズ・グラフィックス・カードよりもはるかに高性能だった。その実証のため、彼らは『ゾーン５』の20分間のデモを行なうことにした。それも、標準的なモニターを使ってではなく、別のスタートアップ企業が製造した初期のバーチャル・リアリティ・ヘッドセットを通じて。その派手なグラフィックスだけでも、売り込みを成功させるには十分だろう、と思ったのだ。

3人が知らなかったのは、バレンタインが大の製品デモ嫌いである、という事実だった。そのセコイア創業者は、売り込みを受けた経験が豊富だったので、起業家は総じて自分たちの技術を見せびらかすのが大好きなこと、常にプレゼンテーションが得意なことを知っていた。しかし彼は、華やかな製品よりもいっそう大事なのは、製品の潜在市場や競争力に対する深い理解だと考えていた。エヌビディアの共同創業者たちは、みずから掘った墓穴にはまり込もうとしていた。

サンド・ヒル・ロードにあるセコイアのオフィスで3人を迎えたのは、最近ジュニア・パートナーに昇進したばかりのマーク・スティーヴンスだった。元インテル社員の彼は、今や社内で半導体の専門家の役割を任っていた。スティーヴンスに木製のパネルをあしらった薄暗い会議室へと案内されると、3人はさっそくデモの準備を行なった。デモが終わると、バレンタインはスタートアップ企業を見定めるお得意のスタイルへとギアを入れ替えた。創業者たちの専門知識だけでなく、プレッシャーにさらされたときのふるまいも確かめるため、3人を質問攻めにしたのだ。マラコウスキーはのちに、バレンタインが「裁判を開いている」かのようだったと語った。

「君たちは何者なんだ？」とバレンタインは３人に訊いた。「ゲーム機メーカーか？　グラフィックス企業か？　オーディオ企業か？　どれだ？」

一瞬、プリエムは固まった。そのあと、答えを吐いた。「そのすべてです」

するとプリエムは、バレンタインが挙げた機能をすべて計画中の１枚のチップへと統合する方法について、長々しくマニアックな説明を始めた。ＮＶ１の可能性に関する彼の説明にウソはいっさいなかったが、彼のまごついた回答はあまりにも濃密すぎて、エンジニアにしか理解できなかった。プリエムにとって、その計画は３人の野心と専門知識の証だった。自分たちなら、同時に複数の市場に対応するチップを開発し、設計をそこまで複雑化することなくチップの持つ可能性を広げることができる。だが、バレンタインの目には優柔不断に映った。

「どれかひとつを選びなさい」とバレンタインはきっぱり言った。「自分が何者なのかわからなければ、まちがいなく失敗する」

次に、バレンタインはエヌビディアの10年後の未来像をたずねた。「I／Oアーキテクチャを制覇してみせます」とプリエムは答えた。またしても、彼はビジネスの質問に対してエンジニアの答えを返した。プリエムの目には、エヌビディアの次世代のチップがグラフィックスだけでなく、サウンド、ゲーム・ポート、ネットワークといったほかのコンピュータ基板の処理まで高速化させる未来が映っていた。しかし今回も、セコイア側はひとりとして彼の答えを理解できなかった。マラコウスキーによれば、共同創業者である彼自身やジェンスンさえも困惑していたという。

すると、スティーヴンスが割って入り、話をより実務的なレベルに引き戻した。エヌビディアは実際に自社の設計したチップをどの企業に製造してもらうつもりなのか、と彼はたずねた。3人は「ＳＧＳトムソン」だと答えた。つい最近、大幅なコスト削減とシンガポールやマレーシアへの生産のアウトソーシングによって倒産を免れたばかりのヨーロッパの半導体企業だ。この答えを聞くなり、バレンタインとスティーヴンスは顔を見合わせ、首を振った。ふたりはより評判のいい「台湾積体電路製造（ＴＳＭＣ）」との協力を望んでいた。

ジェンスンは会話をバレンタインが好む市場ポジションや市場戦略の話題へと引き戻そうとしたが、今や彼自身が質問攻めに動揺し、エヌビディアのチームがひとつとしてまともな答えを返せないことに焦りを感じていた。結局、セコイアから融資の約束を得られないまま、面談は終了した。

「私の売り込みは最悪だった」とジェンスンは失敗の全責任を自分で引き受けて言った。

「自分が何をつくろうとしているのか、誰のためにつくろうとしているのか、なぜ成功できるのかをうまく説明できなかった」

面談のあと、バレンタインとスティーヴンスは今さっき聞いた内容について話し合った。確かに3人は優秀だし、PCプラットフォームに3Dグラフィックスを届けるというビジョンには将来性もある。自分たちはゲーマーではなかったが、セコイアは株式公開したばかりのコンピュータ・ゲーム会社「エレクトロニック・アーツ」に投資して大儲けしていた。また、同社は2Dグラフィックス・アクセラレータ・チップのメーカー「S3」にも投資していた。エヌビディアの共同創業者たちはS3に勝てると断言していたから、この市場が有望であることは明白だった。さらに、バレンタインはハイエンド向けグラフィックス・ワークステーション市場を席巻する「シリコングラフィックス」への投資を見送ったことを後悔していた。

1994年のクリス・マラコウスキー（奥）とジェンスン・フアン（手前）。（エヌビディア提供）

セコイアは6月中旬にもう2回、エヌビディアの共同創業者たちと会った。そして、最後の面談で投資を決めた。

「ウィルフが君たちに金を渡せと言っている。君たちの話を聞くかぎり、そうするのは本意ではないが、金を出そう。ただし、もし私の金をムダにしたら命はないものと思え」とバレンタインはエヌビディアのチームに釘を刺した。

月末、エヌビディアはセコイア・キャピタルとサッター・ヒル・ベンチャーズから100万ドルずつ、計200万ドルのシリーズA資金調達に成功した。

こうして、エヌビディアは初代チップを開発し、社員たちへの給与支払いを開始するのに十分な資金を手に入れた。それはジェンスン、プリエム、マラコウスキーにとって身の引き締まる瞬間だった。彼らはビジネス・プランやデモではなく、3人の高い評判のおかげで資金調達に成功したのだ。それはジェンスンにとって決して忘れられない教訓だった。「ビジネス・プランを書くスキルが未熟でも、評判が勝ることもあるんだ」と彼は語った。

第Ⅱ部

瀕死の経験

1993年～2003年

第4章 すべてを賭ける

3人の役割

とうとう、エヌビディアは同社初のチップについて語るだけでなく、実際に開発を始められる段階までこぎ着けた。真っ先にすべき仕事は、会社をプリエムのテラスハウスから本格的なオフィスへと移転することだった。サッター・ヒルとセコイアから融資を得たエヌビディアは、サニーベールのアークス・アベニュー近くにある1階建てのビルにオフィスを間借りする余裕ができた。近隣のウェルズ・ファーゴ銀行がオフィスの賃貸契約期間中に何度も強盗被害にあうなど、理想的な立地とはいいがたかったものの、エヌビディアの社員たちはやっとまともな企業で働いている感覚になった。

さらに、創業してから初めて、エヌビディアは社員に給与を支払えるようになった。資

ロバート・チョンゴル（左）とジェンスン・フアン（右）。エヌビディアの初代オフィスの前にて。（ロバート・チョンゴル提供）

金調達の前は、エヌビディアには数人の社員がいるだけで、おまけにいずれお金が入ってくるという期待のもと、無給で働いていた。しかし、今では大規模な採用を行ない、エンジニアリングと運営の両部門で20人の新入社員を迎え入れるまでになった。

そのひとりが、エヌビディアの営業部門を率いるためにグラフィックス・チップ・メーカー「ウェイテック」から引き抜かれてきたジェフ・フィッシャーだ。面接で、彼はエヌビディアの共同創業者の一人ひとりに感銘を受けた。

「とんでもない男たちだった。三者三様だが、全員すごく頭がいい」と彼は振り返る。「ジェンスンは生粋《きっすい》のエンジニアだが、色々な帽子をかぶり分けられる。カーティスはアーキテクトで、前方・後方互換性〈前方互換性とは、新しいシステムや製品の機能が古いシステムや製品でも動作すること。⇕後方互換性〉を持つ統一アーキテクチャの問題の解決に並々ならぬ意欲を燃やしている。クリスは誰よりもトランジスタの扱いに長《た》けていたね」

　エヌビディアの最初期の社員のひとり、ロバート・チョンゴルは、出社初日にあまりにも興奮しすぎて、オフィスの正面ドアにあるエヌビディアの看板の前で、ジェンスンと一緒に写真を撮ってもらった。

「この会社はきっといつか巨大で有名になる」とチョンゴルは言い張った。「こいつは貴重な写真になるぞ」

　エヌビディアの社員数が増える前に、３人は指揮命令系統を定めた。プリエムとマラコウスキーは、サン時代と同じ仕事上の関係を保ちたかった。プリエムが最高技術責任者としてチップ・アーキテクチャと製品を担当し、マラコウスキーがエンジニアリング・チームや実装チームを束ねる。ふたりはビジネス上の意思決定を担うのはジェンスン・フアンだと最初から決めてかかっていた。

「基本的に創業初日からジェンスンに何もかも丸投げしていたよ」とプリエム。「この会社の運営は君に任せた。クリスと僕にわからないことは、ぜんぶ君のほうでやってくれ」と彼はジェンスンに言ったという。

　ジェンスンはもっと直接的な言い方をされたと記憶している。「ジェンスン、君がCEOでいいよな？　はい、決まり」[1]

大成功への期待

各々の役割が決まり、プロジェクト・チームの頭数が揃うと、プリエムはいよいよＮＶ１チップの設計に取りかかった。ＰＣグラフィックスの世界は、サンのＳＰＡＲＣステーションよりもいっそう制約が厳しかった。ほとんどのＰＣに搭載されていた当時のインテル製ＣＰＵは、グラフィックスを描き出すのに役立つ高精度な「浮動小数点」（実数をコンピュータで扱える有限桁の小数で近似したもの。使われるビット数で精度が変わる）演算の実行に難点を抱えていた。チップ設計企業が利用できる生産能力は限られており、技術的にもあまり高度ではなかったため、エヌビディアが単一のチップに搭載できるトランジスタの数には限度があった。おまけに、グラフィックス・アクセラレータがますます複雑化する演算を実行するのに必要な半導体メモリ・チップの価格はきわめて高く、ＰＣ需要の増加にともない１ＭＢ当たり50ドル近くにも達していた。

プリエムのチームは、６４０×４８０ピクセルの解像度でグラフィックスを表示できる、高品質なテクスチャ（質感）と高速な描画を実現するチップの開発を計画した。しかし、そのためにはＰＣの制約を回避する方法を考える必要があった。最大のハードルはメモリのコストだ。もしＮＶ１の開発に標準的なチップ設計手法を用いた場合、チップには４Ｍ

Bのオンボード・メモリが必要となり、２００ドルのコストがかかる。これだけでも、このチップを用いたグラフィックス・カードは、安値に慣れたほとんどのゲーマーにとって手の届かない価格になってしまう。当時、PC向けの強力な３Ｄチップの時代はまだ幕を開けていなかった。２Ｄに特化したグラフィックス・チップは10ドル未満で手に入り、使用するメモリの量も高が知れていた。

プリエムは、テクスチャを処理するための新しいソフトウェア・プロセス、その名も「フォワード・テクスチャ・マッピング」を用いてこの問題を解決しようとした。ＮＶ１は、三角形を用いて３Ｄポリゴンを描き出していた従来の「インバース・テクスチャリング」とは違い、四角形を用いて３Ｄポリゴンを描き出す。四角形に移行することにより、必要な計算能力、ひいてはメモリ量が少なくなるが、この手法にはひとつだけ大きな欠点がある。プリエムのフォワード・テクスチャ・マッピング技術を活かすためには、ソフトウェア開発者はゲームをまるごとつくり直す必要があるのだ。ＮＶ１が従来のインバース・テクスチャリング・プロセスに基づいてつくられたゲームを実行しようとすると、描画速度が遅くなり、グラフィックスの品質も低下してしまう。しかしプリエムは、まだ独占的な標準が確立していないPCゲーム用グラフィックスという狭い世界では、技術的に見て効率的なエヌビディアのプロセスが最後には勝ち残る、と確信していた。

まったく新しいテクスチャの描画プロセスを発明するだけでは飽き足らないと言わんばかりに、プリエムはＮＶ１でゲームのオーディオ機能まで向上させたいと考えた。当時、オーディオ市場をリードしていたのは「サウンドブラスター」シリーズのサウンドカードだったが、プリエムの耳には不自然で陳腐な音に聞こえた。彼はＮＶ１に高品質なウェーブテーブル合成（事前録音された基本波形をメモリから繰り返し読み出して音声を合成する手法）を追加し、実際の楽器の録音をもとにデジタル・サウンドを再現した。一方、サウンドブラスターのオーディオ・サンプルは完全に合成音だった。

この別個のオーディオ規格を取り入れたこともまた、リスクの高い決断だった。グラフィックスとオーディオを１枚のカードに統合するのは異例の試みであり、ほとんどのコンピュータではグラフィックスとオーディオに別々のカードが使われていた。しかしプリエムは、それこそが市場の非効率性の証であり、技術的に優れた多機能カードによって是正されるのを待っているのだ、というふうにとらえた。もちろん、この新しい規格が採用される保証はなかった。王者サウンドブラスターを相手に、プリエムは世の中のソフトウェア・メーカーが性能面では劣るが広く採用されている規格から、高音質ではあるが実装に手間のかかる独自規格に切り替えてくれるのを祈るしかなかったのだ。

プリエムが設計に取り組むあいだ、ジェンスンはプリエムの新型カードを支援するようインテルを説得することに必死になっていた。インテル側の担当者はパット・ゲルシンガーという若い幹部であり、彼は今後のすべてのグラフィックス・カードで使用されることになる拡張スロット規格「ＰＣＩ（ペリフェラル・コンポーネント・インターコネクト）」の改訂に携わっていた。ジェンスンは、ＰＣＩにＮＶ１が活用できるさまざまな種類のデータの転送方式を追加してほしいと求めたが、ゲルシンガーは難色を示した。

「ジェンスンと私で色々なアーキテクチャの論点について激論を交わしたのを覚えているよ」とゲルシンガーは振り返る。[2]

最終的に勝ったのはジェンスンのほうだった。インテルはよりオープンで高機能な規格を採用し、そのことがイノベーションを促した。それはエヌビディアだけでなく、グラフィックス業界全体にとっての勝利でもあった。オープン規格の採用により、拡張カード・メーカーはインテルが追いつくのを待つことなく、技術革新のペースをみずから決められるようになったのだ。ゲルシンガーによれば、エヌビディアが将来的に成功を収められたのは、「最先端のグラフィックス・デバイスの開発を可能にしたオープンなＰＣＩプラットフォーム」のおかげだったという。

ＮＶ１の設計が固まると、ジェンスンとマラコウスキーはエヌビディアの全チップの製造を請け負うヨーロッパのファウンドリ〔半導体デバイスの製造を専門に行なう工場〕「ＳＧ

Sトムソン」と正式にパートナーシップを結んだ。ドン・バレンタインとマーク・スティーヴンスが製造パートナーとしての適性に疑問を抱いていた企業だが、エヌビディアは同社の立場が相対的に弱いことを逆手に取り、交渉を有利に進めた。両社の契約により、SGSトムソンはエヌビディアのためにNV1チップを製造すると同時に、NV1の廉価版を製造し、独自ブランドのもとで中価格帯のチップとして販売する独占的なライセンスを手に入れた。その見返りとして、SGSトムソンはエヌビディアに年間約100万ドルを支払い、すべての主要なウィンドウズOS向けに定期的なソフトウェアとドライバのアップデートを書いてもらうことになった。要するにSGSトムソンは、NV1チップの製造という特権を確保するために、エヌビディアの十数人のソフトウェア部門全体を金銭的に支えることに同意したわけだ。[3]

1994年秋、SGSとエヌビディアは、ラスベガスで開催された世界最大級のコンピュータ展示会「COMDEX」でNV1を発表する。エンジニアたちは3つの実働プロトタイプをPCに取りつけておいた。展示会の開幕直前、まだソフトウェア・ドライバのデバッグ〔バグを取り除く作業〕を続けていたプリエムと別のエンジニアは、ひとつのプロトタイプをホテルの部屋に持ち帰って作業を続け、残りの2台のマシンはブースに残しておくことにした。すると、通りかかった警備員が、一晩じゅう見張りをつけておいたほうがいい、と忠告した。しかし、エヌビディアのチームはその提案を断った。

翌日、セットアップのためにブースに戻ると、すべてがなくなっていた。展示フロアのドアは施錠されておらず、誰かが夜間に忍び込んでプロトタイプを盗んでいったのだ。幸い、ホテルに持ち帰ったチップがまだひとつ残っていたので、ＮＶ１は展示会の開幕とともに正式なお披露目を果たした。[4]

展示会の慌ただしさのなか、エヌビディアのチームは日本のビデオゲームおよびゲーム機メーカー「セガ」の代表団と顔を合わせる機会を得た。[5] ＮＶ１のデモに感銘を受けたセガは、計画中の次世代ゲーム機でエヌビディアと手を結ぶことに合意する。こうして１９９４年12月11日、ジェンスンとカーティス・プリエムは、セガの経営陣にチップの開発契約を提案するため、東京へと飛んだ。[6]

それは両社の長く実りのある関係の第一歩になるはずだった。１９９５年５月、セガとエヌビディアは５年間のパートナーシップ契約を締結した。エヌビディアはセガの次世代ゲーム機だけのために次世代チップ「ＮＶ２」を開発する。その見返りとして、セガはもともと現行のゲーム機「セガサターン」向けに開発された数作のゲームをＰＣに移植し、ＮＶ１のフォワード・テクスチャリング・プロセスに対応するようゲームを書き直すことで、ＮＶ１のＰＣデビューを後押しする、という内容だった。また、セガはエヌビディアの優先株500万ドルぶんも購入した。

取引条件が確定すると、技術的な共同作業が欠かせない契約だということで、カーティス・プリエムがセガとの窓口を務めた。彼は両社の共同プロジェクトを管理するため、1995年に6回日本を訪れることになる。そして、ゲーム・カートリッジの読み取り方法や色圧縮の実行方法を含め、NV2ベースのゲーム機の設計仕様を監督した。また、セガサターン・ベースのゲームをPCに移植する微妙な方法を理解できるようセガを支援した。

NV1は、大成功の要素をすべて備えていた。新しいテクスチャリング機能や描画機能をいくつも備えた単一チップのマルチメディア・アクセラレータという、唯一無二のマーケティング上の切り口もあった。エヌビディアの主要なボード・パートナーであるダイヤモンド・マルチメディア社が、NV1チップを「エッジ3D」というブランドのもと300ドルのグラフィックス・カードに搭載して販売したため、同社から25万枚の注文が入るなど、当初の売上も順調だった。さらには、セガという華々しい事業パートナーもいた。セガは現行のチップをサポートするだけでなく、エヌビディアの次世代のチップの開発にもあらかじめ協力を約束してくれた。こうして、NV1チップは1995年5月に正式発表され、社内の誰もが大成功に期待した。

まさかの失敗

　ところが、エヌビディアは市場を深刻に見誤っていた。まず、過去2年間でメモリ価格が1MB当たり50ドルから5ドルに急落し、NV1でオンボード・メモリを節約したことが、たいして競争上有利に働かなくなった。その結果、ソフトウェアを書き直してまで、エヌビディアの新しいグラフィックス規格をサポートしようと考えるゲーム開発会社はほとんど現われなかったのだ。結局、セガがPCに移植した『バーチャファイター』や『デイトナUSA』などが、数少ないNV1対応タイトルとなり、それ以外のほとんどのゲームはエヌビディアの新型チップ上では快適に動作しなかった。NV1はインバース・テクスチャリングを実行するためにいったんソフトウェア・ラッパーを介する必要があったため、描画速度が遅くなる傾向にあったのだ。

　そんなNV1の運命を決定づけたのは、たったひとつの一人称視点シューティング・ゲーム『DOOM』であった。NV1チップの発売当時、『DOOM』は世界一人気のゲームで、その躍動感のあるビジュアルとスピード感あふれる血なまぐさい戦闘は、それまでのどのゲーム体験とも一線を画した。それは、このゲームのデザイナーであり、発売元のイド・ソフトウェアの共同創業者であるジョン・カーマックの魔法めいた技術によるところが大きい。カーマックは、2Dのビデオ・グラフィックス・アレイ（VGA）規格（ディスプレイと機器を接続するための規格のひとつ）を使ってこのゲームを設計し、知りうるかぎりのハードウェアレベルの技術を駆使して最大限の視覚効果を引き出した。プリエムは、ほとんどのゲーム・デザイナーがVGAに見切りをつけ、NV1の高速3Dグラフィックスに乗り替えると確信していた。そのため、NV1チップはVGAグラフィックスを部分的にしかサポートしておらず、ソフトウェアベースのエミュレータ（特定のコンピュータ・システムのために設計された機能を、別のシステム上で再現するためのソフトウェア）に頼ってVGA機能を補っていた。そのことが『DOOM』のゲーマーにとってパフォーマンス低下を招いていたのだ。

『DOOM』の代名詞であるサウンドトラックやサウンド・デザインさえも、NV1ではまともに機能しなかった。プリエムがどうしても必要だからというよりは一種のお飾りとして導入したNV1独自のオーディオ規格は、サウンドカード・メーカーのクリエイティブ・ラボが開発した業界標準の「サウンドブラスター」規格とは互換性がなかった。しかし、ほとんどのPCメーカーは周辺機器にサウンドブラスター互換性を求めており、その状況はプリエムの想定ほど早く変化しそうになかった。この問題を解決するため、プリエムはまたエミュレータを書いた。今回はビジュアルではなく音声を生み出すためのエミュレータだ。しかし、そのエミュレータはクリエイティブ・ラボが独自の規格を更新するたびに動作しなくなり、エヌビディアが修正パッチを提供するまでその状態が続いた。そうなると、NV1のユーザはゲームの音が正しく再生されない状態のまま、長期間の我慢を強いられた。

この一件は、後方互換性の重要性と、「イノベーションのためのイノベーション」に秘められた弊害を痛感させる手痛い教訓となった。グラフィックス業界の限界を押し広げるはずだったエヌビディアの新型カードは、世界一人気のゲームと歩調を合わせることができなかった。真に互換性のあるゲームがなかったこと、そしてほとんどのゲーム・メーカーが広く採用されてはいるが性能で劣る技術標準をサポートしつづけたことが、NV1を死に追いやったのだ。

「私たちは最高の技術、最高の製品を生み出したつもりでいた」とマラコウスキーは言う。「でも、蓋を開けて見れば、生み出したのは最高の技術だけで、最高の製品ではなかったんだ」

売上は散々で、クリスマス・シーズン中の出荷ぶんもほとんどが返品された。1996年春までに、ダイヤモンド・マルチメディアは発注した25万枚のチップをほぼすべて返品した。

ジェンスンは、エヌビディアがポジショニングから製品戦略まで、ＮＶ１でいくつもの重大ミスを犯したことに気づいた。カードの設計でやりすぎ、誰も興味のない機能を詰め込みすぎてしまったのだ。結局、市場が求めていたのは、最高のゲームに最速のグラフィックス性能をそれなりの価格で提供してくれるチップであり、それ以外の何物でもなかった。コンピュータ・メーカーもまた、ビデオとオーディオの機能を１枚のチップに組み込めばエヌビディアが契約を勝ち取るのは難しくなる、と忠告した。

「皮肉なことに、ＮＶ１を死に追いやったのはそのもっとも重要な要素、つまりグラフィックスじゃなかった」と当時のエヌビディアのマーケティング部長のマイケル・ハラは語った。[7]「むしろオーディオだ。当時のゲームにはサウンドブラスターとの互換性が必要だったが、ＮＶ１には互換性がなかったんだ」

「お宅のグラフィックス技術は本当にすごいと思う。だから、オーディオ機能を削る気になったら、また来てください」とハラは何度も言われたのを覚えている。

つまり、ＮＶ１はより狭い設計の他社製カードに太刀打ちできなかったというわけだ。こうしてエヌビディアは、顧客が余分なお金を出してまで買いたくないものを二度とつくってはいけない、と学んだ。

「私たちはあまりにも薄く広く手を出しすぎていた」とジェンスンは振り返る。[8]「たとえパワーポイントのスライド上ではよく見えたとしても、あれもこれもやろうとするより、少ないことをきちんとやるほうがよいということを学んだんだ。十徳ナイフを買いにわざわざお店に行くヤツなんていない。あれはクリスマス・プレゼントにもらうものだ」[9]

エヌビディアはＮＶ１の開発に１５００万ドル近くを費やしていた。その資金は、サッター・ヒルやセコイアからの初期投資に加え、ＳＧＳトムソンやセガからも調達したものだ。[10]エヌビディアはＮＶ１の好調な売上で開発コストの大部分を回収し、次世代チップの開発に移ろうともくろんでいた。しかし、売上不振を受けて、エヌビディアは今や資金枯渇の危機に瀕していた。ジェンスン、プリエム、マラコウスキーは、追加の資金を一刻も早く確保する必要があった。そうしなければ、３人の夢は突然、みずからが招いた終わりに直面することになる。

『ポジショニング戦略』の教え

エヌビディアの初期のある取締役会で、大手チップ設計ソフトウェア企業「シノプシス」の元ＣＥＯである取締役のハーベイ・ジョーンズが、ＮＶ１についてジェンスンにたずねた。「この製品をどうポジショニングする？」

当時のジェンスンは、ジョーンズが単にＮＶ１の機能や製品仕様について訊いているわけではない、ということに気づかなかった。ジョーンズは、エヌビディアが競争の熾烈な半導体業界で新型チップをどう販売していくつもりなのかを訊いていたのだ。製品を際立たせるためには、その製品をできるだけわかりやすく正確な言葉で伝える必要がある。

「彼の質問はシンプルだった。私にはそれがどれほどシンプルな質問なのか理解できなかった。質問を理解できないから、当然答えることもできなかった」とジェンスンは振り返る。[11]「その答えは最高に奥深い。答えを見つけるのに まる一生かかるだろうね」

NV1の失敗を受けて、ジェンスンはジョーンズの質問を真剣に受け止めなかったことを後悔した。そして、これほど少ない見返りのために自分やチームの面々が粉骨砕身したと思うと無性に腹が立った。すべての原因は新会社のリーダーとして未熟な自分自身にあると考えていた。

「仕事ができなかった、の一言に尽きる」とジェンスンは言う。「最初の5年間はね。すごく優秀で超勤勉な人材は揃っていたが、会社づくりのスキルはそれとは別なんだ」

ジェンスンは、自分自身やエヌビディアが二度と同じまちがいを繰り返さないよう、企業経営についてどんな情報でも吸収すると誓った。ジョーンズの質問への答えを求めるなかで、彼が惹きつけられたのがアル・ライズとジャック・トラウトの共著『ポジショニング戦略』だった。ふたりはこの本のなかで、ポジショニングで大事なのは製品自体よりも顧客の心であり、顧客の心は過去に得た知識や経験によって形づくられるものなのだと主張している。人間は自分の既存の世界観に合わないものを拒絶し、排除する傾向があるため、理性や論理で相手の心を変えるのは難しい。しかし、感情はコロッと変わることがある。よって、巧みなマーケターなら、適切なメッセージを通じて製品に対する感じ方を操ることができるのだ。ライズとトラウトによれば、潜在的な顧客が求めるのは「説得」ではなく「誘惑」だという。

しかし、誘惑にはシンプルなメッセージが欠かせない。そして、エヌビディアがＮＶ１で用いたメッセージはあまりにも複雑すぎた。競合製品に対して明白に優れている点はなく、場合によってはむしろ劣っている点もあった。

「顧客は常に別の選択肢を思い描いている」とジェンスンは言う。そして、顧客の頭のなかでは、その別の選択肢ならＮＶ１にできないことができる。それは『ＤＯＯＭ』をプレイすることだ。『ＤＯＯＭ』が古いグラフィックス規格を使用しているだとか、ＮＶ１の性能向上機能を活用していない、といった批判をいくら並べたところで、『ＤＯＯＭ』をプレイできない」というたったひとつのわかりやすい否定的メッセージは打ち消せない。エヌビディアがＮＶ１の革新的なオーディオ機能やグラフィックス機能を何度アピールしても、ゲーマーが自分の目や耳で見聞きした（あるいは見聞きしていない）現実を覆すことなどできないのである。

命綱になった、セガからの100万ドル

NV1の大失敗は、エヌビディアとセガの関係にヒビを入れた。エヌビディアは日本企業のセガから、セガサターンの後継ゲーム機用のチップとしてNV2を開発し、かつてのゲーム機「ジェネシス」(日本ではメガドライブの名称で販売)の成功を再現するよう委託された。エヌビディア社内でのNV2のコードネームは「ムタラ」であり、この名称は『スター・トレックII　カーンの逆襲』のクライマックスである宇宙戦の舞台にちなむ。その戦いで、ジェネシス装置がムタラ星雲を破壊し、新たな生命を持つ惑星を誕生させた。同じように今のエヌビディアも、NV2チップを通じて苦境にあえぐ会社に新たな命を吹き込む必要があったのだ。

ところが、最初から雲行きは怪しかった。プリエムが直接関与し、日本出張を重ねたにもかかわらず、セガのプログラマーたちは次第にエヌビディア独自のグラフィックスの描画技術に興味を失っていった。1996年、セガは次世代ゲーム機にNV2を使用しないことをエヌビディアに通告する。しかし、ジェンスンは初期の契約に巧妙な条項を盛り込んでいた。セガの旧ジェネシス(メガドライブ)とほぼ同じ大きさの内蔵マザーボードに

搭載可能なチップの実働プロトタイプを完成させることができたら、エヌビディアがセガから１００万ドルの支払いを受け取れるという内容だった。

プリエムは、ＮＶ２のプロトタイプ開発をウェイン・コガチというエンジニアひとりに一任した。それは孤独で報われない仕事だった。コガチが自由にいじれるのはひとつのチップとマザーボードだけ。残りのエンジニアリング・チームはＮＶ３と呼ばれる次世代チップの開発に総力を挙げて取り組んでいた。コガチが同僚と交流する機会はほとんどなく、そのわずかな交流の時間も、子どもじみた深夜のおふざけが多くを占めていた。あるとき、エンジニアリング部門の全員がたわいない骨相学の一環として、お互いの頭の周径を測定し、記録しはじめた。

「当時、エヌビディアで誰よりも頭の周囲が大きかったのがウェインだった」とプリエムは笑いながら振り返る。

１年近くを費やした末、コガチはセガの仕様に沿ったＮＶ２のプロトタイプを完成させた。こうして支払われた１００万ドルは、危機の最中の貴重な命綱となった。それでも、エヌビディアの苦境が完全に解消されたわけではなかった。この１００万ドルの大半はすぐさまＮＶ３の研究開発に投入されたため、ＮＶ１やＮＶ２の爆発的ヒットを見越して雇われ、両プロジェクトの事実上の中止によって手持ち無沙汰となった大量の社員に給料を支払う余裕がなくなってしまった。残された資金の節約のため、ジェンスンは過半数の社員を解雇するという道を選んだ。その結果、100人以上いたエヌビディア社員は40人まで激減した。[12]

「マーケティング・チームもあったし、営業チームもあったのに、突然、会社の行動計画が使い物にならなくなってしまったわけだから、そりゃあたいへんだった」とドワイト・ダークスは語る。彼は解雇を免れたソフトウェア・エンジニアのひとりだ。

強力なライバル

エヌビディアがNV1とNV2の失敗から体勢を立て直し、NV3への転換を図ろうとしていたそのとき、PCグラフィックス市場に新たな強力ライバルが現われた。シリコングラフィックスの元社員であるスコット・セラーズ、ロス・スミス、ゲイリー・タロッリの3人が、エヌビディア設立のわずか1年後の1994年に3dfx社を創設したのである。1990年代、シリコングラフィックス（SGI）は、スティーヴン・スピルバーグ監督の映画『ジュラシック・パーク』の恐竜など、映画のCGに使われるハイエンド向けグラフィックス・ワークステーションのメーカーとしてもっともよく知られていた。3dfxの創業者たちは、それと同等の性能をゲーマーが購入できる価格でPC市場に届けたいと考えていた。そして1996年秋、2年間の開発期間を経て、同社は「ブードゥー・グラフィックス」というブランド名で初のグラフィックス・チップをリリースする準備が整ったことを発表した。

3dfxは、サンフランシスコにある技術系投資銀行ハンブレクト&クィスト主催の会議で「ブードゥー・グラフィックス」をお披露目することを決めた。そこで、ゴードン・キャンベルという名の幹部は、ローエンドな消費者向け機器でハイエンドな企業向けのグラフィックスを生成できる3dfxのチップのデモを行なうことを計画していた。デモの目玉はSGIのワークステーションでつくられたと見まがうほどの精度で描き出された3Dの立方体だった。

「私がいたのは確か、PCとプロジェクタ、そして3dfx初のチップを搭載したカードがあるだけの小さな地下室だったと思う」とキャンベルは語った[13]。

3dfxのデモ・セッションは、シリコングラフィックスのCEO、エドワード・マクラッケンによる基調講演と同時刻に予定されていた。当初、キャンベルのデモは人もまばらだった。というのも、3dfxのデモに興味を持ちそうな人の大半が、SGIの社史を振り返るマクラッケンの講演を聞きに行っていたからだ。ところが、講演の途中で、小売価格8万5000ドルというマクラッケンのSGIワークステーションがクラッシュし、基調講演が完全に中断してしまう。聴衆がそわそわしだすと、地下のデモのほうが見物《みもの》だぞ、という噂がどこからともなく広がりはじめた。小さなスタートアップ企業が、SGIのマシンと肩を並べる3Dグラフィックスを消費者向けのPCカードでつくり出したというのだ。

「みんな度肝を抜かれていた」とキャンベルは言う。「〝こっちを見ろよ〟という感じで、どんどん人が連れてこられていたよ」

この対決は3dfxの企業伝説の一部となり、1996年10月発売のブードゥー・グラフィックスのマーケティング・メッセージにも大きな影響を与えた。3dfxはSGI並みの性能をその数分の一の価格でパソコンに提供できる唯一のスタートアップ企業だと自己アピールした。このテーマは、ブードゥー・グラフィックスの発売資料の至るところで強調された。たとえば、3dfxのマーケティング部長のロス・スミスは、ブードゥー・グラフィックス・チップ搭載のグラフィックス・カード「ライチャス3D」を発売したオーキッドという企業に、こんな言葉を寄せた。

昨年のComdex［原文ママ］で、ビル・ゲイツがオーキッドのブースで25万ドルのSGIリアリティエンジンベースのブードゥー・グラフィックス・シミュレータを使って『ラーの谷（The Valley of Ra）』というゲームをプレイした。それと同じ性能のリアルタイム３Ｄグラフィックスが、今やオーキッドから２９９ドルでＰＣ消費者向けに提供されている。まさに最高《ライチャス》だ！[14]

知ってか知らずか、３ｄｆｘはアル・ライズとジャック・トラウトが共著『ポジショニング戦略』で示した原則に忠実に従っていた。３ｄｆｘは自社製品を市場のほかのカードに代わる明確な選択肢として打ち出し、事実や性能データで顧客を説得しようとするのではなく、顧客の感情に訴えかけた。つまり、圧倒的な性能をお手頃価格で手に入れ、「今までの常識を打ち破る」という感覚に訴えかけたわけだ。

それは単なる誇大広告ではなかった。１９９６年６月、イド・ソフトウェアは新たな一人称視点シューティング・ゲーム・シリーズ『クエイク』をリリースした。オリジナル版『クイエク』は、３年前に『ＤＯＯＭ』が２Ｄカードで成し遂げたように、３Ｄグラフィックス・カードの限界を押し上げた。今回は、すべてをリアルタイムで３Ｄ描画したのだ。１９９７年１月、イド・ソフトウェアは『クエイク』のアップデート版『ＧＬクエイク』をリリースし、ハードウェアによる３Ｄグラフィックスの高速化に追加対応した。この機能は、まさに「ブードゥー・グラフィックス」チップの得意分野だった。

「とてつもない売れ行きだった」と3dfxの主任エンジニア、スコット・セラーズは回想する。[15]

同社の収益は、1996年度の400万ドルから、1997年度には4400万ドル、そして1998年度にアップグレード版「ブードゥー2」グラフィックス・カードがリリースされたあとは2億300万ドルへと爆発的に増加した。この需要の圧倒的大部分は、『クエイク』のゲーマーからのものだった。『クエイク』はまさしくキラー・アプリそのものだった。ゲーマーたちはより没入感のあるゲーム体験を得るため、それまでのハードウエアをアップグレードし、グラフィックスの性能と品質を向上させたいと思わずにはいられなかったのだ。

3dfxの経営陣はエヌビディアが財務的な苦境に陥っていると知り、倒れかけのライバル企業の買収も検討した。エヌビディアのNV1とNV2チップは市場で勢いを得られなかったが、同社にはシリコンバレー随一のグラフィックス・エンジニアたちが名を連ねていた。しかし、最終的に3dfxの経営陣は買収に動かないことを決める。エヌビディアの倒産はもはや避けられないから、倒産を待って優秀な人材や資産を格安で手に入れるほうが得策だと考えたのである。

「3dfxが犯したミスは、エヌビディアが弱っているときにとどめを刺さなかったことだろう」とロス・スミスは言う。「エヌビディアを買収しなかったことは、3dfxにとって大きな戦術ミスだった。せっかく死の寸前まで追い詰めていたのにね」

「完成したRIVA128チップに少しでもバグがあれば、エヌビディアは一巻の終わりだとわかっていた」とセラーズは語った。RIVA128とは、もともとNV3というコードネームで開発が始まり、のちにRIVAシリーズとして販売されるチップのことだ。

「彼らには時間がなかった。だから、もう少し待っていれば勝手に自滅するだろう、と踏んでいたんだ」

そこで、3dfxはエヌビディアを追い詰めるひとつの行動に打って出た。セラーズは以前、別の小さなスタートアップ企業でドワイト・ダークスと同僚だったことがあり、カードの成功を左右するグラフィックス・チップ向けのソフトウェア・ドライバのプログラミング能力に関しては、彼の右に出る者はいないと知っていた。セラーズはダークスを積極的に口説き、沈む泥船であるエヌビディアを捨てて、今や飛ぶ鳥を落とす勢いの3dfxに加わるよう説得しようとした。

「あと一歩で彼を引き抜けたのだが」とセラーズはのちに語った。その声には後悔以上のものがにじんでいた。[16]

ダークスはセラーズの誘いについて真剣に検討したが[17]、ふたつの理由でエヌビディアに残ることを決めた。ひとつは好奇心。転職を検討する前に、ＲＩＶＡ１２８の完成を見届けたいという気持ちがあったのだ。もうひとつはジェンスン。ジェンスン本人から熱烈に慰留《いりゅう》されたのだ。ジェンスンは今でも、ダークスを「救った」のは自分だと自負している。一方のダークスも、自分が辞めていたら３ｄｆｘがエヌビディアを完全に買収していただろうとよく冗談を言う。そのダークスは30年後の現在もなおエヌビディアに在籍し、同社のソフトウェア・エンジニアリング部門を統括している。

市場に従え！

ちょうど『クエイク』が３ｄｆｘを新たな高みに押し上げていたころ、ジェンスン・フアンとエヌビディアは、目減りしていく現金を数えながら、次世代チップの製品化を見届けられるだろうかと気を揉んでいた。銀行預金の残高は３００万ドル。あと9か月間が限界だ。[18] 生き残るためには、平均以上のチップや単に優れたチップをつくるだけでは不十分だった。あらんかぎりの製造技術とメモリ技術を駆使して、３ｄｆｘの優秀なブードゥー・シリーズに勝つことのできる史上最速のグラフィックス・チップをつくる必要があった。

そんな強力なライバルに勝つためには、チップ開発のアプローチを全面的に見直さなければならなかった。ＮＶ１は、市場のニーズよりもエヌビディアのエンジニアの願望を優先して設計された。カーティス・プリエムがチップに取り入れた独自の規格は、彼の技術力をいかんなく発揮するものではあったが、結果的にメーカーを遠ざけることにつながった。１９９６年６月、マイクロソフトがＤｉｒｅｃｔ３Ｄをリリースしたことで、新しいグラフィックス規格が定着するのはいっそう難しくなった。Ｄｉｒｅｃｔ３Ｄとは、従来の三角形ベースの手法を用いたグラフィックスのテクスチャリング用のアプリケーション・プログラミング・インタフェース（ＡＰＩ）である。すると、数か月としないうちに、大半のゲーム開発会社がエヌビディアなどの提唱する独自の小規模なグラフィックス規格に見切りをつけ、広くサポートされているマイクロソフトのＤｉｒｅｃｔ３ＤとＯｐｅｎＧＬというふたつの大規模な規格のどちらかを採用するようになった。

　業界の向かう先を感じ取ったジェンスンは、市場に逆らうのではなく市場に従うようエヌビディアのエンジニアたちに説いた。

「みんな、ガラクタをせっせと磨くのはもうやめにしよう」と彼は残された社員たちに告げた。[19]「今となっては、われわれが無駄足を踏んでいるのは明らかだ。誰もうちのアーキテクチャなんかサポートしないだろう」[20]

　マラコウスキーもこの新しい方針に賛成した。「ＮＶ１のような独特の技術でライバルを出し抜くんじゃなく、同じ基本戦術を使って他社を出し抜こうとするべきだった」と彼は述べた。

ジェンスンのメッセージを聞き、プリエムはＮＶ３では文字どおり大きく行こうと決意した。今までよりもずっと高速なチップをつくるためには、１２８ビット幅のメモリ・バスを使用し、記録破りの速度でピクセルを描画できるグラフィックス・パイプラインを設計する必要があった。そのためには、これまで製造に成功したどのチップよりも物理的に大きいチップをつくる必要があるだろう。

プリエムはエヌビディア・オフィスの廊下でジェンスンをつかまえると、技術的に難しいことは承知のうえで計画の承認を求めた。

「ちょっと考えさせてくれ」とジェンスンは答えた。彼は翌２日間をかけ、改良版ＮＶ３のスケジュール、価格設定、製造計画、ビジネスモデルを練り上げていった。結局、彼は大型チップの開発を承認しただけではない。さらに10万ゲート、つまり40万トランジスタを追加し、チップ全体で合計３５０万トランジスタにするようプリエムとエンジニアたちに求めたのだ。[21]

「ジェンスンは、チップにいっそう多くの機能を詰め込むことを認めてくれたんだ」とプリエムは言う。

後年、ジェンスンは当時の決断について問われるとこう答えた。「コストの心配はしていなかった。物理的に当時最大のチップをつくろうとしただけだ。とにかく世界一強力なチップにしたかったんだ」

「1台100万ドル」で時間を買う

エヌビディアの野心を示すため、そしてもしかすると、過去の設計哲学との明確な決別を示すため、エヌビディアはＮＶ３に社内のコードネームとは別のブランド名を与えることを決め、このチップの究極の目的にちなんで「ＲＩＶＡ１２８」と命名した。ＲＩＶＡは「リアルタイム・インタラクティブ・ビデオ・アンド・アニメーション・アクセラレータ（Real-time Interactive Video and Animation Accelerator）」（動画とアニメーションを高速化するリアルタイムで対話的なアクセラレータの意味）の略であり、「１２８」という数字は１２８ビット幅のバスを表わしていた。これは、１枚のチップとしては当時最大のビット数であり、これも消費者向けＰＣ業界では初の偉業だった。

しかし、エヌビディアの財務状況を踏まえれば、ＲＩＶＡ１２８を記録的な速さで完成させる以外に生き延びるすべはなかった。しかも、何段階もの品質保証プロセスという安全策を取ることなく。通常、標準的なチップ開発期間は2年間であり、完成したチップ設計をプロトタイプ製造へと回す「テープアウト」のあとも、バグを特定して修正するための改訂が重ねられる。たとえば、NV1の場合は、物理的なテープアウトが3、4回あった。しかし、NV3に関してはそれを1回ですませる必要があった。

開発期間を短縮するためには、テスト・サイクルを短縮するしかない。ジェンスンは、冷蔵庫大のチップ・エミュレータを製造する小さな会社「IKOS」の噂を耳にしていた。その巨大なマシンを使えば、チップのデジタル・プロトタイプ上でゲームやテストを繰り返すことができる。バグのテストや修正のために実物のチップを製造する必要がないため、時間や資源の節約につながるというわけだ。だが、IKOSのマシンは1台100万ドルと、決して安くなかった。これを購入すれば、エヌビディアの資金がもつ期間は9か月間から6か月間に短縮されるが、ジェンスンはテスト・プロセスをそれ以上に大幅に短縮できると判断した。彼はこの点についてほかの経営陣と議論したが、経営陣は追加の資金を調達してなるべく時間を稼ぐべきだと考えていた。しかし、ジェンスンは譲らなかった。

「これ以上の資金調達は望めないと思う」と彼は言った。ベンチャーキャピタリストたちには「信じる価値のある企業がほかに90社くらいある。どこにうちを信じる理由があるんだ？　こうするしか方法はない」

結局、ジェンスンは議論に勝ち、IKOSからエミュレータを購入した。製品が到着するやいなや、ダークスのソフトウェア・チームは、チップの問題の特定と修正のため、デジタル版のＲＩＶＡ１２８でテストを実行しはじめた。ダークスは、彼のチームとハードウェア・エンジニアたちとの最初の会話が紛糾したことを覚えている。

「さあみんな、これでうちのチップを初めてエミュレーションできるようになったぞ」と彼は言った。「やっとＤＯＳが起動した。ずいぶんと遅いな[22]」

すると、ハードウェア・エンジニアのひとりが言った。「ああ、見てくれ。もうエラーが出ている。Ｃコロンが２ピクセルずれているぞ」

通常、チップは起動直後やこれほど基本的なことでエラーを起こしたりはしない。そのためハードウェア・チームは、エミュレータが正常に動作しておらず、ジェンスンとダークスが３か月ぶんの給料をどぶに捨ててしまったと思い込んだ。

「でも実際には、それがうちのハードウェアに見つかったひとつ目のバグだったんだ」とダークスは語った。

ＩＫＯＳのマシンを使っての作業は、骨の折れるプロセスだった。２台の巨大な筐体《きょうたい》には剥き出しのマザーボードが接続されており、ソケットにはチップの代わりにワイヤーが挿し込まれ、物理的なチップの場合にチップからＣＰＵへと送られるはずのデータが送信された。しかし、ソフトウェアでエミュレーションされたチップは、実物のハードウェア・チップよりもはるかに動作が遅かった。

「ウィンドウズを起動するだけで15分もかかったよ。マウスをちょっと動かしただけで、画面がフレーム単位で更新されるのを待たなきゃならない始末だった」とテスト担当者のヘンリー・レヴィンは言う。「ボタンのクリックなんて悪夢のようだったよ。マウスをちょっと動かしただけで、ボタンの上を通り過ぎてしまうからね[23]」

そこで、レヴィンはデスクの上にマップを描き、エミュレータの更新を待たなくても、マウスをどこに移動させれば画面の特定の箇所にカーソルを持ってこられるかがわかるようにした。テスト担当者たちは、三角形や円を描くといった基本的なプログラムも実行したが、ベンチマーク・テストを実行しようと思うと、一晩じゅうマシンをつけっぱなしにし、翌朝戻ってきて作業が完了しているか確認しなければならないことも多かった。

ＩＫＯＳのエミュレータは、バグ・レポートを自動生成してくれるわけではなかった。その代わりに、プログラムがフリーズしたとき、レヴィンにできるのは、画面のスクリーンショットを撮り、ハードウェア・エンジニアを呼んで問題が起きた原因や場所を特定してもらうことだけだった。それが重大な問題なら、エンジニアたちはチップの一部を設計し直すのだ。

あるエンジニアは、週末いっぱいをかけて長時間のベンチマーク・テストを実行しようとしたときの出来事を覚えている。どういうわけか、夜間の清掃員がテスト中の部屋に入り込み、コンセントに掃除機のプラグを挿し込むためにエミュレータのプラグを抜いてしまった。エンジニアたちが戻ったときには、ベンチマーク・テストは完全に失敗していた。結局、最初からやり直さなければならなくなり、時間をムダにしてしまった。その部屋にはカーペットが敷いていなかったため、そもそも清掃の必要などなかったのだが。

　チームの直面した難題は不必要な清掃サービスだけではない。エヌビディアには、完全に一からチップを設計する時間がなかった。そこで、プリエム、マラコウスキー、そしてチップ・アーキテクトのデイヴィッド・ローゼンタールは、ＮＶ１を部分的に再利用しつつ、インバース・テクスチャリング、より高性能な演算機能、非常に幅の広いメモリ・バスなど、いくつかの新機能のサポートを追加する方法を探った。初期のチップからの完全な決別を誓ったエヌビディアだったが、その初期の設計のＤＮＡはＲＩＶＡ１２８に息づくことになる。

「なんとか動作させることに成功したよ」とマラコウスキーは語った。[24]

　また、エヌビディアは、新型チップで従来のＶＧＡ規格を完全にハードウェアベースでサポートする必要がある、ということも理解していた。ＮＶ１では、半分ハードウェア、半分ソフトウェア・エミュレータに頼った解決策で乗り切ろうとしたが、そのことが『Ｄ

OOM』を含む多くのDOSベースのゲームで重大な問題を引き起こした。VGA対応でもういちど同じ過ちを犯すわけにはいかない。

しかし、社内にはVGAコアを設計できる専門家がひとりもいなかった。そんななか、驚いたことに、ジェンスンはエヌビディアの競合企業のひとつであるウェイテックからVGAコアの設計を調達し、ライセンス供与を受けることに成功したのである。

「ジェンスンは世界一の交渉の名手だと思うね。まちがいない」とプリエム。「どういうわけかジェンスンには、エヌビディアを何度も窮地から救うような最高の取引をまとめる力があるんだ」

ジェンスンはウェイテックとライセンス契約を締結しただけでなく、同社のVGAチップ設計者であるゴパル・ソランキを引き抜くことにも成功した。ソランキはその後、エヌビディアのプロジェクト・マネジャーとなり、CEOであるジェンスンの右腕のひとりとなる。ある元エヌビディア社員によれば、ふたりはまるで「ビジネス上の伴侶」のような関係だったという。ソランキはきわめてタフで要求が厳しいことで知られていたが、有言実行の男でもあった。ジェンスンも、会社を救ったのはソランキだと称えている。

「ゴパルは本当に重要な存在なんだ」とジェンスンは30年近くあとに語った。「ゴパルがいなければ、今ごろこの会社は存在しないだろう[25]」

「ゴパルが次世代のＮＶチップの開発に携わると、それだけでいつも安心感があった。きっとうまくいくと確信したからね」とプリエムも同意した。

ＲＩＶＡ１２８の奇跡的な成功

こうした紆余曲折を経て、エヌビディアはとうとう１９９７年４月の「コンピュータ・ゲーム開発者会議（Computer Game Developers Conference; CGDC）」でＲＩＶＡ１２８を発表した。ＣＧＤＣとは、ハードウェア企業がＰＣメーカーや小売業者から注文が入ることを期待し、最新の製品を披露する会議だ。エヌビディアのスケジュールはあまりにもタイトだったので、チップが会議に間に合うかどうか、披露できるほどの出来に仕上がるかどうかさえ不透明だった。結局、工場からのサンプルはイベントのわずか数日前にようやく届き、エヌビディアのエンジニアたちは残っていたソフトウェア・バグを必死に修正した。彼らの目標は、ハードウェア・メーカーがチップの品質評価に使用するＤｉｒｅｃｔ３Ｄグラフィックスのベンチマーク・テストを正常に動作させることだった。展示会の開幕のほんの数時間前、エンジニアたちは予期せぬクラッシュを起こすことなくチップを安定して動作させることに成功した。

「私たちには後ろめたい秘密があった。ＲＩＶＡ１２８が実行したのはそのテストいちどきりで、しかもギリギリだったということだ」と１９９７年の会議に参加したエヌビディアの地域販売マネジャーのエリック・クリステンソンは語る。[26]「細心の注意と配慮をもって取り扱う必要があった。ちょっとでも扱いを誤ると、テストの途中でシステムがロックアップしてしまう可能性が高かったからね」

すると、ライバルのグラフィックス・カード・メーカーの代表団が、エヌビディアのＮＶ１の失敗について嫌味を言うため、エヌビディアのブースにやってきた。

「なんだ、お宅らまだいたのか？」と３ｄｆｘ社員のひとりが言った。

しかし、ＲＩＶＡ１２８のベンチマーク・テストを見て、その結果に感銘を受けた人が少なからずいたため、ＲＩＶＡ１２８は少しずつ注目を集めはじめた。業界全体がこれは特別なチップかもしれない、とうすうす感じていた。すると、その日の終わりに、３ｄｆｘの共同創業者でエンジニアリング部長であるスコット・セラーズがブースにやってきて、デモを見せてほしいと言ってきた。

「最高の体験をお届けしたいので、いったんシステムの電源を落として、まっさらな状態でデモをお見せしましょう」とクリステンソンは言った。「システムを再起動して、アプリケーションを立ち上げてからデモを実行しますので、少々お待ちを」

なるべく平静を装ってはいたものの、クリステンソンはライバルの度肝を抜くための大きな賭けに出ていた。というのも、そのチップは再起動後にとりわけクラッシュしやすく、デバイスが正常に立ち上がるという保証がなかったからだ。その反面、デバイスを再起動せずにテストを実行すれば、セラーズにテスト結果が不正確だと突っ込まれる可能性があった。

クリステンソンは息をのんでデバイスの再起動を見守った。無事、デバイスはクラッシュすることなく立ち上がった。ベンチマーク・テストを実行すると、その結果がPCのディスプレイに映し出された。なんということだろう、信じられない。それは3dfxのベンチマーク・テストの結果を上回るだけでなく、消費者向けグラフィックス・カードでは見たことのない数値だったのだ。これで文句はないでしょう、とクリステンソンはセラーズに言った。セラーズは、そのテスト結果が意味するところを一瞬で悟った。ひとつ目に、RIVA128の性能は3dfxの最高のカードをも上回ること。ふたつ目に、3dfxがとどめを刺さなかったエヌビディアが、3Dグラフィックス市場に不死鳥のごとくよみがえろうとしていることだ。

別の新興3Dグラフィックス企業「レンディション」の主任アーキテクトであるウォルト・ドノヴァンも、エヌビディアのブースにやってきてRIVA128のテスト結果を目の当たりにした。彼は、エヌビディアの比較的新しい主任科学者であるデイヴィッド・カークに、そのチップや性能についての質問を次々と浴びせた。カークの回答を聞き終えたドノヴァンは一言、「すごい」としか言えなかった。ドノヴァンのプロジェクトにはひとつとして、RIVA128の性能に肉薄するものはなかった。たった1回のベンチマーク・テストで、レンディションは競争力のある企業から失敗した企業へと真っ逆さまに転げ落ちたのだ。

ドノヴァンは状況を整理したあと、最後にもうひとつだけ質問をした。「エヌビディアで働かせてもらえませんか?」。その直後、彼が仲間に加わった。

ジェンスンのお金配り

強力な性能を叩き出すチップの実働プロトタイプが完成したことで、ジェンスンは今や追加の資金を調達するための武器を手に入れた。

「早い段階でサッター・ヒルやセコイアから資金を調達したくはなかった」とプリエムは言う。NV1やNV2の大失敗の直後、エヌビディアに明確な前進の道筋がないなかで両社に頼っていたら、投資家たちから不信の眼差しを向けられ、足下を見られていただろう。それも、追加の投資に応じてくれると仮定した場合の話だ。しかし、今や両社は、成功の間際にあるエヌビディアを存続させる気で満々だった。ジェンスンが工場からチップを購入するための追加投資を求めると、両社は再投資に応じ、サッター・ヒルは１９９７年８月８日に１８０万ドルの投資を決定した[27]（セコイアがこの資金調達ラウンドで投資を行なったことは確かだが、同社は情報提供の要望に応じてくれなかったため、金額は不明）。

晩夏、ジェンスンは全社員を社内の食堂に集めた。そして、ポケットから１枚の紙を取り出すと、そこに書かれた金額をセント単位まで読み上げた。彼はその紙を折ってポケットに戻すと、こう言った。「それがこの会社の預金残高だ」

部屋はシーンと静まり返った。それはちっぽけな額だった。あと数週間、全社員の給料をやっと支払えるだけの額だ。ある新入社員は、パニックになりかけたのを覚えている。

「なんてこった」と彼は思った。「破産寸前じゃないか」

すると、ジェンスンはポケットからもう１枚、別の紙を取り出した。そして、紙を開いて内容を読み上げた。「ＳＴＢシステムズから受注が１件。ＲＩＶＡ１２８を３万台」。それはＲＩＶＡ１２８の初の大口注文だった。食堂は歓喜に沸いた。ジェンスンは劇的な効果を狙って小芝居を打ったのである。

ＲＩＶＡ１２８はエヌビディア初の大ヒット製品となった。リリース直後から次々と寄せられた輝かしいレビューは、ＮＶ１の苦い記憶を消して余りあるほどだった。

「筋金入りのゲーマーは絶対にこのカードを買うべし」と人気のテクノロジー・マニア向

けウェブサイト「トムズ・ハードウェア」は評した。「現在手に入る最速のPC向け3Dチップだ」

このチップのリリースから4か月足らずで、エヌビディアは100万台以上を出荷し、PCグラフィックス市場の20パーセントのシェアを獲得する。『PCマガジン』誌はRIVA128を「編集者のイチオシ」製品に選定し、『PCコンピューティング』誌は1997年の「年間最優秀製品」に選んだ。[28]デルコンピュータ、ゲートウェイ2000、マイクロン・エレクトロニクス、NECといった大手PCメーカーはいずれも、クリスマス・シーズンに向けて自社のコンピュータにRIVA128を組み込んだ。猛烈な販売ペースのおかげで、エヌビディアは1997年第4四半期に140万ドルの利益を計上し、4年前の創業以降初めて黒字を達成した。

年末近くの社内会議でもまた、ジェンスンの劇的な演出が見られた。当時、彼はまだスポーツ・コートとジーンズを好んで着ており、のちに彼のトレードマークとなる黒い革ジャンを着るようになる前だった。彼はコートの前ポケットから、新札の1ドル紙幣がずっしり詰まった厚い封筒を取り出すと、部屋を歩き回って、従業員の一人ひとりにその封筒から1ドル札を手渡した。それはRIVAの注文がもたらした財務的な救済を示すシンボルであり、派手なお祝いをするほど状況が落ち着いたわけではないことを知らせる戒めでもあった。

するとジェンスンはキャスリーン・バフィントンという女性のところに再び戻った。事業部門で働く彼女は、グラフィックス・チップの梱包と顧客への出荷を担当していた。ジェンスンはすでに彼女に1ドル札を渡していたのだが、今度は2枚目を手渡した。そして、大量のチップを出荷するために粉骨砕身してくれた彼女は、2倍のボーナスを受け取るにふさわしい、と全社員に向けて言った。

ジェンスンによるお金配りは、何年も倒産の崖っぷちを歩いてきたエヌビディアにとって、待ちに待った遊び心やお祝いの瞬間だった。「RIVA128は奇跡だった」とジェンスンは言う。「私たちが絶体絶命に陥ったとき、カーティス、クリス、ゴパル、デイヴィッド・カークがそいつをつくってくれた。本当に最高の判断だったよ[29]」

ウルトラアグレッシブ

「とんでもない男たち」と惹きつけられる人々

ＲＩＶＡ１２８はエヌビディアの存続を確実にしただけでなく、優秀な人材を引き寄せる磁石のような役割を果たした。人々は特別なプロジェクトにかかわるチャンスがあると信じて、比較的閉鎖的なコンピュータ・グラフィックスの世界から、サニーベールの小さなオフィス・パークに続々と集まってきた。

カロライン・ランドリーは、カナダ企業の「マトロックス・グラフィックス」でチップを設計していたとき、エヌビディアの新型チップの噂を初めて聞きつけた。「私は20代後半で、この業界のトレンドに完全に通じているわけではなかったけれど、エヌビディアがリリースした初代ＲＩＶＡが業界を席巻したのは知っていた。私がマトロックスで開発していた製品は、テープアウトさえも見えない状態だったのに、ＲＩＶＡ１２８はそのはるか先を行っていたと思う」と彼女は語った。[1]

その少し前に、ランドリーのボーイフレンドがベイエリアで仕事を見つけていたのだが、彼女はついていくかどうかで迷っていた。そんなとき、あるヘッドハンターが彼女をエヌビディアに紹介し、彼女は一日がかりの面接のために飛行機で現地に向かった。彼女はその場で仕事のオファーを受けると、エヌビディアの評判の高さだけを信じて即諾した。こうして、彼女は同社初の女性エンジニアとなった。

入社した当初、ランドリーはエヌビディアの厳しい社風に順応するのに苦労した。平日は夜の11時まで働くことが多く、週末もほぼ毎週フルタイムで働いていた。ある金曜日の午後遅く、幹部のひとりが彼女に週末の業務目標を訊きにやってきたのを覚えている。

「カナダは人材を引き抜くには絶好の場所だったみたい。カナダのエンジニアはアメリカのエンジニアと比べてかなり給料が安かったから」と彼女は語った。「でも、カナダ人にとっては生活の質のほうが全般的に重要なのよ」

ランドリーは、長時間労働に不満を抱いている社員がいることをジェンスンにそれとなく伝えた。彼の返答はいつもどおり率直だった。

「オリンピックを目指してトレーニングしている選手だって、早朝のトレーニングに愚痴のひとつくらいこぼすだろう」

ジェンスンはひとつのメッセージを送っていた。長時間労働は成功の必須条件。現在に至るまで、ジェンスンはその考えを曲げることなく、社員たちに必死で働くよう求めつづけている。

また、ランドリーは、特別な才能をいち早く見抜くエヌビディア経営陣の能力にも気づいた。彼女の同期に、ジョナ・アルベンという名の見るからに「聡明」な新卒そこその若いエンジニアがいた。ジェンスンは早くからアルベンの潜在能力を見抜き、社内会議で「20年後にはジョナが私の上司になっているだろう」と語った。当初、ランドリーは注目を一手に浴びている同僚に少しやきもちを焼いていたが、すぐに吹っ切った。「エヌビディアでは、賢い同僚を脅威ととらえずに歓迎する。大事なのは一人ひとりのエゴじゃなく、チームとして成功するかどうか。だから、そういう同僚がいることに感謝しなくちゃいけない」と彼女は語った。その後、アルベンは出世に出世を重ね、GPU（画像処理半導体）エンジニアリング部長にまでのぼり詰める。

新入社員はこの会社に足を踏み入れた瞬間から自分が何を求められているのかを正確に理解しなければならない、とジェンスンは考えていた。[2] 彼はエヌビディアのマーケティング部長のマイケル・ハラに、オリエンテーションで率直な話をするよう言いつけた。ハラによると、声を上げるのを恐れず、いつでも斬新な視点や新しいアイデアを出すよう新入社員たちに伝えることがスピーチの目的だったという。

「われわれは超《ウルトラ》アグレッシブだ」と彼は新入社員に伝えた。「うまくいかない言い訳を探して時間を浪費したりはせず、とにかく前に進む。目立たずひっそりと仕事をし、お給料を受け取り、５時に帰宅できると思ってここに来たなら大まちがいだ。そう思っているなら今すぐ辞めたほうがいい」

ハラは、新入社員担当の人事部の社員たちが面食らっていたのを覚えている。それでも、彼は気にせずスピーチを続けた。

「われわれは人まねをしない。ここに来たからには、〝今まではこうやっていた〟とかいう言い方は通用しないと思ってくれ。他社とは違うやり方で、もっとうまくやるのがこの会社の流儀だ。ここが社員25人の小さな会社だったころ、ジェンスンは私たちにリスクを冒し、型破りなことをして、失敗を恐れないよう教えてくれた。君たちもその３つを忘れないでほしい。ただし、同じ失敗を繰り返さないこと。その場合は即刻解雇だ」

ハラの言葉は大げさではなかった。エヌビディアの元人事部長のジョン・マクソーリーによると、同社には即採用・即解雇の方針があったのだという。期待に応えられない新入社員はすぐに解雇される。ジェンスンが採用責任者たちに対して与えていた基本的な指針は実に単純なものだった。「自分より賢い人間を雇え」。しかし、エヌビディアが成長し、月に100人以上の新入社員が入ってくるようになると、幹部たちは誤った採用判断をゼロにはできないと理解するようになった。そうしたミスが悪化し、エヌビディアの社風を傷つける前に、なるべく早くミスを修正するほうが得策だ、と考えていたのだ。

初期のエヌビディアでは、ベテラン社員でさえ心から安心することはできなかった。というのも、エヌビディアには、定期的に昇進できない者は有望な若手に道を譲るべし、という方針があったからだ。エヌビディアは人事に対してもチップ設計と同じくいっさいの妥協を許さなかったのである。

「光の速さで働く」とはどういうことか?

エヌビディアの創業以来、ジェンスンは全社員に「光の速さ」で働くよう求めてきた[3]。エヌビディアの業務に制約を課すものがあるとすれば、それは物理学の法則だけ。社内政治やお金の不安には縛られない。個々のプロジェクトはそれを構成するタスクへと細分化され、各タスクには遅延、待ち時間、休止期間をいっさい考慮しない目標完了時間が定められる。これが理論上の上限、つまり物理的に超えられない「光の速さ」だ。

「光の速さで仕事をすれば、どこよりも早く市場に製品を投入することができ、競合他社がうちを出し抜くのは不可能ではないにせよ、至難の業になる」とある元エヌビディア幹部は言う。「どれくらい速くできる？　どうしてもっと速くやらないのか？」

これは言葉のあやではない。ジェンスンは実際にこの指標を使って社員の仕事ぶりを評価していた。彼は、自社の前例や競合他社の現在のやり方を基準にするような目標を設定した部下を叱りつけた。ジェンスンの頭には、他社に見られるような内部の腐敗を防ぎたいという考えがあったのだ。他社では、社員が安定的で持続可能な成長が実現するようプロジェクトを巧妙に加減し、みずからの出世のプラスにする、という手口が横行していた。しかし現実には、小幅な改善が続くようわざと手を抜いているにすぎず、長期的な企業の成長にとってはむしろ害を及ぼす。「光の速さ」という考え方は、エヌビディアでは決してこういう手抜きを許さない、という決意の表れだった。

「何ができるかの理論的な上限を課すのが光の速さなんだ。それが社員に認められていた唯一の評価基準だった」と元幹部のロバート・チョンゴルは振り返る。

ＲＩＶＡ１２８は、「光の速さ」のプロジェクト計画の典型例だ。ジェンスンはふたつの事実に直面した。ほとんどのグラフィックス・チップは、コンセプトの段階から市場投入に至るまで２年の歳月がかかる。しかし、エヌビディアに残された猶予は９か月間。計画段階で、ジェンスンはソフトウェア・エンジニアのドワイト・ダークスにこうたずねた。

「グラフィックス・カードを市場に投入するうえでの最大の制約はなんだ？」

ダークスは、ソフトウェア・ドライバが最大の障壁だと答えた。ドライバとは、オペレーティング・システムやPCアプリケーションがグラフィックス・ハードウェアと接続し、ハードウェアを使用可能な状態にするための特殊なプログラムのことだ。ドライバが最大の障壁だった理由は、チップ量産の準備が整うまでのあいだに、ドライバを完成させておく必要があったからだ。従来の生産プロセスでは、まずチップの物理的なプロトタイプをつくることが第一歩だった。プロトタイプが完成すると、ソフトウェア・エンジニアはようやくドライバの構築と見つかったバグの修正に取りかかれるようになる。その後、新しいドライバに対応するため、最低もう1回はチップ設計の最適化が行なわれた。

時間の節約のため、ジェンスンはRIVA128のプロトタイプが完成する前にこのチップのドライバ・ソフトウェアを開発するよう指示した。これは従来のプロセスとは完全に逆だ。これにより、生産スケジュールは1年近く短縮される見込みだが、物理的なチップ上でソフトウェアをテストするというステップを回避する方法を見つける必要があった。1ドルもムダにできない時期に、エヌビディアがIKOSのエミュレータに100万ドルを投資したのはそういうわけだ。これで「光の速さ」に一歩近づくことになる。

（その後、2018年に、ジェンスンは「光の速さ」を光よりもさらに速いものを示す比

第5章 ウルトラアグレッシブ

喩に置き換えられないかと考えた。それは物理的にありえないことだったが、彼は肥大化したエヌビディアがどんどん鈍重な組織になっていっていることに苛立っていた。彼は光よりも速く動け、と幹部たちを怒鳴りつけると、ロバート・チョンゴルのほうを振り向いて言った。「なあロブ、『スター・トレック：ディスカバリー』に瞬間移動のできる推進システムがあったよな？　なんだっけ？」

「ええと、確かワープドライブは光速よりも速かったと思うけれど、たぶん活性マイセリウム胞子転移ドライブのことじゃないかな」とチョンゴルは答えた。[4]

ジェンスンもチョンゴルも『スター・トレック』のマニアだった。「そう、胞子ドライブだ！　エヌビディアは胞子ドライブのような組織にならないと！」とジェンスンが叫ぶと、全員が大笑いした。結局、「光の速さ」のまま据え置くことに決まった。瞬間移動のための「活性マイセリウム胞子転移ドライブ」よりも説明しやすかったからだ。）

RIVA128の開発中、エヌビディアはほかの面でも可能性の限界に挑んだ。過去最大のチップをつくり、性能向上のために当初の想定を上回る数のトランジスタを詰め込んだのだ。優先度の低い部品を一から開発する手間を省くため、競合他社からVGA技術のライセンスを取得することもあった。ジェンスンは、ライバル企業や、さらにはウェイテ

145

ックのようなパートナー企業からも一流のエンジニアを容赦なく引き抜いた。何がうまくいきそうなのか、何が合理的に実現できそうなのかは考えずに、最大限の努力と最小限の時間のムダで実現可能なことだけに集中したからこそ、こうしたことが起きたのだ。

エヌビディアがＲＩＶＡ１２８から得た教訓の多くは、その後のチップ開発において標準的な手法となった。それ以降、エヌビディアはチップの製造開始の時点ですでにソフトウェア・ドライバを準備するようになった。ドライバは重要なアプリケーションやゲームでひととおりテストされ、過去のエヌビディア製チップとの互換性も確認された。このアプローチは競争上、エヌビディアにとって大きく有利に働いた。というのも、ライバル企業はチップ・アーキテクチャの世代ごとに個別のドライバを開発しなければならなかったからだ。[5]

エヌビディアは、グラフィックス・ドライバのメンテナンスを自社で行なうことも決めた。自社のスケジュールで更新をリリースするＰＣメーカーやボード・パートナーに頼るのをやめ、エヌビディアが自社で毎月、新しいドライバを配布するようにしたのだ。エヌビディアの元営業部長であり、現在ＰＣグラフィックス事業を率いるジェフ・フィッシャーによれば、高頻度で一元的な更新プロセスこそが、満足できるユーザ体験を一貫して届けるための最善策だったのだという。そのおかげで、ゲーマーは最新のソフトウェアが開発会社やその他の企業からリリースされるたび、いつも最適なパフォーマンスを得られるようになった。「グラフィックス・ドライバは、ＰＣの世界ではオペレーティング・システムに次いで２番目に厄介なソフトウェアだろう」と彼は言う。「アプリケーションはもれなくドライバにアクセスするから、アプリケーションのリリースや更新のたびにドライバが機能しなくなる恐れがあるんだ」

「わが社は廃業30日前だ」

１９９７年12月にアドバンスト・マイクロ・デバイセズ（ＡＭＤ）から引き抜かれ、エヌビディアのＣＦＯ（最高財務責任者）に就任したジェフ・リバーは、新しい上司であるジェンスンが持つふたつの並外れた特徴に気づいた。たぐいまれなる説得力と勤勉さだ。[6]「私より賢い人間はいるかもしれないが、私より働き者の人間はいないだろう」とジェンスンは幹部たちに語ったことがある。[7]

ジェンスンは朝９時から夜中の12時近くまでオフィスにいることが多かったので、たいていのエンジニアたちが義務感から同様の働き方をしていた。

「私はＡＭＤやインテル、色々な会社の人にいつも言っていた。エヌビディアがどうしているかを確かめたければ、週末に会社の駐車場に来てみるといい、とね。いつも満杯だったから」とリバーは語った。

　マーケティング部門でさえ、土曜日も含めて週60～80時間労働が当たり前だった。エヌビディアのコーポレート・マーケティング部長のアンドリュー・ローガンは、妻を映画『タイタニック』の午後9時半上映開始の回に連れていくために職場を出たときのことを覚えている。出がけに同僚からこう声をかけられた。「なんだ、今日は半休かい、アンディ？」[8]

　テスト担当者のヘンリー・レヴィンは、夜遅くまで働いていても、必ず誰かしらがオフィスに残っていたのを覚えている。夜10時以降になっても、エヌビディアのグラフィックス・アーキテクトたちがホワイトボードの前に立ち、チップの最適化や描画技術について熱心に議論していた。彼の同期である資材部長のイアン・シウは、週末でも寝袋を持ち込み、オフィスで夜を過ごしていた同僚たちの姿を鮮明に記憶している。職場を出なくても家族と過ごせるよう、オフィスに子どもを連れてくる社員もいたそうだ。

「いつだって身を粉にして働いていたよ」とシウは語る。いつの間にか、オフィスには仲間意識、同僚との深い絆が生まれていたという。

　リバーは真夜中まで働くことは珍しかったが、その代わり早朝に出社することが多かった。彼は職場でCEOのそばに席があることの大きなデメリットをすぐさま悟った。朝にジェンスンと顔を合わせる最初の人間になることが多かったことだ。そして、ジェンスンは相手が誰であれ、その日の最初に会った相手に溜まっていた考えを吐き出すクセがあったのだ。

「ジェンスンは一晩じゅう製品やマーケティングについて考え込むことがよくあった」とリバーは言う。「それが財務の問題であることなんてほとんどなかったが、そんなことは関係ない。最初に会ったのが私なら、まず私に考えをぶちまけるわけだ」

一日を通じて、エヌビディア本社のなかでジェンスンによる通りすがりの尋問から逃れられる場所などひとつもなかった。あるとき、テクニカル・マーケティング・エンジニアのケネス・ハーリーが小便器の前に立っていると、ジェンスンが隣の小便器にやってきた。

「トイレで話をするのはあまり好きなタイプじゃないんだ」とハーリーは言う[9]。

だが、ジェンスンは違ったようだ。「やあ、調子はどうだ?」とジェンスンは訊いた。

「別に」とハーリーが気のない返事をすると、ＣＥＯが真横からにらみつけてきた。ハーリーはパニックになり、こう思った。「ヤバい、クビにされるぞ。私が何もしていないと思われている。こいつはエヌビディアで何をしているのか、と思っているんじゃないか」

ハーリーは汚名返上とばかりに、エヌビディアの最新のグラフィックス・カードを開発会社に売り込んでいることや、開発会社に新機能のプログラミング方法を教えていることなど、現在自分が取り組んでいる20ばかりの仕事を挙げ連ねた。

「そうか」とジェンスンは返事した。どうやらハーリーの答えに満足したようだ。


こうして、恐怖と不安がジェンスンにとって社員たちのやる気を鼓舞するお気に入りの手段となった。毎月恒例の全社会議で、彼はよくこう言った。「わが社は廃業30日前だ」

その言葉は、ある意味では誇張だった。プレッシャーやリスクの高いRIVA128の開発プロセスは、完全な例外というわけではなかったが（あとで見るとおり）、もちろん恒例の出来事でもなかった。しかしジェンスンは、たとえうまくいっている時期であっても、慢心が忍び寄るのを避けたかった。そのため、彼は新入社員たちに、これから待ち受けるプレッシャーと向き合ってほしかった。そのプレッシャーに耐えられないなら、そのときになってからではなく、早い段階で自主的に会社を去ってほしかったのだ。

しかし、別の意味では、「わが社は廃業30日前だ」という言葉は真実でもあった。テクノロジー業界では、たったひとつの判断や製品発売のミスが命取りになりうる。エヌビディアは過去に2度の幸運を経験していた。NV1とNV2の大失敗をかろうじて乗り越え、余命数か月まで追い詰められながらも、RIVA128で成功を果たしたのだ。こうした幸運はいつまでも続くわけではない。それでも、良好な社風があれば、ほとんどのミスがもたらす最悪の結果から身を守れる。ミスや市場の低迷がいちども起きないことなどありえないのだ。

それでも、ドワイト・ダークスはこう言う。「いつもゼロの状態にいるような気分だったよ。銀行にどれだけ預金残高があっても、ジェンスンは３つの出来事が起これば預金はあっという間にゼロになる、といつも説明していた。〝そのわけを説明しよう。こういうことが起こりうる。こういうことが起こりうる。こういうことも起こりうる。そうすれば、残高はたちまちゼロになる〟という具合にね」

恐怖には人々をハッとさせる力がある、とジェフ・フィッシャーは指摘する。今のエヌビディアはもはや廃業30日前ということはないが、それでも破滅への道を歩みはじめるまで30日、ということは十分にありうる。「恐怖感があると、見落としているものがないか隅々まで目を光らせるようになるんだ」とフィッシャーは言う。

インテルを倒すしかない

そうした強迫観念が絶頂に達したのが１９９７年終盤のことだ。それまで、インテルはずっとエヌビディアの重要なパートナーであると同時に、潜在的な脅威でもあった。インテルはＰＣ市場における主要なＣＰＵメーカーだったので、エヌビディアのグラフィックス・チップには、すべてインテルのプロセッサとの互換性が不可欠だった。しかしその年の秋、インテルは業界のパートナー企業に、インテル独自のグラフィックス・チップを近々お披露目する予定だと伝えはじめた。そのチップはエヌビディアをはじめとするグラフィックス・チップ・メーカーのビジネスを奪う恐れがあった。

RIVA128が鳴り物入りで発売されてからわずか数か月後、インテルは独自のチップ「i740」を発表する。i740はエヌビディアの新型チップと企業の存在そのものに対する直接的な脅威だった。4MBのフレーム・バッファ〔次にディスプレイ上に表示する一画面ぶんの画像データを格納しておくためのメモリ領域〕を搭載したRIVA128に対し、インテルのi740はその2倍、8MBのバッファを搭載しており、インテルはそのバッファを新たな業界標準として確立しようとしていた。世界のCPUの圧倒的大多数を供給していたインテルは、世界じゅうのPCメーカーに対する影響力を握っていた。インテルがi740を発表すると、「エヌビディアの販売パイプラインが枯渇しはじめた」とあるエヌビディア幹部は語った。インテルが8MBのバッファの採用を強制的に進めることができれば、RIVA128はあっという間に時代遅れになってしまうだろう。

「まちがいない。インテルはわれわれを倒し、廃業させようとしている」とジェンスンは全社会議で宣言した。「インテルは社員にそう伝え、社員たちはその考えをしっかりと吸収している。エヌビディアをつぶすつもりなんだ。われわれの仕事は、やられる前にやることだ。インテルを倒すしかない[10]」

カロライン・ランドリーとエヌビディア・チームの面々は、当時エヌビディアの約８６０倍の収益規模を誇っていた新たなライバルと戦うため、それまで以上に必死で働いた。夜中の12時以降まで仕事をし、ふらふらと帰宅しては数時間だけ眠り、また朝に起きて仕事を再開することも多くなった。

「本当に疲れた。起きないと。ああ、つらい。でも、インテルを倒さなきゃ。絶対にインテルを倒さないと」とランドリーは自分に言い聞かせた。

インテルへの反撃の先頭に立ったのがクリス・マラコウスキーだった。彼はエヌビディア時代を通じて、超優秀な万能型内野手のような役割を果たした。ジェンスンが運営、製造、エンジニアリングなど、会社が直面している問題への対処をマラコウスキーに任せると、彼はいつも必要な措置を講じて問題を解決するのだった。今回、ジェンスンが彼に求めたのは、チップ・アーキテクトとしての原点に立ち返り、インテルのｉ７４０を倒すことだった。

集中力が求められる急ぎのプロジェクトに没頭しているときでも、マラコウスキーは自然と指導的な役割を引き受けるどころか、喜んで受け入れていた。あるとき、シリコングラフィックスからエヌビディアに転職したばかりのサンフォード・ラッセルという新入社員が、エヌビディアの技術や社風についていくのに苦労していた。マーケティング部長のハラの叱咤激励のスピーチを除けば、研修らしい研修は皆無といってよく、社内のプロセスもほとんど文書化されていなかったからだ。

ある日、ラッセルはマラコウスキーが家族と夕食をとるためにいったん帰宅したあと、夜遅くに戻ってきてＲＩＶＡ１２８ＺＸの開発を続けていることに気づいた。ＲＩＶＡ１２８ＺＸとは、打倒インテルを旗印に開発されていたＲＩＶＡ１２８の８ＭＢ版である。ラッセルは夜10時きっかりに出社し、マラコウスキーのそばに椅子を寄せれば、質問し放題だと気づいた。[11]

ラッセルが奥深い技術的問題について質問すると、マラコウスキーは数分間その話題についてしゃべってから、そそくさと仕事を再開する。ラッセルがその場に座って待っていると、マラコウスキーは15分おきくらいに、ほかに質問はないかと訊いてきた。

「そんなこんなで数週間、彼のことをじっくりと観察し、彼がチップを立ち上げようとしながら〝どうして動かないんだ？〟とつぶやくのを聞いていたよ。社内全体がそのチップを動作させようと必死になっていたんだ」とラッセル。「そんななかでも、クリスは自分のつくったチップについて私の知識を深める手助けをしてくれた。チップをつくったのも彼だったし、会社を救おうとするかたわら、そのチップについて色々と教えてくれたのも彼だった」

ラッセルが驚嘆したのは、マラコウスキーがチップ全体を頭のなかに思い描き、答えがわかるまで試行錯誤できる、という点だった。ある日の午前2時、とうとうすべてのピースがはまった。その瞬間、マラコウスキーは叫び声を上げた。「わかった！　わかった！　これで生き延びられるぞ！」

ジェンスンの強迫観念をすっかり自分のものにしたマラコウスキーは、オリジナル版のＲＩＶＡ１２８の開発中、実は将来に対するひとつの重要な備えをしていた。チップのシリコンに一定の予備を残しておいたのである。その予備を使えば、フレーム・バッファが８ＭＢになるようチップを設計し直すことができた。

「それはゲートの再配線が必要なとても複雑な変更指示だった」と彼は振り返る。「幸い、その場で金属に対して機能の変更を施すことができたんだ」

マラコウスキーが解決策を思いつくと、エヌビディアはミクロのレベルでチップに修正を加えられる集束イオン・ビーム（ＦＩＢ）技術を利用した。ＦＩＢ装置は電子顕微鏡に似ているが、電子を使うわけではない。イオンを用いてチップのプロトタイプを物理的に修正するのだ。修正後のチップは無事に動作し、エヌビディアのＲＩＶＡシリーズは一瞬で時代遅れにならずにすんだ。

マラコウスキーはそうしながらも、新入社員のひとりにインスピレーションを与えつづけたのだ。２０２４年、ある会議でマラコウスキーに再会したラッセルは、例のラボで一緒に過ごした長い夜の数々のことを持ち出した。

「本当に救われましたよ」とラッセルは言い、エヌビディアでの25年間におよぶキャリアの第一歩を後押ししてくれたマラコウスキーに感謝を伝えた。

マラコウスキーはやんわりと否定した。「いいや、君が優秀だったからだよ」

「いえいえ」とラッセルは笑いながら言った。「とんでもない」

2位は最初の敗者

ときには、エヌビディアのスピードへのこだわりが品質の低下につながることもあった。少なくとも、ジェンスンが自社に課した高い基準と比べれば。

コーポレート・マーケティング部長のアンドリュー・ローガンは、エヌビディアのあるチップがコンピュータ雑誌の賞で2位に甘んじたときのことを覚えている。彼の元勤め先であるＳ３の幹部たちなら、自社製品がトップ３に入っただけでも大喜びするだろう。エヌビディアでは違った。

「初めて2位になったとき、ジェンスンがきっぱりと言ったんだ。２位は最初の敗者だと」とローガンは言った。[12]「あの言葉は忘れない。そのときに気づいたんだ。ああ、私は毎回1位じゃなきゃ気がすまない上司のもとで働いているのだ、と。とてつもないプレッシャーだったよ」

いかなる基準で見ても、ＲＩＶＡ１２８は優秀なチップだった。高解像度のグラフィックスを競合他社よりもずっと高いフレーム・レートで描き出すことができたし、『クエイク』のようにビジュアル面で高い性能が求められるゲームも、遅れが生じることなく最高品質で動作した。おまけに、史上最大のチップだったにもかかわらず、初期の需要に応えられるくらいすばやく生産することもできた。それでも、チップをタイムリーに発売するためには一定の妥協が不可欠だった。ＲＩＶＡ１２８は煙や雲といった一部の種類の画像を描き出すのにディザリングを用いていた。ディザリングとは、一種の意図的なノイズを加えることにより、視覚的に不規則な部分を目立たなくする技術のことだ。

多くのゲーマーがこの問題に気づいたため、ある主要ＰＣ雑誌がエヌビディアの主力グラフィックス・チップに関する暴露記事を掲載することを決めた。エヌビディアのＲＩＶＡシリーズが描画した画像と、３ｄｆｘやレンディション社の現世代の同等のカードが描画した画像を、見開きページに大きく並べて比較したのだ。エヌビディアの画像はぼやけてにじんでいた。結局、その雑誌はエヌビディアの画像を3つのなかの最下位に評価し、「ひどい見た目だ」と評した。

記事を見るなり、ジェンスンは数人の幹部を自室に呼んだ。テーブルにはその雑誌の特集号が開いて置かれてあった。彼はRIVA128の出力画像がこれほどひどい理由を問いただした。主任科学者のデイヴィッド・カークは、チップをスケジュールどおりに完成させるため（そして会社を救うため）、画質の面で一定の妥協を行なったためだと答えた。その答えを聞くと、ジェンスンはいっそう激怒し、ひとつの指標だけでなくすべての指標で他社のチップを上回るよう厳命した。

あまりに大声での怒鳴り合いが繰り広げられたので、ウォルト・ドノヴァンは気になってしょうがなかった。コンピュータ・ゲーム開発者会議（ＣＧＤＣ）でＲＩＶＡ１２８のデモを見て、その場でエヌビディアに入社の希望を出した例のチップ・アーキテクトだ。彼はエヌビディア本社のなかでも、ジェンスンの執務室とは正反対の場所で働いていたため、ジェンスンのお小言はほとんど届かない距離にいた。おまけに、彼は両耳に補聴器を着けるほど重度の聴覚障害を抱えていた。しかし、今回は無視できないほどの騒ぎだったので、みずから議論に加わった。

ドノヴァンは、エヌビディアの次世代チップ、その名も「RIVA TNT」シリーズでは、ディザリングの問題が解決するばかりか、グラフィックス品質のどの指標においても業界の最先端を行くものになる、とジェンスンをなだめた。そして、雑誌が3社のなかで最高だと評価したレンディション社の画像を指差した。

「RIVA TNTの画像はこんなふうになると思います」と彼は言った。

それでも、ジェンスンの怒りは収まらず、彼はひとりきりにしてくれと言わんばかりに叫んだ。

「出ていけ！」

ジェンスンの負けず嫌いな性格は、社員に最高の成果を上げさせる原動力になることが多かったが、彼の狭量な一面を明らかにすることもあった。

RIVA128の開発中によく深夜までチップをテストしていたヘンリー・レヴィンは、エヌビディア本社にある共用の卓球台で、ジェンスンに卓球の勝負を挑んだことがある。彼はジェンスンが10代のころ全国レベルの卓球選手だったことをよく知っていたし、ジェンスンがビジネスで勝ちにこだわる性格であることも知っていた。レヴィンが知らなかったのは、ジェンスンが仕事に関しても遊びに関しても同じくらい負けず嫌いである、ということだった。レヴィンはそれなりに卓球がうまいほうだと思っていたが、上司にこれほど叩きのめされるとは思っていなかった。

「完膚《かんぷ》なきまでにやられたよ」とレヴィンは言う。「21点先取だったんだけど、1点か2点しか取らせてもらえなかった。あっという間の試合だ」

あまりにも負けず嫌いなジェンスンは、たとえ自分が不利な状況でもほかの社員に戦いを挑んだ。高校時代、CFOのジェフ・リバーは全国で上位50位に入るチェスのプレイヤーだった。しかし、ジェンスンは誰かに負けるのが許せなかった。

「ジェンスンは私のチェスの実力を知っていた。負けず嫌いの彼は、自分のほうが賢いから勝てるはずだと思い込んでいたんだ」とリバーは言う。「どうやったって勝てるわけがないのに、それでも挑戦してきた」

ジェンスンはふたりの実力差を埋めるため、力ずくの学習法で挑んできた。局面をコントロールできるよう、チェスのさまざまなオープニングや定跡を丸暗記してきたのだ。しかし、リバーにとってジェンスンのプレイスタイルは予測の範囲内だった。ジェンスンが覚えてきた標準的なオープニングを目にするなり、リバーは意表を突く手を繰り出して上司の戦略を阻んだ。負けるたび、ジェンスンは盤上の駒をぐちゃぐちゃにして猛然と立ち去っていくのだ。後日、卓球で再戦しようと言ってくることもあった。ジェンスンがあえて自分の有利な土俵で勝負をしようとしていることに気づきつつも、リバーはこころよく再戦に応じた。

「彼は卓球が得意でね」とリバーは振り返る。「私もまあまあ得意なほうだけど、彼は仕返しのために私をボコボコにしてきた。チェスに負けた鬱憤《うっぷん》を、卓球で勝つことで晴らしていたんだ」

TSMCとの蜜月の始まり

ジェンスンの全般的な苛立ちに火をつけたのは、チェスでの敗北だけではなかった。ほかのグラフィックス・チップ企業と同じように、エヌビディアも自社製品の設計とプロトタイピングのみを行ない、大規模な製造は行なっていなかった。その代わりに、世界じゅうの数少ない半導体製造専門の企業へとチップの製造をアウトソーシングしていた。そうした企業は、微細なシリコン・ウェーハを高度な計算装置へと加工するため、クリーン・ルーム、特殊な設備、有能な人材に数億ドル単位の資金を投資していた。

創業以来、エヌビディアはヨーロッパの大手チップ・メーカーであるSGSトムソンと提携し、チップを製造してきた。しかし、ジェンスンと共同創業者たちがセコイアとの最初の面談で知ったとおり、SGSトムソンの評判は最高とはいいがたかった。比較的安価な東アジアの人件費を前に、競争力を保てず苦労していたのだ。

しかし、エヌビディアが一流のチップを大量に生産し、販売している今となっては、SGSトムソンの弱点ははるかに無視しかねるものになった。1997年終盤、エヌビディアの営業部長のジェフ・フィッシャーがゲートウェイ2000のチームをフランスのグルノーブルにあるSGSトムソンの製造工場の視察に案内したときのこと。RIVA128は発売から数か月がたち、ゲーマーから高い需要を集めていた。今回の視察はフィッシャーとエヌビディアにとって、勝利の行進となるはずだった。

フランスに向かう機内で、フィッシャーはSGSトムソンがエヌビディアの主力製品で歩留《ぶど》まり〔良品率〕の問題を抱えていることを知った。SGSトムソンの見積もりによると、ゲートウェイ2000向けのチップの約半分しか供給できそうにないというのだ。「SGSの担当者たちと集まって、ゲートウェイにどう伝えるかを話し合わなければならなかった」とフィッシャーは振り返る。[13]

この散々な工場視察は、本格的な生産危機の最初の前触れにすぎなかった。そしてとうとう、感謝祭の時期に危機のどん底を迎える。フィッシャーはもともと、インディアナ州北部にある義母の家で念願の休暇を楽しむつもりだったのだが、代わりに休暇をほとんどまるまる電話に費やすはめになった。その年の冬の人気ナンバーワンのグラフィックス・

カードを受注数どおりに供給できそうにないことを、デルやほかのコンピュータ・メーカーに伝えるためだ。彼は立腹するメーカーとの電話の合間に、ジェンスンとも連絡を取り、ＳＧＳトムソンからの最新情報を伝えた。

「これだけ多くの顧客、それもずっと取引を夢見てきた顧客の契約を勝ち取ったというのに、肝心の製品が足りなくて少量ずつ割り振らざるをえなくなるとはね」と彼は言った。

ジェンスンは常々、同じミスを繰り返すなと社員たちに口を酸っぱくして言ってきた。今度はジェンスン自身が、エヌビディアの求める生産量に対応できない製造パートナーは二度と使わない、と誓う番だった。幸い、彼の頭には別のメーカーが思い浮かんでいた。

１９９３年のエヌビディア創業時、ジェンスンはチップの生産能力を確保するのに苦労していた。彼は台湾積体電路製造（ＴＳＭＣ）に何度も売り込みの電話をかけたが、取り合ってもらえなかった。ＴＳＭＣといえば、世界でもっとも名高い半導体製造企業であり、セコイアのドン・バレンタインが当初からエヌビディアに提携を勧めていた企業でもある。１９９６年、ジェンスンはもう少し個人的な手段を試してみることにした。彼はＴＳＭＣのＣＥＯのモリス・チャン宛てに手紙を送り、エヌビディアのチップの製造についてふたりで話がしたい、と要望した。すると、今回はチャンのほうから電話がかかってきて、ふたりはサニーベールで顔を合わせることになった。[14]

エヌビディアとTSMCの提携を描いたマンガ（エヌビディア提供）

❶ **1987**　台湾の新竹市で台湾積体電路製造（TSMC）が創設される。

❷ **1995-1996**　ジェンスンからの手紙を受け取ったモリスが、エヌビディアのオフィスに電話をかける。モリスの声が聞き取れるよう、ジェンスンが全員に静粛を求める。

❸ TSMCのモリス・チャンといいます。ジェンスン・フアンと話がしたいのですが。

❹ みんな！　静かにしてくれ！　モリス・チャンからだ！

❺ **1998**　モリスが事業の進捗を確かめるため、ティロス・ウェイのエヌビディア本社にいるジェンスンのもとを訪れる。TSMCはエヌビディア初のヒット製品であるRIVA 128とRIVA TNTの両チップの製造を請け負っていた。ジェンスンはのちに、モリスと妻のソフィがそのときハネムーン中だったことを知る。

ジェンスン、3Dグラフィックスについて教えてくれ。大量のウェーハがいると言っていたね。本当にそんなに必要なのか？

モリス、3Dグラフィックスは巨大な産業になりますよ。鍵を握るのはビデオゲームです。

いずれ全員がゲーマーになり、3Dがコンピュータ産業の成長の原動力になるでしょうね。

なるほど……。それで、チップは完売しそうかね？

400万枚

800万枚

❻ **1999** エヌビディア上場。

❼ **2001** ジェンスンがモリスの70歳の誕生日に贈ったプレゼント。

前進の道筋を発見し、その道を指し示す聡明な開拓者を描いたものだ。

❽ **2004** ジェンスン・フアンがモリス・チャン模範経営者賞を受賞。

❾ **2004年3月9日** モリスがジェンスンの自宅での夕食に招かれ、妻ロリや子どもたちと会話する。モリスがテキサス・インスツルメンツ時代について話をする。

TSMCの前は何を？

テキサス・インスツルメンツで関数電卓をつくっていたよ。

すごい！　ちょうどスペンサーと一緒にTI-89でゲームをプログラミングしているところなの！

❿ **2007** ジェンスンがコンピュータ歴史博物館でモリスにインタビューする。

⓫ **2011** ジェンスンがTSMCのリーダーシップ・フォーラムでスピーチを行なう。

⓬ **2011** TSMCがエヌビディアの10億枚目のチップを製造。

⓭ **2011** 初のCoWoS（Chip on Wafer on Substrate）ベースのテスト・チップが完成。

⓮ **2013** ジェンスンが50歳の誕生日をモリスや妻ソフィと祝う。ソフィが自分の描いた絵をプレゼントする。

ジェンスン、50歳の誕生日おめでとう。私たちから特別な贈り物があるの。私の描いた絵から、好きなのを選んで。

美しい……

これもきれいだな……

1枚じゃなきゃダメですか？

⓯ **2014** モリスが「スタンフォード大学エンジニアリング・ヒーロー」の称号を得る。ジェンスンが開会のスピーチでモリスの偉業を称賛する。

モリスはTSMCを、何をつくるのにも不可欠な半導体プラットフォーマーへと育て上げたのです。

⓰ **2015** パスカル・アーキテクチャに基づく初のCoWoSベースのテスラGPUのテープアウト。

200万枚

⓱ **2017** ジェンスンがTSMCの30周年記念式典に出席。

⓲ **2017** モリスがジェンスンに国立交通大学の名誉博士号を授与。

⓳ **2017** TSMCがエヌビディアに出荷した12インチ・ウェーハが約600万枚を突破。

モリス様

あなたのキャリアはベートーヴェンの交響曲第9番に並ぶ傑作です。

純粋なファウンドリのビジョン、長期的なウィン・ウィンのパートナーシップを築くという理念、そして並外れた偉業を成し遂げるためならどんな困難も乗り越えるフットワークの軽さ。大小を問わず多くの企業がTSMCを頼りに成長を遂げられたのは、あなたのこうした姿勢のおかげだと思います。

TSMCはまさにあなたのライフワークです。業界からもパートナーからもライバル企業からも等しく称賛され、尊敬される真に偉大な企業。それは国家の誇りであり、偉大な企業であり、ひとつの芸術作品でもあります。

これまでの数々のすばらしい想い出、目をみはる旅、そしてスコッチを飲み交わした日々は一生忘れません。あなたとともに仕事ができたことは、私のキャリアにおいて最高の喜びのひとつです。

あなたの親愛なるパートナーであり、友人であるジェンスンよりチャンと会うと、ジェンスンはエヌビディアの未来計画の概略を述べ、現世代のチップに今までより大きなダイ（集積回路を形成して切り出した四角い半導体材料の小片）、そして将来的にはいっそう大きなダイが必要になることを説明した。こうして、彼はTSMCからSGSトムソンの不足ぶんを補う生産能力を確保することに成功したのである。両社の関係は見るからに順風満帆だった。チャンはエヌビディアに必要な生産能力を確実に提供できるよう、ときおりサニーベールを訪れては、小さな黒のメモ帳にメモを取った。

1998年にはハネムーンの最中に立ち寄ることもあった。

「この仕事の最大の喜びは、顧客が成長し、利益を上げ、成功するのを見届けられることなんだ」とチャンは言う。特に、エヌビディアのような急成長中の顧客ならなおさらその思いが強かった。

ふたりのCEOとふたつの企業がこれほど短期間で親密になり、エヌビディアとSGSトムソンの関係が同じくらい急速に冷え込むと、1998年2月、エヌビディアはTSMCをメイン・サプライヤに据えた。この方針転換はエヌビディアが最新チップRIVA128ZXを発表したころに起きた。RIVA128ZXは、インテルの恐るべき競合製品i740のわずか11日後に発売され、エヌビディアによってi740を明らかに上回るチップとして位置づけられた。実際、i740を上回る性能と、i740に匹敵する8M

Ｂのフレーム・バッファを、インテルの定価28ドルをほんの少しだけ上回る32ドルで提供していた。これにより、価格でエヌビディアを出し抜こうとするインテルの試みとは裏腹に、エヌビディアによるＰＣ市場の支配が続くと思われた。

ＩＰＯ前の奮闘

ところが、またしても生産の問題が浮上してしまう。１９９８年の夏、ＴＳＭＣの生産するＲＩＶＡ１２８ＺＸが製造上の欠陥に見舞われた。その欠陥はチタン・ストリンガーと呼ばれる残渣《ざんさ》によって引き起こされ、チップの各所にランダムに広がっていた。その結果、どのチップが不良で、どのチップが正常なのかを判別することが不可能になってしまった。判明していたのは、ＲＩＶＡ１２８ＺＸチップのかなりの割合が汚染されている、という事実だけだ。

すると、クリス・マラコウスキーがまたもや救いの手を差し伸べた。

ある日、彼はこう提案した。「すべてのチップをテストして、ソフトウェアを実行してみたらどうだろう？」

「全数検査なんて不可能だ」と別のエヌビディア幹部が答えた。

「どうして？」とマラコウスキーが訊いた。[15]

一見すると、それはバカバカしい提案に思えた。そんなことをしようと思えば、何十万枚というチップを本社に送り、手作業でテストしなければならない。ただでさえ散らかったオフィスや作業場を巨大なチップのテスト室に変える必要があるだろう。ジェンスンの「光の速さ」という格言の是非が試される最大の試練のひとつになるはずだ。

結局、エヌビディアは建物のひとつを、剥き出しのコンピュータの筐体《きょうたい》、マザーボード、CPUを備えた巨大なテスト用の組み立てラインに改造した。「かなり大規模な作業だった」とカーティス・プリエムは語る。「夜11時に帰宅するときにテスト室の横を通りかかると、何十人もの人たちがせっせとチップをテストしていたよ[16]」

テストのプロセスはきわめて厄介だった。プリエムによると、チップ自体とはまったく無関係な理由で、不良品がテストに合格してしまうことがあったため、テストのやり直しが必要になることもあった。たとえば、テスト装置の電源が残った状態で次のテストを開始してしまった場合などがそうだ。

当初は、エヌビディアの社員や経営陣もテストに手を貸していたが、これほど大量の精密なテストが負担となり、すぐにエンジニアリング・チームが疲労困憊《こんぱい》しはじめた。そこで、エンジニアたちの負担を和らげるため、ジェンスンはスキルを要さない契約労働者を何百人と雇い入れた。彼らはその作業着の色にちなみ、エヌビディアの社員たちから「ブルーコート」と呼ばれていた。すぐに、建物内のブルーコートの人数はエヌビディアのエンジニアを上回るようになった。この追加の人員のおかげで、エヌビディアはチップを全数検査してから顧客に出荷するか、廃棄できるようになったのである。

しかし、エヌビディアの社員とテスト担当のブルーコートたちのあいだには、大きな文化や階級の溝があった。カロライン・ランドリーは、低学歴の移民のブルーコートたちと高学歴のエンジニアたちとのあいだで分断が広がっていることに気づいた。

真っ先に気づいたのは、昼食の時間に誰もブルーコートたちと一緒の席に座ろうとしないことだ。

「カナダ人はもう少し平等主義的なところがあるのよ」と彼女は言った。彼女は食堂じゅうから向けられる冷たい視線を無視した。「ブルーコートの人たちと一緒に座り、仲良くなったら、同僚のエンジニアたちから、〝ブルーコートたちと一緒に昼食をとっていなかったか？　どうしてだ？〟などとよく訊かれたの。おかしいと思う。その考え方はどうしても理解できない」

最大の分断は食事をめぐるものだった。エヌビディアは充実した食事手当を提供していた。朝食、昼食、夕食、それにチョコレート・バーやポテトチップス、ヌードルといった無料の間食まで。それを見るなり、以前の仕事では食事の特典などまずもらえなかったブルーコートの人たちは、食堂にやってきて食べ物をお腹いっぱい食べると、毎週金曜日に補充される飲み物やおやつの棚を空っぽにした。

「ある週末、会社にやってくると、おおぜいの人たちが買い物袋に食べ物を詰め込んで、車に運んでいたよ」とあるエヌビディア社員は言った。

「彼らの頭のなかでは、無料の品物をもらっているだけで、盗んでいるつもりはない。ご自由にお取りください、と言われたから取っているだけなの」とランドリーは語る。

エヌビディア社員からの苦情が頻発したため、ジェンスンはこんな件名で全社に一斉メールを送信した。「ブルーコートにポーク・チョップをあげよう」。ブルーコートがあなたのおかずをほしがったら、躊躇なく譲ること。ジェンスンは、会社の大きな危機を乗り越えるのに欠かせない役割を果たしているブルーコートの人々に全社員が感謝を示すべきだ、と考えていた。彼らの手助けは、社員向けの無料のおやつがなくなるという微々たる不便と比べれば、はるかに貴重だったのだ。

ブルーコートたちの手助けを借りてもなお、エヌビディアは生産の遅れを克服できなかった。ジェフ・リバーがCFOとして雇い入れられたのは、投資銀行モルガン・スタンレーを引受会社とするエヌビディアの新規株式公開（IPO）に備えるためだった。ところが、エヌビディアが販売可能なチップの不足に見舞われると、同社は潜在的な投資家たちにとって魅力が大きく薄れていった。同社の四半期収益は、1998年2～4月期の2830万ドルから、1998年5～7月期には1210万ドルへと半減した。反面、経費は増加の一途をたどり、純損失は四半期で100万ドルから970万ドルに膨らんだ。わずか半年前に初めて四半期利益を計上したエヌビディアが、今や警戒すべきペースで赤字を生み出していた。

景気がよければ、たとえエヌビディアのバランスシートが悪化していても、適切な買い手にとっては魅力的に映ったかもしれない。しかし、1年近くにわたって東アジアと東南アジアを襲った金融危機は、リスクのあるIPOへの熱意も削いでいた。結局、モルガン・スタンレーはIPOプロセスの一時中断を決める。IPOが実現すれば、エヌビディアは待望の現金を大量に調達できるはずだった。しかし、リバーの計算によると、現在のペースで現金を消費していけば、エヌビディアは「数週間以内」に支払い不能へと陥る見込みだった。[17] まさしくRIVA128の危機の再来だ。

エヌビディアがその新たな危機を乗り切るためには、ジェンスンの説得力と才能に頼るしかなかった。彼はエヌビディアの3大顧客であるダイヤモンド・マルチメディア、STBシステムズ、クリエイティブ・ラボにつなぎ融資を求めた。この3社は、自社のハイエンド向けグラフィックス・カードに使用するＲＩＶＡチップをそれぞれ数百万ドルぶん購入していたくらいなので、当然エヌビディアの技術力に全幅の信頼を寄せていた。ジェンスンはつなぎ融資を受けられれば、一時的な低迷から立ち直るのに十分な時間的猶予と運転資金が手に入る、と訴えた。そして、取引に色をつけるため、彼はその融資を、株式公開時に最終的なＩＰＯ価格の９割の価格でエヌビディアの株式に換えられる転換社債という形にした。これにより、エヌビディアの債権者は、標準的なローンの利息よりもはるかに高い潜在的利益が得られることになる。２週間の交渉の末、１９９８年8月、３社はエヌビディアに合計１１００万ドルの融資を行なうことに同意した。ジェンスンは、エヌビディアに対する3社の信頼を正確に見極めただけではない。その信頼を活かして、エヌビディア最大の顧客との関係を深めることにも成功したのだ。

こうして、財務的な窮地を脱したエヌビディアだったが、リバーはその裏で退社の意向を固めていた。あまりのプレッシャーで「白髪が増えてしまったんだ」と彼はのちに語った。１９９８年10月、彼はＡＭＤ時代の指導者だったマーヴィン・バーケットから誘いを受け、日本の電機メーカーＮＥＣに入社し、モニター部門の再建に努めることとなる。結局、彼は1年足らずでエヌビディアを去ったため、エヌビディア株の初回の権利確定さえ迎えることができなかった〔米国企業は株式報酬という形で、４年間で満額行使が可能になる自社株式を1年間に25パーセントずつ付与することが多い）。

「2季3チーム」戦略

生産の遅れによって瀕死の状態に陥ったエヌビディアだったが、それに対してジェンスンが講じた対策とは、逆説的にも、新型チップの出荷をいっそう早めるために全社的な企業再編を行なう、というものだった。彼はマーケティング部長のマイケル・ハラを自身の執務室に呼び出し、戦略を練るようになった。ジェンスンが気づいたのは、この業界でずっとリードを保っている企業がない、という事実だった。Ｓ３、ツェン・ラボ、マトロックスのように、ある年に業界をリードしていた企業も、１、２世代後のチップでは他社に地位を奪われてしまうことが多かった。

「マイク、どうもわからない」とジェンスンは言った。「ＰＣグラフィックス業界を見てみると、２年以上リードを保てる企業がひとつもない。どうしてだろうね？[18]」

エヌビディアが挑戦者のブランドから市場をリードするブランドのひとつとなった今、ジェンスンはこの問題に取り憑かれるようになっていた。彼はこの問題をジョークに変え、「うちの製品より長くもつのは寿司くらいだろうね」と社員によく言った。ジェンスンは、この問題を解決できた企業は事業の周囲に強力な「堀」を築き、競争上優位に立つことができる、と考えていた。

エヌビディアのいくつかの競合企業で働いた経験を持つハラは、市場の力学をジェンスンに説明した。この業界全体は、ＰＣメーカーのリズムに従って動いている。通常、ＰＣメーカーは年２回、春と秋に新製品を発売する。より重要なのは秋のサイクルのほうだ。８月の新学期シーズンに始まり、年末にはクリスマス・ショッピングの時期が控えているからだ。当然ながらＰＣメーカーは、半年ごとにもっとも高性能な最新チップを搭載した新型ＰＣを発売しようと躍起になる。そのため、メーカーは自社のＰＣに搭載するより高性能なチップを常に探し回り、より高速で高品質なチップが登場するたびにあっさりと取引先を変更するのだ。

チップ・メーカーは、エヌビディアも含め、18か月がかりで新型チップを設計し、リリースしていたが、通常はいちどにひとつの開発プロジェクトにしか取り組んでいなかった。しかし、グラフィックス技術は日進月歩であり、チップ・メーカーが新製品を発売するころには、そのチップの機能はとっくに時代遅れになっていることが多かった。

「このやり方は通用しない。この設計サイクルの問題を解決する方法がきっとあるはずだ」とジェンスンは言った。ＲＩＶＡ１２８は、１年以内に新型チップを設計し、リリースするのは不可能でないことを証明した。とはいえ、それはエヌビディアが破産の危機にあり、開発を急がざるをえなかったからこそできたことだ。では、ＲＩＶＡ１２８を開発したときの手法を、もっと持続可能な形で繰り返すにはどうすればいいか？

数週間後、ジェンスンはエヌビディアが競合他社から永久にリードを保ちつづける方法をついに見つけた、と経営陣に告げた。「ＰＣメーカーの新製品の発売サイクルに合わせて、エンジニアリング部門を一から再編しよう」と彼は言った。

この鶴の一声で、設計チームが３つのグループに分割された。ひとつ目のグループが新たなチップ・アーキテクチャを設計するあいだ、残りの２グループが並行してその新型チップの高速版を開発するのだ。そうすれば、ＰＣメーカーの購入サイクルに合わせて、半年ごとに新型チップをリリースできるだろう。

「われわれの製品を接続するソケットが他社に取られることはないだろう。なぜなら、いつでもＯＥＭ［他社ブランドの受託製造を行なう企業。つまりＰＣメーカー］のところに行って、〝これが今までと同じソフトウェアを用いたうちの次世代チップだ。新機能が加わり、動作も高速になる〟と言えるからだ」とジェンスンは説明した。当然、そのためにはエヌビディアの設計チームを再編するだけでは足りなかった。エヌビディアが過去に下した多くの技術的な決断も大きくかかわってくることになる。

初期の段階で、カーティス・プリエムはエヌビディアの全チップに組み込まれることになる「仮想化オブジェクト」というアーキテクチャを発明していた。このアーキテクチャは、エヌビディアがよりすばやいチップのリリース・サイクルを導入するにあたり、いっそう大きな利点となった。プリエムが設計したこのアーキテクチャには、ソフトウェアベースの「リソース・マネージャ」なるものが含まれていた。これはいわば、ハードウェアそのものの上位に位置する小型のオペレーティング・システムと考えればいい。リソース・マネージャがあれば、本来ならチップ回路へと物理的に実装する必要があるハードウェア機能のエミュレーションが可能になる。これにより、性能は少し低下したが、イノベーションのペースは加速した。というのも、エヌビディアのエンジニアたちがリスクを冒しやすくなったからだ。新機能をハードウェアで動作させる準備が整っていなくても、ソフトウェアでエミュレーションすることならできた。と同時に、計算能力が十分に余っている場合には、ハードウェア機能を取り除いてチップ・ダイの面積を節約することもできた。

エヌビディアのほとんどのライバル企業にとっては、チップにハードウェア機能を実装する準備が整わなければ、スケジュールに遅れが生じることは目に見えていた。しかし、プリエムのイノベーションのおかげで、エヌビディアでは遅れが生じることはなかった。「この地球上で最高の発明だった」とマイケル・ハラは語る。「これがいわばエヌビディアの秘伝のソースだった。機能が足りなかったり、動作しなかったりしても、リソース・マネージャに組み込めば機能するわけだから」[19]。エヌビディアの営業部長のジェフ・フィッシャーも同意見だ。「プリエムのアーキテクチャは、エヌビディアが新製品をよりすばやく設計・製造するうえで不可欠だった」[20]

エヌビディアはまた、RIVA128で初めて取り入れたソフトウェア・ドライバの後方互換性を重視しはじめた。しかし、それはエヌビディアの誕生に先立つ教訓だった。カーティス・プリエムは、エヌビディアを創業する前のサン・マイクロシステムズ時代にそのことを学んでいたのだ。彼はある新型のGXグラフィックス・チップに関するセールス・プレゼンテーションでの出来事を耳にしていた。そのプレゼンテーションで、営業チームは新型チップに旧ソフトウェア・ドライバとの互換性があるという説明を受けた。顧客が新型のGXチップを既存のサン・ワークステーションに取りつけるだけで、チップは即座に動作する。つまり、新しいソフトウェアをインストールしなくても、顧客は購入したばかりのグラフィックス・ハードウェアを使いはじめることができるわけだ。それを聞くなり、営業チームは立ち上がり、発表者にスタンディング・オベーションを送った。この反応について伝え聞いたプリエムは、この統一ドライバ機能が営業担当者、ひいては顧客にとっての悩みを解消するのだ、ということを頭に叩き込んだ。

「なるほど、互換性こそが重要にちがいない、と思った」とプリエムは言う。「そして実際、エヌビディアにとってとても重要な役割を果たした」[21]

ジェンスンは、エミュレーションと後方互換性を持つドライバを、単なる優れた技術的原則だけでなく、競争上の強みとしてもとらえていた。彼は、このふたつを取り入れれば、自身が「2季3チーム（Three Teams, Two Seasons）」戦略と名づけた新たな短縮生産スケジュールを実現し、エヌビディアが常に業界をリードするチャンスが生まれる、と信じていた。彼はずっと前から、エヌビディアのチップを常に市場最高の製品にすると主張しつづけ、実際にほとんど常にそのとおりになった。この状況が変わることはないだろう。しかし、エヌビディアは今やそれまでの3倍のペースで市場にチップを供給しようとしていた。おまけに、どのひとつのチップを取っても、最大で6か月までしか時代遅れにならなくなるのだ。たとえ競合他社がエヌビディアよりも少しだけ高性能な製品を開発したとしても、PCメーカーはわざわざエヌビディアからその会社の製品に乗り換えようとは思わないだろう。わざわざドライバを更新しなくても、6か月も待っていればエヌビディアからより高速なチップが提供されるとわかっているのだから。

エヌビディアのすばやい製品開発サイクルにより、「競合他社は常にアヒルの群れを後ろから撃つことしかできなくなるだろう」とジェンスンは表現した。動く標的の少し先ではなく、標的そのものを狙うハンターのように、ほかのグラフィックス・チップ・メーカーは常に後れを取るはめになる。新型チップがあまりにも次々とリリースされ、エヌビディアの競合企業は圧倒されてしまうにちがいない。

「どんな製品であれ、もっとも物を言うのはスケジュールなんだ」とジェンスンはのちに語った。[22]

１９９９年末を迎えるころには、エヌビディアは「2季3チーム」戦略に基づいてチップの設計および生産モデルを再編し終えていた。それに加えてエヌビディアには、社員たちに「光の速さ」で働くよう求める哲学があった。他社の現在の行動や、エヌビディアの過去の実績ではなく、「物理的に何が可能か」に基づいて成果を測るという考え方だ。さらに、「わが社は廃業30日前だ」というエヌビディアのスローガンは、慢心に対する警鐘であり、ＣＥＯから一般社員まで、全員に全力で働くことを期待するメッセージでもあった——社外の生活を犠牲にしてでも。

ライバル企業とエヌビディアの最大の違い

エヌビディアがグラフィックス・チップ市場を支配するため、生産スケジュールと生産手法を加速させると、競合他社は反撃に出た。１９９８年９月、３ｄｆｘは自社の描画手法がエヌビディアに盗まれたとして、特許侵害の訴訟を提起した。訴訟を発表するプレスリリースには、当該技術に関するエヌビディアのウェブサイト・ページへのリンクが記載されていた。それを受け、エヌビディアのマーケティング・チームはリンク先のページを修正し、プレスリリース内のリンクをクリックすると、「世界最高の３Ｄグラフィックス企業、エヌビディアへようこそ」というバナーが表示されるようにした。

そのわずか１年前、３ｄｆｘ上層部はエヌビディアがもうすぐ倒産すると確信しきっていたため、苦戦するライバル企業をわざわざ買収するまでもないと考えた。しかし、今や形勢はほぼ逆転していた。「２季３チーム」戦略のもと、エヌビディアは３ｄｆｘがひとつのチップをリリースする期間で３つのチップをリリースする準備を進めていたのだ。３ｄｆｘの最新チップ「ブードゥー２」は１９９８年２月に発売されたばかりだったから、ふたつの次世代チップはいまだ開発サイクルの半ばといったところだった。実に３ｄｆｘらしい大げさなコードネームがつけられたふたつのチップは、「ナパーム」が１９９９年終盤、「ランページ」が２００１年リリース予定だった。このペースで行けば、３ｄｆｘの主力チップのリリースはエヌビディアよりも１年以上遅れることになるだろう。

しかも、３ｄｆｘの上層部は、その遅いリリース・スケジュールでさえも守れる自信があるわけではなかった。３ｄｆｘのエンジニアたちは、「出荷するすべての製品に完璧さを求めた」とマーケティング幹部のロス・スミスは言う。[1]「とにかく機能を詰め込んだんだ。一方、エヌビディアの考え方は、期日に間に合うよう、準備の整った機能だけをチップに搭載して出荷し、残りの機能は次のチップに回す、という感じだった」

また、３ｄｆｘは別の面でも自社の成功の犠牲になったといえる。同社のエンジニアリング部長も務めた共同創業者のスコット・セラーズによると、ブードゥー２の好調な売上が、同社の流通経路やグラフィックス・カード・パートナーとの関係の管理を難しくしていた。

「一部のボード・メーカーが3dfxの設計ガイドラインに従わなかったせいで、品質の問題が起きたんだ」とセラーズは語る。[2]「その品質の低さが顧客満足度に悪影響を及ぼしはじめていた」

難問をチャンスに変えるエヌビディアの能力は業界全体でよく知られていた。3dfxも同じことをしようとしたのだが、そのアプローチはエヌビディアとは好対照だった。

まず、市場にチップをどんどん送り込むというエヌビディアの戦略をまねるべく、3dfxはいくつかの新製品をラインナップに追加することを発表した。その一例が「ブードゥー・バンシー」と「ブードゥー3」で、同社がそれまで開発してきた純粋な3Dチップの代わりに、2Dと3Dを組み合わせたアクセラレータとして設計された。ところが、エヌビディアがひとつの共通チップを設計し、市場の分野ごとにその派生版をつくることで効率化を図っていたのに対し、3dfxの製品構成はたいへん複雑で、あまりにも多くの顧客セグメントをターゲットにしていたうえ、ひとつの共通したコア・チップ設計を使い回す予定もなかった。

すると、3dfxはグラフィックス業界のまったく新しい分野に進出することを決める。1998年12月、グラフィックス・ボード・メーカー「STBシステムズ」を1億41

00万ドルで買収したのである。この決断は、表面上は理にかなっていた。大手ボード・メーカーであるSTBを傘下に置けば、3dfxは自社のボードのサプライチェーンをより綿密にコントロールできるようになるだろう。また、チップとボードの両方を3dfxブランドのもとで販売できるようになるため、消費者のブランド認知度を直接高めることもできる。

そして何より、戦略的な観点から見て、STBの買収はエヌビディアにとって痛手になる、と3dfxは考えていた。STBは3dfxのライバル・チップ・メーカーであるエヌビディアと深い関係を築いていた。ジェンスンが全社会議で劇的に明かした、例のRIVA128初の大口注文を出したのがSTBである。RIVA128のリリース以降、STBはエヌビディアの主要なボード・パートナーとなり、3か月前にはエヌビディアにつなぎ融資の一部も提供していた。しかし、STBの買収により、3dfxはその蜜月関係に強制的に終止符を打った。そして、STBはそれ以降、自社のボードに3dfxのチップのみを搭載すると発表した。

「社運を賭けた戦略だというのはわかっていた」とセラーズは言う。「そのときはうまくいくと信じきっていたんだ」

ところが、3dfxの戦略的な行動や製品への賭けはひとつとしてうまくいかなかった。

同社は中価格帯のチップの2D面の開発で苦戦した。というのも、社内に3Dチップと同等の専門知識がなかったからだ。STBが3dfxの製品のみを取り扱うという方針を打ち出すと、ほかのボード・メーカーはエヌビディア製のチップに切り替えるという形で報復したため、想定されたメリットは帳消しになってしまった。さらに、3dfxがSTBの事業をうまく管理できるというセラーズの前提も完全に誤っていた。3dfxの経営陣には、物理的な小売流通経路やボード製造の複雑なサプライチェーンを監督してきた経験がいっさいなかったのだ。3dfxの傘下に入ったSTBは、結果的に、親会社の注目を中核業務であるチップ設計から逸らすはめになった。

何より、こうした施策はどのひとつを取っても3dfxの最大の問題を解決するものではなかった。それは、高性能なチップを必要なスピードで生産できていない、という問題だ。完璧主義、管理の機能不全、集中を欠いたリーダーシップ、その3つが相まって開発スピードは一気に遅くなった。3Dチップのリリース間隔を埋めるための応急策のつもりだった中価格帯の「ブードゥー3」は、1999年4月まで発売がずれ込み、ナパームとランページにいたってはさらなる遅れに見舞われることになった。

「あくまでも自社の得意分野に専念するべきだった」とロス・スミスは語る。「3dfxがナパームとランページをスケジュールどおりに発売していたら、エヌビディアに勝ち目はなかっただろうね」

３ｄｆｘはたちまち火の車に陥る。ＳＴＢの在庫管理に失敗し、中価格帯のカードはさっぱり売れず、資金が底を突いた。同社の債権者たちは２０００年末近くに破産手続きを開始した。12月15日、エヌビディアは３ｄｆｘの特許やその他の資産を買い取り、同社のおよそ１００人の社員を雇用した。そうして２００２年10月、３ｄｆｘは破産申請を行なった。

３ｄｆｘからエヌビディアにやってきたエンジニアたちは、同社が6か月ごとに新型チップをリリースできるのは、何か特別なプロセスや技術があるからだと思っていた。ドワイト・ダークスは、その理由がずっと単純だと知ってエンジニアたちがショックを受けていたのを覚えている。

「本当にびっくりだった。秘密のレシピがあると思ってここに来たのに」とあるエンジニアは言った。[3]「蓋を開けてみれば、徹底的にスケジュールを守るため、必死で働いているだけだったんだからね」。つまり、両社の最大の違いはエヌビディアの社風にあった、ということだ。

エヌビディアの人材獲得術

企業運営を完璧にすることは、エヌビディアを組織的な機能不全から守る計画のひとつのピースにすぎなかった。もうひとつのピースとは、一流の人材の獲得だ。エヌビディアの優れた製品は、質の高い求職者を数多く惹き寄せた。しかし、競合他社から有能な人材を引き抜かなければならないことも多かった。とはいえ、3dfxが倒産したときのように、ライバル企業から何十人ものエンジニアをいっぺんに獲得できる機会はまれだった。その代わりに、ジェンスンのチームは人材の引き抜き技術を学んでいった。

1997年、ジェンスンはマイケル・ハラに、エヌビディアに入ってくれそうな優れた人材に心当たりはないか、とたずねたことがある。するとハラは、シリコングラフィックスの主任エンジニアであるジョン・モントリムの名前を挙げた。モントリムは、「リアリティエンジン」や「インフィニットリアリティ」といったグラフィックス・サブシステムの開発で名の通った、この業界の伝説的な存在だった。エヌビディア共同創業者のカーティス・プリエムとも縁があり、ふたりは過去にバーモント・マイクロシステムズで一緒に働いた経験があった。

ジェンスンはモントリムをエヌビディア本社での昼食に誘うと、直球勝負に打って出た。

「ジョン、エヌビディアで働く気はないか。ＳＧＩは私がいずれこの手でつぶすことになるから」と彼は言い、年間数千台のワークステーションを販売するＳＧＩは、数百万台単位のＰＣ市場にアクセスでき、規模の面でずっと大きな恩恵を受けられるエヌビディアには太刀打ちできないだろう、と説明した。[4] しかし、モントリムは丁重に誘いを断った。

次に動いたのは、クリス・マラコウスキーとエヌビディアの主任科学者であるデイヴィッド・カークだった。別の昼食の席で、ふたりはモントリムにこう言った。「君がＳＧＩのリアリティエンジンやインフィニットリアリティで開発したすべての機能を、エヌビディアならＰＣ向けの１枚のチップに集約できる。そうすればＳＧＩは終わりだ。そうなったとき、君はどこで働いていたいと思う？」[5]

プリエムもモントリムの獲得に動いた。ふたりはカリフォルニア州マウンテンビューにあるセント・ジェームズ・インファーマリー・バー＆グリルという店で顔を合わせた。プリエムはかつての同僚に対し、シリコングラフィックスが「行き詰まり」に陥るだろうと訴え、彼をエヌビディアに誘った。[6] それでもやはり、モントリムは説得に応じなかった。

そこで、ジェンスンは別の戦術を試すことにした。言葉ではなくテクノロジーの力でモントリムを説得することにしたのだ。彼は開発チームに対し、軍をテーマにした没入型シミュレーションという形で、最新のチップ・プロトタイプのグラフィックス・デモを制作するよう指示した。SGIが自社の新技術をアピールしようとした際に用いた手法をそっくりそのまままねたのだ。デモが完成すると、ジェンスンはモントリムにもういちど電話をかけ、デモ見学のためにエヌビディアのラボに招待するようハラに指示した。「今回はもっと面白いものを見せるから」とジェンスンはハラに約束した。

モントリムが到着すると、ハラは新しいプロトタイプを披露した。「どうだい、インフィニットリアリティにできることとまったく一緒だろう?」と彼は訊いた。

この新たな説得は大成功だった。もちろん、モントリムにとっては、SGIのほうが弱い立場にあるというジェンスンの見立てが正しいことなど百も承知だった。市場規模が小さいこともあり、SGIは数年おきに新型チップをリリースするのが精一杯だった。対してエヌビディアは、新しい設計のチップを6か月ごとにリリースしていた。エヌビディアのイノベーションのペースはSGIをはるかに上回っていた。やがて、エヌビディアはSGIがとうてい追いつけないくらいはるか先を行ってしまうだろう。それでも、デモの力は絶大だった。自由に使える資源と人材が潤沢にあるエヌビディアは、モントリムがずっと長い期間を費やして開発したグラフィックス・エンジンをものの数週間でつくることができる、ということを証明してみせたのだ。それも、たったひとりの人間を雇うためだけに。その1週間後、モントリムはSGIを去った。

ドワイト・ダークスは、モントリムの移籍が「分水嶺だった」と語った。「ジョンを尊敬するエンジニアが数えきれないほどいて、その誰もがジョンと一緒に働きたいと思っていたんだ」。モントリムがエヌビディアに加わると、会社がソフトウェア開発者やチップ・エンジニアの求人を出すたび、シリコングラフィックスの社員から履歴書や面接希望が殺到したという[7]。

当然ながら、ＳＧＩはモントリムを奪われたことをいたく残念がり、優秀な人材が雪崩《なだれ》のごとくエヌビディアに流出するのを恐れた。すると１９９８年４月、ＳＧＩはエヌビディアを特許侵害で提訴する。ＲＩＶＡプロセッサ・シリーズが同社の高速テクスチャ・マッピング技術を侵害していると訴えたのだ。

当初、エヌビディアの一部社員は訴訟に不安を抱いていたが、同社のコーポレート・マーケティング部長のアンドリュー・ローガンはむしろ興奮した。

「たった今、『ウォール・ストリート・ジャーナル』から留守電が入っていた」と彼は訴訟の発表後に同僚たちに告げた。「完璧だ。ついにこの会社が有名になったぞ！」

ジェンスンも同意した。彼はオフィスを回りながら全員と握手を交わし、こう言った。

「おめでとう！　エヌビディアがとうとう世界一重要なグラフィックス会社から訴えられた。これで一流だ」

訴訟はいっさい進展を見せなかった。訴訟に勝つためには、SGIは金銭的な被害が生じたことを証明する必要があったが、同社が挙げた証拠はエヌビディア社内の売上予測だけだった。するとエヌビディアの弁護士たちは、こうした予測は本質的に変動しやすい、と反論した。予測は市場に関するおおまかで誤りがちな仮定に基づいており、具体的な指標としては信頼に欠けるからだ。

結局、1997年7月、両社はおおむねエヌビディアに有利な条件で和解に至った。「われわれは50人のSGI社員を雇用し、同社のローエンド向けグラフィックス製品のサプライヤになった。最終的に、エヌビディアはパートナーを得たわけだ」とダークスは言った。[8]またしても、エヌビディアはシリコンバレー最高のエンジニアたちを何人も獲得することができたのだ。

おおまかな平等

会社が大きくなるにつれて、エヌビディアはサプライチェーン・パートナーに対する潜在的な影響力を持つようになった。やろうと思えば、自社の利益向上のため、他社に圧力をかけることもできただろう。しかし、もっとも重要なサプライヤと良好な関係を保つ、というのが事業関係に対するジェンスンの見方だった。

リック・ツァイ（蔡力行）は、エヌビディアが初めてTSMCと協力関係を結んだとき、同社の業務担当執行副社長を務めていた。のちにTSMCのCEOとなるツァイは、当時の製造業務を全面的に統括し、エヌビディアの主要な窓口を務めていた。「ジェンスンのためにウェーハを製造していたといっても過言じゃない」とツァイは語った。「彼の才能とカリスマ性は、出会ったそのときから一目瞭然だったよ」[9]

TSMCがエヌビディアと協業を開始したころは、業界全体がもっと小ぶりだった。ツァイは、初めての8インチ・ウェーハの製造工場を3億9500万ドルで建設したことを覚えている。今ならチップ製造装置を1台購入するのがやっとな金額だ。

グラフィックス業界で成功を収めたエヌビディアは、わずか数年足らずで、TSMCにとって2本か3本の指に入る大口顧客となった。ツァイは、ジェンスンが価格交渉の鬼で、エヌビディアの粗利益率がわずか38パーセントであるのをしつこく訴えていたのを覚えている。あるとき、論争が生じると、ツァイはカリフォルニアに飛び、デニーズとさして変わらないレストランでジェンスンと会った。

「目的は論争を解決することだった。詳しい内容は忘れたが」とツァイは言う。「だが、あれには本当にハッとさせられた。ジェンスンは〝おおまかな平等〟というビジネス哲学を教えてくれた」。ジェンスンの説明によると、ここでの「おおまか」というのは、両社

1999年、自分の机に寄りかかるジェンスン・フアン（エヌビディア提供）

の関係性が完全にフラットではなく、そのときどきで上下する、という意味だ。重要なのは「平等」という部分だった。「一定期間、たとえば数年間でならせば、全体的に見て平等になる、という意味なんだ」

ツァイにとって、これこそが真のウィン・ウィンの関係性を表現する言葉だった。しかし、毎回ウィン・ウィンというわけではない。ある取引や出来事では一方が得をし、次回はもう一方が得をする。数年単位で見て60対40や40対60ではなく、おおむね50対50になるなら、それは良好な関係といえる。ツァイはジェンスンのこの考え方が腑に落ちたのを覚えている。

「人間として、それからビジネスマンとしても、ジェンスンについて印象に残っているのはそういう点だね」とツァイは言った。「もちろん、ウエーハの納品が間に合わなかったときには、遠慮なく電話で文句を言われた。彼には遠慮というものがないんだ。だが、彼と一緒に数々の逆境と向き合い、解決してきた。両社にとって、この30年間でこれ以上のパートナーシップはないと思う」

ＩＰＯ後も攻め続ける

１９９９年1月22日金曜日、エヌビディアはついに上場を果たした。アジア金融危機が終息し、エヌビディアの財務状況が安定すると、同社の株式は投資家にとって魅力的なものとなった。同社は株式の売出しにより４２００万ドルを調達し、初日の取引終了時には株価が64パーセント上昇して１株19・69ドルの値をつけた。この価格で計算すると、エヌビディアの時価総額は６億２６００万ドルとなった。[10]

しかし、エヌビディア本社の雰囲気は落ち着いていた。歓喜に沸き返ったというよりは安堵が広がっていたのだ。数四半期にわたって現金不足に悩まされた末、ＩＰＯによる資金が少なくとも当面の安心感をもたらした。それはエヌビディアがいちどに手にした最大の資金であり、どのつなぎ融資やベンチャーキャピタル資金をもはるかに上回る額だった。「やっと一息つく余裕ができたよ」と元エンジニアのケネス・ハーリーはＩＰＯ当日の気持ちを振り返って言う。「ある程度の資金は調達できたし、これで会社がつぶれることはなくなったからね[11]」

ジェンスンは興奮というよりも挑戦的な姿勢を見せた。彼は『ウォール・ストリート・

ジャーナル』の記者からＩＰＯの感想を求められると、こう語った。「逆境は何度も経験したが、私はもっとも倒すのが難しいＣＥＯだと言われているよ」[12]

　それでも、エヌビディアの経営陣は珍しくつかの間の達成感を味わい、次なる目標に夢を膨らませた。ある社外の経営会議で、彼らはエヌビディアの株価が1株１００ドルに達したらどうするかを話し合った（当時の株価は25ドル）。マーケティング部長のダン・ヴィヴォリは、エヌビディアのロゴのタトゥーを脚に入れると誓い、営業部長のジェフ・フィッシャーはお尻に入れると言った。主任科学者のデイヴィッド・カークは爪を緑色に塗ると言い、人事部長のジョン・マクソーリーは乳首にピアスを開けると約束した。３人の共同創業者の

エヌビディアのロゴの髪型をしたカーティス・プリエム。
（エヌビディア提供）

うちのふたりはさらに大きく出た。クリス・マラコウスキーは髪をモヒカンにすると言い、カーティス・プリエムは頭を剃り、しかもエヌビディアのロゴのタトゥーを頭に入れると誓った。ジェンスンは左耳にピアスを開けると約束した。[13] ヴィヴォリはそれぞれの誓いを紙のテーブルマットに書き記し、額縁に入れて飾った。そのときは、すぐにその誓いを実行に移す日がやってくるとは誰も思っていなかった。株価が近いうちに4倍になるなど、ほとんど想像もつかないことだった。

ＩＰＯで得た資金を活かして、エヌビディアはますます大規模な戦略的パートナーシップを追求しはじめた。まず、テクノロジー業界のベテランであるオリバー・バルタックを雇い、マイクロソフト、インテル、ＡＭＤといった大企業との重要な関係管理を一任した。バルタックには自由に資金を使う権限が与えられた。厳しい予算を守らなければならなかった前職とは大違いだった。

バルタックの年下の同僚のひとり、ケイタ・キタハマは、新卒で採用された新入社員だ。彼の仕事は、エヌビディアのグラフィックス・カードが主要なモニター・ベンダーの製品でうまく動作するようにすることだった。もともとシャイな性格だったキタハマは、事業開発プロセスについては疎かった。ある日、バルタックがいつものようにお茶を飲んでいると、キタハマが彼のところに行って訊いた。「ベンダーと関係を築くには、どうするのがいちばんでしょうね？」

「君はこの業界でいちばんホットな商品を持っている。それを使わない手はない」とバルタックは答えた。彼のいう商品とは、エヌビディアの最新グラフィックス・カード「ジーフォース（GeForce）」のことだった。バルタックは別のプロダクト・マネジャーであるジェフ・バルーと相談し、本社じゅうから余ったジーフォース・カードをできるだけかき集めるようキタハマに指示した。「そうしたら、モニター・メーカーにひとつ残らず電話をかけて、ジーフォース・カードを無料で差し上げますので訪問させてください、と言うんだ」

驚いたことに、この戦術はうまくいった。モニター・メーカーは彼の電話に応じてくれただけでなく、彼の提案に大喜びしたのだ。どんな形であれ、エヌビディアの最新製品をいち早く手に入れたかったのだろう。

バルタックはインテルに対しても同じような戦略を用いた。彼はインテルの開発者向けの年次フォーラムに、50枚のエヌビディア製カードが詰まった箱を携えて現われると、ベンダーのブースを一つひとつ回り、マシンに搭載されたカードをエヌビディア製カードに交換すると申し出た。彼はエヌビディア製カードのほうが圧倒的に優位だとわかっていた。後方互換性を持つソフトウェア・ドライバのおかげで、他社のカードよりもはるかに着脱が簡単だったからだ。これにより、開発者たちは煩わしいインストール・プロセスや頻繁なクラッシュ、性能の低下をほとんど気にすることなく、エヌビディアの最新カードを試すことができた。

最大手のテクノロジー企業でさえ、エヌビディアの無料グラフィックス・カードの誘惑には逆らえなかった。そのころ、インテルは毎年数千台の開発用ワークステーションをつくり、世界じゅうのソフトウェア開発会社へと出荷していた。当時は、10社ほどのグラフィックス・カード・メーカーがインテルのマシンに自社製品を搭載してもらおうとしのぎを削っていたが、結局、契約を勝ち取ったのはエヌビディアだった。他社より製品の性能がよかったことも理由のひとつだが、カードの無料配布戦略のおかげで、インテルがすでにエヌビディアのチップを実際に体験していたことも大きかった。

同じ戦略はマイクロソフトに対しても用いられた。マイクロソフトは、ウィンドウズでメディアの表示やゲームの実行に使われる「ＤｉｒｅｃｔＸ」ＡＰＩを開発していた。そのマイクロソフトがＡＰＩを更新するたび、まるで時計仕掛けのようにエヌビディアのカードがマイクロソフト本社へと届けられた。「エヌビディアはＤｉｒｅｃｔＸの主要リリースに徹底的に対応したんだ」とバルタックは語る。「上層部に予算や人員を求める必要すらなかった[14]」

ジェンスンの指示は実に明快だった。「勝利をつかめ。誰よりも速く走って、土地を独り占めするんだ」

マイクロソフト「Xbox」を巡る逆転劇

エヌビディアはいまだ大企業とはいえず、従業員も250人前後しかいなかった。それに、巨額の収益を生み出していたわけでもない。1999年度の売上高は1億5800万ドルと、マイクロソフト（198億ドル）、アップル（61億ドル）、アマゾン（16億ドル）といったほかのテクノロジー企業には遠く及ばなかった。それでも、エヌビディアは長年、卓越した技術と製品開発に磨きをかけてきた。その努力は、目に見えないがきわめて重要な形、つまり業界内の影響力という形でようやく実を結びはじめていた。

エヌビディアはセガにNV2チップの契約を解消されて以来、ゲーム機市場とは距離を置いていた。しかし数年後の1999年、マイクロソフトがDirectX APIに基づく同社初のゲーム機を開発していることをほのめかした。すると、エヌビディアとマイクロソフトが築いてきた関係が、そのゲーム機にエヌビディアのチップを搭載する道を切り開いた。数か月間にわたり、両社は合意に向けた交渉を続けた。

ところが、マイクロソフトはすぐに方針を転換した。2000年1月、同社は創業者兼

ＣＥＯのジョージ・ハーバーが率いる新興グラフィックス企業「ギガピクセル」と開発契約を結ぶ。それは、同社がマイクロソフトのゲーム機「Ｘｂｏｘ」向けにグラフィックス技術を提供するという内容だった。マイクロソフトはギガピクセルに１０００万ドルを投資し、さらにＸｂｏｘ用チップの開発に追加で１５００万ドルを拠出した。ハーバーは、33人のギガピクセル社員をカリフォルニア州パロアルトにあるマイクロソフトのビルに出向させた。[15]

3月10日、Ｘｂｏｘの正式発表からわずか2か月後に、ビル・ゲイツはゲーム開発者会議（ＧＤＣ）に登壇し、Ｘｂｏｘの仕様や、グラフィックス・サプライヤであるギガピクセルとの提携を発表する予定だった。ゲイツはハーバーをそのスピーチに招待し、そのスピーチ原稿のコピーを参考としてあらかじめハーバーに渡していた。ゲイツはスピーチで、ギガピクセルとマイクロソフトの関係がゲーム業界に変革をもたらす可能性を秘めている、と話す予定だった。かつて、初代ＩＢＭ ＰＣ向けのオペレーティング・システムのサプライヤとして、ＩＢＭが当時まだ無名だった新興ソフトウェア企業、マイクロソフトを選んだときと同じように。ゲイツは、マイクロソフトがギガピクセルを選んだ理由はただひとつ、同社が世界最高のグラフィックス技術を生み出しているからだ、と話すつもりだった。[16]それはあらゆるスタートアップ企業が夢見るようなＰＲであり、テクノロジー界のレジェンドからの太鼓判であった。

しかし、その夢はすぐに覚めることとなる。ギガピクセルとの提携が発表されたあとも、エヌビディアは自分たちこそがXｂｏｘにふさわしいパートナーだと訴えつづけた。ジェンスンと、マイクロソフトとの関係を管理していたエヌビディアの上級販売・マーケティング部長のクリス・ディスキンは、交渉中、マイクロソフトと毎週のように会議を行なった。ジェンスンとディスキンはときに深夜まで何時間もプレゼン資料を練り上げ、また朝8時から仕事を始める、という毎日を送っていた。ふたりは、エヌビディアが危機のどん底を乗り切ったときや、オリジナル版のＲＩＶＡ１２８を開発していたとき、そしてインテルのｉ７４０に対抗してその派生版のＲＩＶＡ１２８ＺＸを急ピッチで開発していたときと同じくらい必死で働きつづけた。今回は、倒産の脅威がつきまとっているわけではなかったものの、ふたりは高利益な市場に新規参入する機会を逃すまいと、同じくらい必死でがんばった。

エヌビディアの評判が新たな高みに達したことも追い風になった。

「マイクロソフトの社内には私たちの味方がたくさんいた」とディスキンはXｂｏｘの交渉について語った。「ゲーム開発者たちが声を上げ、開発がしやすいしリスクも少ないから、エヌビディアと仕事がしたい、と言ってくれたんだ」[17]

3月3日金曜日、ゲイツがGDCでスピーチをするわずか1週間前、マイクロソフト幹部のリック・トンプソンとボブ・マクブリーンがディスキンに電話をかけ、Xboxの契約を再交渉し、合意をまとめたいとの意向を伝えた。その2日後、ふたりはシアトルからカリフォルニア州サンノゼに飛び、日曜日の大半をエヌビディア本社の会議室で過ごした。ジェンスン、ディスキン、トンプソン、マクブリーンは、エヌビディアがギガピクセルに代わってマイクロソフトのグラフィックス・チップ・パートナーになることで合意した。

こうして、マイクロソフトの新たなゲーム機には、エヌビディアが特別に設計した新型チップが使用されることになったのである。ジェンスンとディスキンは、新型チップの研究開発費用としてマイクロソフトに2億ドルの前払いを求め、ビル・ゲイツ本人の個人的な承認を得た。巨額の前払い金とマイクロソフトCEOによる承認を得たふたりは、これでようやくXboxの仕事を勝ち取り、たった今ギガピクセルに降りかかった悪夢から身を守れた、という安心感に包まれた。

月曜日、マイクロソフトの幹部たちはハーバーにエヌビディアとの契約の決定を伝えた。彼は衝撃を受けた。その前週、彼はXboxの契約を背景に10億ドル規模のIPOを果たし、場合によっては3dfxなどのグラフィックス・チップ会社を買収することまで考えている、とウォール街の投資銀行家たちに吹聴していたところだった。結局のところ、市場の支配を夢見ていたのはエヌビディアの幹部たちだけではなかった、ということだ。今や、彼の手元に残されたのは、たとえ契約が解消されたとしてもマイクロソフトが支払うことに同意していた1500万ドルの開発費だけだった。

今もなお、ハーバーはマイクロソフトやXboxの契約に起きた出来事に対して、苦々しい思いを抱いている。「本来なら、今ごろジェンスンじゃなく私が1兆ドル企業を経営していたろうにね」とハーバーは語った。[18]

ビル・ゲイツがGDCで、エヌビディアがXbox向けグラフィックス・チップを供給することになったと発表した週、エヌビディアの株価は1株100ドルの大台を突破した。経営陣は、ほんの数か月前まで冗談としか思えなかった誓いを実行しなければならない立場になった。しかし、彼らは誓いを貫いた。マラコウスキーは頭をモヒカンにし、フィッシャー、プリエム、ヴィヴォリはタトゥーを入れ、カークは爪を緑に染め、マクソーリーとジェンスンはピアスを開けたのだった。

プリエムとの別れ

プリエムにとって、それはエヌビディアで過ごす最後の満ち足りた瞬間のひとつとなった。1990年代終盤になると、エヌビディアの共同創業者である彼は、社内のエンジニア陣と衝突することが目立つようになった。ある世代のチップの開発中、チップ・アーキテクチャに欠陥を見つけたプリエムは、その欠陥を無断で修正すると、共用のファイル・サーバからそのチップに関する文書を削除し、改訂版と差し替えた。それはエヌビディアの初期の時代に彼が慣れていたやり方であり、当時の同僚たちはそれを受け入れていた。しかし、彼は今や、当時よりもずっと巨大な組織の一員となっていた。「ソフトウェアの一部のコードに元の文書を使っていたせいで、ソフトウェア・チームが大混乱に陥ったんだ」とプリエムは語る。彼が文書を完全に削除してしまったことを知ると、「エンジニアたちは激怒した」という[19]。

プリエムはアーキテクチャに修正が必要だと言って譲らなかった。そこで、エンジニアたちはジェンスンに仲裁を求めた。言い争いが過熱すると、プリエムはエヌビディアのチップ・アーキテクチャを設計したのは自分なのだから、どうしようと勝手だろう、と言い放った。

「これは私のアーキテクチャなんだ」と彼は繰り返した。

しかし、その言葉は共同体のような社風を築こうとしていたジェンスンに対しては、まさに禁句だった。彼は個人の成果ではなく会社全体の成果でエヌビディアを評価するべきだと考えていたのだ。プリエムは、大事な出張から戻ったジェンスンが、自分の行動を説明するときに必ず単数形の「私」ではなく、複数形の「私たち」という言葉を使うことに気づいた。当初、プリエムは懐疑的で、「この〝私たち〟とかいう言い方はなんなんだ？私は工場との契約の交渉については何も知らないぞ」と思っていた。「でも、ジェンスンの言うとおりだった。それは全員で成し遂げたことなのだから、みんなの手柄なんだ」

しかし、チップ設計のこととなると、プリエムはどうしても譲れなかった。彼はよく「自分の」仕事、「自分の」アーキテクチャという言い方をした。ジェンスンはプリエムにその逆の考え方を求めた。つまり、チップ・アーキテクチャを会社全体の共有財産とみなすよう求めたのだ。実際にそうだったからだ。「違う、あれは私たちのアーキテクチャだろう。君ひとりがつくったわけじゃない、全員でつくったんだ。あのファイルは君の所有物じゃないんだ」とジェンスンは反論した。

そういうわけで、プリエムがチップ・アーキテクチャの欠陥を独断で修正したことを知ると、ジェンスンはCEOとしての権限を行使して、プリエムの判断を取り消した。彼は変更を元に戻し、元の文書ファイルをサーバに戻すようプリエムに指示した。そして、チップに関する文書を変更するときには、必ずその変更によって影響をこうむる可能性のある人々全員にあらかじめ知らせるよう釘を刺した。結局、ソフトウェア・チームは、元の文書を使用してコードを完成させ、翌年にはとうとうそのチップ・アーキテクチャに潜む欠陥の修正方法を見つけ出すことができた。

その後、エヌビディアがジョン・モントリムや新世代の３Ｄグラフィックス・エンジニアを雇うと、プリエムはますます横暴になり、製品開発に余計なちょっかいを出すようになった。「私は出荷の妨げになっていたと思う」とプリエムは振り返る。彼はいつでもチップに完璧さを求めていたし、自分が設計したと信じるアーキテクチャを改変から守りたかったからだ。

プリエムは自分自身の欠陥を自覚しはじめていた。彼はアンチエイリアシングに詳しいグラフィックス専門家との幹部会議に参加したときのことを鮮明に覚えている。アンチエイリアシングとは、オブジェクトの境界部分のギザギザをなめらかにし、オブジェクトの輪郭線から背景への移り変わりをスムーズにする技術だ。その専門家のプレゼンテーションに感動したプリエムは、「すごいな。そういえば、サンでアンチエイリアシングを再現するために、彼の論文を読んだことがあるぞ」と思った。「お手上げだ。どうやってこの私がこんなにすごい専門家たちと互角に渡り合うっていうんだ？」

プリエムはあまりにも頻繁に、それも激しくジェンスンとぶつかるようになったので、エヌビディアは両者の対立を解消するために専門の職場コンサルタントを招き入れた。議論を重ねた末、ジェンスンはプリエムにエンジニアリング部門を離れ、エヌビディアの知的財産や特許を守る仕事に従事するよう提案した。プリエムは提案を受け入れた。「アーキテクチャに関しては、私の役割は最初の2年間で実質的に終わったんだ」とプリエム。「5年間、製品開発にかかわった末に、製品開発から知的財産部門へと回された。そのおかげで、シリコングラフィックスから引き抜いた3Dの専門家たちが、私よりずっと高性能な製品を生み出せるようになったんだ」

配置転換から数年がたった2003年、プリエムは当時の妻とのいざこざに対応するため、長期休暇を取った。ジェンスンは自身の人脈を活かして、プリエムに最高の夫婦カウンセラーを見つけてあげようとした。しかし3か月後、ジェンスンはエヌビディアの共同創業者であり最高技術責任者であるプリエムの所在を訊いてくる社員たちからの質問をこれ以上かわすのが難しくなった。そこで、彼はプリエムに最後通牒を出し、3つの選択肢を提示した。フルタイムで仕事に復帰するか、エヌビディアのパートタイムのコンサルタント職に移るか、会社を辞めるか。ジェンスンは退職前の最後の仕事を監督できるよう、プリエムのために新たなモバイル・アーキテクチャ・プロジェクトを用意することまで提案した。しかし、プリエムは退社を決めた。「私は疲れ果て、ぼろぼろになり、やる気を失っていた。辞めるしかなかったんだ」と彼は振り返る。「あのとき会社に残れていたら、といつも思うよ」

20年後の今でも、ジェンスンはプリエムが退職した経緯に心を痛めているようだった。プリエムはほかのグラフィックス・エンジニアたちと互角に渡り合う自信を失っていたようだ、と私がジェンスンに伝えると、彼はきっぱりとこう答えた。「カーティスは賢い。いくらでも学べたと思うよ」

アーサー王、ジェンスン

２０００年初頭、ジェンスンと、すでにマーケティング部門を離れてＩＲチームを率いていたマイケル・ハラは、資金調達のために複数の都市を回り、銀行家、投資家、ファンド・マネジャーたちと面会する旅に乗り出した。

「私たちは銀行家たちと一緒に都市から都市へと飛び回っていたよ」とハラは振り返る。「すると、銀行家たちがずっとジェンスンに訊くんだ。〝普段はどんなものを観るんですか？　面白いと思うものはありますか？〟ってね[20]」

ジェンスンは少し考えたあと、『モンティ・パイソン・アンド・ホーリー・グレイル』と答えた。

そのコメディ映画は、イギリスのコメディ・グループ「モンティ・パイソン」が１９７５年に公開した初の長編映画だ。この映画の数多い印象的なシーンのひとつが、ペストの流行中、ふたりの農夫が中世の汚らしい村で死体運搬用の荷車を引いている場面だ。

「死体はないかね！」とひとりの農夫が叫び、木製のスプーンで金属のトライアングルを叩いて自分の到着を知らせている。

するとと、村人のひとりが老人の死体を捨てるために荷車を止める。だが、老人は生きている。

「わしはまだ死んどらん！」と老人が抗議する。

「あの、死んでいないと言ってるけど」と荷車の主人が言う。

「どっちみち、すぐに死ぬさ。症状が重いんだ」と村人は言う。

「よくなってきたんだよ」と老人。

3人はもうしばらくやり取りを続ける。老人はまだ死んでいないと言い張るが、村人は早く荷車に乗るよう老人を説得しつづける。結局、荷車の主人が老人の頭を殴り、村人が死んだ老人を荷車に捨てる。

「ああ、どうもありがとよ！」と村人は心から感謝したように言う。

ジェンスンは、潜在的な投資家たちからの質問の多くも、それと同じ不吉な論理が根底にあるように感じた。投資家たちはエヌビディアがどうせ死ぬと思っていたのだ。

「どうしてわれわれがグラフィックス会社なんかに投資しないといけないんです？」と投

資家たちは訊いた。「われわれが投資するとしたらこれで40社目ですよ。これまで投資してきたグラフィックス会社はみんな倒産している。どうしてまた今さら？」

投資家たちの悲観的な見方は、その資金調達ツアーの共通テーマとなった。投資家たちはエヌビディアに今以上の収益を求めてきたが、最終的にはインテルが新型チップを世に送り込み、グラフィックス業界全体を壊滅させるにちがいない、と考えていた。エヌビディアも、どうせレンディション、ツェン・ラボ、S３、３Dラボ、マトロックスなどの多くのライバル企業と同じ運命をたどるだろう、と思っていたのだ。

この態度にジェンスンは苛立った。彼はエヌビディアが過去のどのグラフィックス会社ともまったく次元の異なる存在だと信じていたからだ。そこで、彼は投資家たちにこう訴えた。エヌビディアのチップはどこにも負けない。エヌビディアは盤石な地位を確立している。そして、エヌビディアのビジネス戦略はどのチップ・メーカーよりもすばやい行動とイノベーションを実現する。

何より、エヌビディアにはジェンスンがいた。彼はエヌビディアを自分自身の延長として経営するすべを身につけていた。社内の全員がジェンスンの使命感と勤勉さを共有し、エヌビディアが常にライバルの一歩先を行けるよう、人間としての限界のスピードで働いていた。そして、心に迷いや疑念を抱く人がいたとしても、ジェンスンからの鋭い一言ですぐに我に返るのだ。

投資家のなかには、ジェンスンが描くエヌビディアの将来的なビジョンや、そのビジョンに従って社員を教育しつづける彼の能力を信じる者もいた。モルガン・スタンレーは、2000年10月に2度目の株式および転換社債の売出しを行ない、最終的に3億8700万ドルをエヌビディアに対して調達した。

この資金調達ラウンドの終了時、モルガン・スタンレーのチームはマイケル・ハラにフルカラーのイラストを贈呈した。それは、資金調達チームを『モンティ・パイソン・アンド・ホーリー・グレイル』のパロディ版として描いたもので、エヌビディアのかつての競合企業が死体運搬用の荷車に捨てられている。無関係な質問をする投資家たちは「ニッ！の騎士」（「ニッ！」と奇声を発して森を通せんぼしてくる映画内の騎士。盆栽を持ってくるよう要求する）の小型版として描かれ、ジェンスンは黒い騎士との一騎打ちで勝利する勇敢なアーサー王として描かれている。

「私は誰より強い。私は誰より速い。誰も、この私には勝てない！」

エヌビディア、聖杯を求めて

（またの名を、エヌビディアが本当にグラフィックス業界を制覇すると
投資家たちを納得させるための長くてつらい戦い）

エヌビディアと聖杯（マイケル・ハラ提供）

❶ 私は誰より強い。私は誰より速い。誰もこの私には勝てない！

❷ ジェンスン、大丈夫、私がついているから！

❸ この棒は何に使うんだ？

❹ 競合他社のことは気にしなくていい。君たちは唯一無二だし、どんどん成長しているから！

（MSDW＝モルガン・スタンレー・ディーン・ウィッター）

❺ 動け！　もっと速く！

❻ ジェンスン、このアイロンを持ち歩かなくてすむように、次は予備のスーツを持ってきてくれないか？

❼ 君たちがモバイル・プロセッサをリリースするまで、売出しは延期したらどうだろう？

❽ 2月に売出しを開始したら、たとえば9か月で完了できると思うかい？

❾ まだ生きてるんですけど……

❿ 死体はないかね！　死体集めだよ！

⓫ 投資家たち

⓬ 盆栽を持ってこい！

⓭ 今すぐ10億ドルの収益を上げろ！

⓮ インテルはどうなんだ？

⓯ よし、このへんにしといてやろう！

⓰ なんだ、逃げるのか？　戻ってこいよ。

⓱ お前の足を食いちぎってやるから！

ジーフォースとイノベーションのジレンマ

「イノベーションのジレンマ」を解決する方法

ハーバード・ビジネス・スクール教授の故クレイトン・クリステンセンは、有名な著書『イノベーションのジレンマ』で、企業の成功にはその企業自身の失敗の種が含まれることが多く、特にテクノロジー部門においてその傾向が顕著だと主張した。彼は、すべての業界が偶然ではなく、規則的で予測可能なサイクルによって形成されると説いた。

まず、スタートアップ企業が市場をリードする大企業の製品よりも性能では劣るが、低価格市場をターゲットにした新たな破壊的イノベーションを生み出す。すでに成功している大企業は、そうした利益の少ないニッチ市場を無視し、現在の安定した収益源を維持・拡大する製品のリリースに専念する。しかし、やがてスタートアップ企業が生み出した破壊的イノベーションに新たな用途が生まれ、それを活用するスタートアップ企業の多くは既存の大企業よりもすばやい改良やイノベーションを行なうことができる。最終的に、スタートアップ企業のほうがはるかに優れた製品を抱えるようになり、大企業が焦りを感じたころにはすでに手遅れになっていることが多い。

たとえば、クリステンセンは、メインフレーム用の14インチ・ディスク・ドライブ市場をリードしていたコントロール・データ社が、その後のミニコンピュータ用の８インチ・ディスク・ドライブ市場では１パーセントのシェアも獲得できなかったことを例に挙げている。さらに小型の５・25インチや３・５インチのドライブが登場した際にも、８インチ・ドライブのメーカーに同様の変化が起きた。毎回、同じサイクルが一から始まり、既存企業が続々とスタートアップ企業に屈するのだ[1]。

実は、この『イノベーションのジレンマ』はジェンスンの愛読書のひとつだった。彼はエヌビディアに似たような運命をたどらせまいと決意した。とはいえ、彼はライバル企業がエヌビディアの高品質なチップを追い抜くのは難しいとわかっていた。市場の第一線で闘うには、資本や有能なエンジニアに対する莫大な投資が必要だったからだ。クリステンセンの影響を受けた彼は、真の脅威は低価格帯の企業にあると考えた。

「前にそういう例を何度も見てきた」と彼は言う。「エヌビディアがつくるのはフェラーリだ。すべてのチップがハイエンド向けに設計されていて、最高の性能、最高のトライアングル・レート（1秒間当たりの三角形の描画数）、そして最高のポリゴンを誇っている。でも、誰かが価格面で優位に立ち、私を谷底へと突き落として、代わりに頂上へとのし上がるところなど絶対に見たくない[2]」

彼は下からの攻撃をはねのける方法の参考にするべく、ほかの有力企業のビジネス戦略を研究した。インテルの製品ラインアップを見ていて気づいたのは、ペンティアム・シリーズのCPUのクロック周波数（プロセッサの性能を示す主要な指標）には幅があるものの、ペンティアムのコア自体はチップ設計が共通しており、理論上はまったく同じ特徴や機能を持つ、という点だった。

「インテルはまったく同じ部品をつくっているだけだ。スピード・ビニングに基づいて、別の製品として顧客に販売しているにすぎない」と彼は言った。スピード・ビニングとは、高速での品質検査に不合格となった部品を、正常に機能する低速向けに再利用するプロセスのことだ。

エヌビディアは品質検査で不合格となった部品を当たり前のように廃棄していたが、ジェンスンはそれをやめられると考えた。確かに、そうした部品はエヌビディアのフェラーリ級のチップには適さないだろう。しかし、低速でまともに機能するなら、エヌビディアの主力製品の低性能版（つまり廉価版）としてパッケージし直すことは可能だ。これにより、１枚のシリコン・ウェーハからつくられる利用可能な部品数が増加し、エヌビディアの歩留《ぶ ど》まり（生産効率を示す指標）が改善するだろう。

ある幹部会議で、ジェンスンはオペレーションズ・マネジャーに訊いた。「ひとつの部品のパッケージ、テスト、組み立てにかかるコストはどれくらいだろう？」

その答えは１・32ドルだった。高額なチップ製造の世界では取るに足らない額だ。「たったそれだけ？」とジェンスンは信じられない様子で答えた。それは無から何かを生み出す千載一遇のチャンスに見えた。不合格になった部品はエヌビディアになんの収益ももたらさないまま、ただ廃棄されていた。しかし、不合格部品にもう少しだけコストをかけ、低性能なチップとして再利用できるよう手直しすれば、研究開発に多大な費用と時間をかけなくても、金《かね》のなるまったく新しい派生製品ラインを生み出せる。この製品ラインは、低価格チップを主力製品とする競合企業に対する防御策になるだろう。この新しい低価格チップがあれば、エヌビディアは競合他社が赤字で販売せざるをえなくなるまで、チップの価格を簡単に下げることができる。この低価格ラインでは多少の損失が出るかもしれないが、フェラーリ級の製品の売上がそれを十分に補うはずだ。何より、エヌビディアのかつてのライバルである３ｄｆｘを死に追いやった罠を避けることもできる。３ｄｆｘ

は新型チップの開発に時間と資金を費やしすぎたために、絶え間ないイノベーション競争から脱落してしまったのである。

これは「牛の丸ごと出荷（Ship the whole cow）」戦略と名づけられた。ちょうど、肉屋が牛のテンダーロインやリブのような最高級部位だけでなく、鼻から尾までほとんどの部位を余すところなく有効に利用するのと同じだ。

「これはエヌビディアにとってすごく強力な手法になった。おかげで製品ラインナップを細かく調整できるようになったんだ」とジェフ・フィッシャーは語る。「歩留まりの低いハイエンド向け部品をひとつつくり、その下に4種類か5種類の製品を生み出すことができた。おかげで、ASP（平均小売価格）を引き上げることができたよ[3]」。また、高い性能のために喜んでお金を支払う熱狂的なゲーマーたちを対象に、より高額な最上位製品の需要をテストすることもできた。

すぐにグラフィックス業界の残りの企業もエヌビディアの動きにならった。特に、エヌビディアが「牛の丸ごと出荷」戦略を展開したことで、競合企業のひとつであるS3グラフィックスが倒産寸前に陥ると、その動きは加速した。

「今でこそ〝牛の丸ごと出荷〟戦略はグラフィックス業界の常識になっているが、当時は大きな違いを生んだ重要な戦略だった」とエヌビディア取締役のテンチ・コックスは語った。[4] この戦略は、ジェンスンの戦略的な先見性と、エヌビディアの未来を脅かすあらゆる脅威を予測しようとする彼の貪欲さの証だった。何より、エヌビディアが数あるスタートアップ企業のひとつではなく市場のリーダーとなった今、ジェンスンは常に自分の背中に標的マークが描かれていることを理解していたのだ。

「みんなが私をつぶそうとしている気がする、なんて野暮なことは言わないさ」と彼はかつて話した。「それはまぎれもない事実なんだ」[5]

GPUという「カテゴリ」の発明

ジェンスンは、技術的なスペックだけではチップは売れない、とわかっていた。マーケティングとブランディングもそれとほぼ同じくらい重要だ。だが、市場における製品のポジショニングのしかたは企業によってさまざまだった。たとえば、ゲーマーの自己イメージに訴えかけるような奇抜で超男性的なブランディングを採用する企業もあった。３ｄｆｘの「ブードゥー・バンシー」、ＡＴＩの「レイジ・プロ」、Ｓ３の「サベージ」、オーキッドの「ライチャス」などがその例だ。あるいは、マトロックスの「Ｇ２００」やレンディションの「ヴェリテ２２００」のように、より技術的な響きや業界っぽい響きを持つ名前を選ぶ企業もあった。その点、エヌビディアは中庸《ちゅうよう》を取る傾向にあり、卓越した技術力をアピールしつつ、感情にも訴えかけるブランド名をチップにつけていた。たとえば、RIVA TNTの「RIVA」はすでに説明したとおり、「リアルタイム・インタラクティブ・ビデオ・アンド・アニメーション・アクセラレータ」の略だし、「TNT」は「ツイン・テクセル（TwiN Texels）」の略で、チップが2テクセル（テクスチャ要素）を同時に処理できることを示している。しかし、ふつうの消費者にとってはもちろん、「爆発を連想させる」名前だった、とあるエンジニアは述べている[6]（TNT火薬のこと）。

しかし、群雄割拠する市場でいっそう目立つために、エヌビディアはこのルールをねじ曲げることにした。1999年、同社は「RIVA TNT2」シリーズの後継製品である「ジーフォース256」をリリースする。ジーフォース256が従来のグラフィックス機能において大きな進歩を遂げていることはまぎれもない事実だったが、それはエヌビディアの製造する新世代のチップでは当たり前のこととして期待されていた。それに加えて、このチップは4本のグラフィックス・パイプラインを搭載しており、4ピクセルを同時に処理することができた。また、ハードウェア座標変換および陰影計算処理（T&L）エンジンを搭載し、3Dオブジェクトの移動、回転、拡大縮小に必要な計算処理を実行することができた。これらの処理は通常CPUによって実行されていたため、ジーフォース256はCPUの計算負荷をいっそう軽減し、コンピュータ全体の動作速度を向上させることができたのである。

「専用のハードウェアにそのタスクを実行させることで、一気に多くのジオメトリ（形状データ）を処理できるようになり、ずっと面白いグラフィックスが生み出せるようになったんだ」と元主任科学者のデイヴィッド・カークは言う。

しかし、エヌビディアの経営陣は、この機能は顧客に売り込むにはあまりにもマニアックすぎる、と考えた。頭字語や数字を使ったエヌビディアお決まりの命名規則ではうまくいかないだろう。新製品を大々的に売り出すためには、もっとインパクトのあるネーミングが必要だった。

「市場のどの製品よりも高性能な３Ｄグラフィックス・プロセッサとしてこの製品を位置づける方法をなんとか見つけなければならなかった」とダン・ヴィヴォリは言う。「このチップは巨大だ。テクスチャや陰影処理機能もある。それに見合う価格が必要だ。そのためには、これがいかにすばらしい製品かを伝える方法を考えないと」。彼は何か妙案はないかと製品マーケティング・チームに迫った。

プロダクト・マネジャーのサンフォード・ラッセルは、アイデアを出す作業に取りかかった。ラッセルはジェンスンやカークを含む同僚たちと、ブランディング戦略やネーミング戦略、ポジショニング戦略について話し合うのが大好きだった。

「パワーポイント・スライドを持って部屋に入り、名前はこれに決まった、と伝えるわけにはいかなかった。延々と議論を重ねていたよ」とラッセルは言う。「とにかくその技術について質問を重ねた。何がうまくいって、何がうまくいかないのかを」[7]

あるとき、ラッセルはマイケル・ハラを30分間のブレインストーミングに誘い、ジーフォース２５６のより効果的なマーケティング方法を探った。ふたりは、この新型チップをまったく新しい製品カテゴリに属する史上初の製品として位置づけるというアイデアを思いつき、部屋を出たのを覚えている。それは「画像処理半導体（Graphics Processing Unit）」、略して「ＧＰＵ」という製品カテゴリだ。いわば、コンピュータの頭脳として画像以外のあらゆる計算処理を担う「中央処理装置（ＣＰＵ）」のグラフィックス版である。

エヌビディアの技術専門家たちは、自社のチップが特別なものだとわかっていた。しかし、並みのコンピュータ・ユーザは、グラフィックス・チップの複雑さや価値を今ひとつ理解できていなかった。コンピュータには絶対に欠かせない主要な装置だという響きを持つＣＰＵとは異なり、グラフィックス・カードはあくまでも多数ある周辺機器のひとつにすぎない、と思われていた。グラフィックス・チップにＣＰＵと明確に対をなす特別な名称を与えれば、史上初めて、グラフィックス・カードを真に特別な存在として際立たせることができるだろう。

「私の記憶では、GPUという呼び名を思いついたときにその部屋にいたのは、マイク・ハラと私だったと思う」とラッセルは言う。「そのときはたいして気にも留めなかった。何せ、1日14時間、働き詰めだったからね」

ラッセルがすぐにGPUのアイデアをヴィヴォリに伝えると、ヴィヴォリは気に入った。「ダンはじっくりとアイデアを咀嚼《そしゃく》するタイプだったんだけど、GPUのアイデアには一瞬でピンと来たみたいだった」

数日足らずで、マーケティング・チームはGPUという名称を正式採用することを決めた。この名称はその他のグラフィックス・チップとの差別化に役立つだけでなく、高めの価格設定も容易にするだろう。世の中では、CPUは数百ドルくらいが相場だ、という共通認識ができあがっていた。しかし、エヌビディアのチップは、CPUと同じくらい複雑で、トランジスタ数はむしろ上回っていたにもかかわらず、卸値は1枚100ドルにも満たなかった。しかし、エヌビディアが自社製チップをすべてGPUとして売り出しはじめると、その価格差は大幅に縮まった。

それでも、GPUという名称をジーフォース256で初めて採用した際には、エヌビディアのエンジニアたちから異論が噴出した。ジーフォース256にないいくつかの機能を備えていないかぎり、そのチップは本当の意味でのGPUとは呼べない、というのだ。たとえばジーフォース256には「ステートマシン」が存在しなかった。ステートマシンとは、CPUがプログラミング・コマンドに対して行なうのと同じように、命令を実行したり読み出したりするためにさまざまな状態どうしを遷移する専用プロセッサのことを指す技術用語である。ジーフォース256はプログラミング可能ではなく、サードパーティの開発者がグラフィックスのスタイルや機能を容易にカスタマイズすることができなかった。代わりに、開発者はエヌビディアが事前定義した一定のハードウェア機能を用いるしかなかった。さらに、ジーフォース256には独自のプログラミング言語もなかった。

しかし、マーケティング・チームは、次世代のグラフィックス・チップではそうした機能がすでに計画されていると主張した。さらに、たとえその機能がなくても、ジーフォース256は世界じゅうのゲーマーやコンピュータ・マニアにとって一目瞭然の性能向上を果たしていた。厳密にはGPUでなくても、ジーフォース256は十分にカテゴリを特徴づける製品になりうる。しかも、次世代のチップ、つまり外部の開発者によって完全にプログラミング可能な〝真の〟GPUはもうすぐリリースされる予定だった。

こうして、エヌビディアのマーケティング・チームは、社内のエンジニアたちの反対を押し切って「GPU」という名称の使用を推し進めた。「誰の承認もいらないさ」とヴィヴォリはエンジニアたちに伝えた。彼は業界外部の人々が技術的な定義をそこまで気にするとは思わなかった。「次の製品はプログラミング可能になるとわかっていた。だから一足先にこれがＧＰＵだと宣言することにしたんだ」[8]

１９９９年8月にジーフォース２５６を発表したジェンスンは、誇張を避けなかった。「世界初のＧＰＵを発表いたします」と彼はプレスリリースで宣言した。「ＧＰＵはこの業界にとって大きなブレイクスルーであり、３Ｄメディアを根本的に変革するものです。これにより、生命力と想像力に満ちた、心躍る次世代の魅力的なインタラクティブ・コンテンツが実現するでしょう」

エヌビディアが主要製品のリリースにおいて大胆な誇大マーケティングを行なったのは、それが初めてだったかもしれない。そして、その試みは成功した。ヴィヴォリは「ＧＰＵ」をあえて商標登録しないことを決めた。他社にもその用語を自由に使ってもらい、エヌビディアがまったく新しいカテゴリを切り開いたという認識を広める狙いがあったからだ。すると、誇張は現実のものとなる。「ＧＰＵ」という呼称はいつしか業界標準となり、その後の数十年間でエヌビディアが何億枚というカードを販売する助けとなったのだ。

ヴィヴォリにはそのＧＰＵのリリースに際してもうひとつの考えがあった。競合の積極的な威嚇である。エヌビディアのマーケターが、（倒産前の）３ｄｆｘの本社に通じる幹線道路の高架橋にジーフォース２５６の宣伝用の横断幕を掲げた。エヌビディアの新型Ｇ

PUが世界を変革し、ライバルをぶっつぶす、という過激な内容だった。すると、州警察は違法に掲示されたその幕をすぐさま撤去し、エヌビディアに厳重注意を言い渡した。それでも、目的は果たされた。「これは孫子の兵法だった。相手の士気をくじくためのね」とヴィヴォリは語った。エヌビディアは世界を意のままにねじ曲げるすべを学んでいた。

「真のGPU」の誕生

現代のグラフィックス・チップは、「グラフィックス・パイプライン」と呼ばれる一連の操作に従って順次計算を行ない、オブジェクトの座標を持つジオメトリ・データを画像へと変換するようになっている。このプロセスの第1段階はジオメトリ・ステージと呼ばれ、仮想3D空間における頂点を拡大縮小や回転の計算を通じて変換する。第2段階のラスタライゼーション・ステージでは、各オブジェクトの画面上の位置が決定される。第3段階のフラグメント・ステージでは、色やテクスチャが計算される。そして、最終段階では画像が組み立てられる。

初期のグラフィックス・パイプラインでは、各段階の機能が固定されており、少数の操作がハードウェアに組み込まれているだけだった。チップがグラフィックス・パイプラインの4つの段階をどう処理するかは、エヌビディアやその競合のグラフィックス・カード・メーカーがそれぞれ独自に定義していた。つまり、サードパーティの開発者はチップによる描画方法を変更することはできず、チップ設計者が設定したオプション・メニューから視覚効果やスタイルを生み出すしかなかった。[9]すべてのプログラマーが少数の同じ固定機能を用いざるをえなかったため、市販のゲームはどれも見た目が似たり寄ったりとなり、ビジュアルのみで差別化を図ることはできなかったのだ。

エヌビディアの主任科学者のデイヴィッド・カークは、真のGPUを発明してこの状況を変革したいと思った。そのために、「プログラマブル・シェーダー」と呼ばれる新技術を導入する、というのが彼のアイデアだった。これにより、グラフィックス・パイプラインがサードパーティの開発者にも開放され、独自の描画機能を書いたり、ゲームの視覚表現をより柔軟に制御したりできるようになる。シェーダーを使えば、映画の最高のCG映像に匹敵するビジュアルをリアルタイムで生み出せるようになるだろう。最先端のビジュアルを生み出す方法にかけては、開発者たちのほうがチップ設計者よりもはるかに詳しいので、彼らはすぐにプログラマブル・シェーダーをゲームに取り入れるはずだ、とカークは主張した。そうすれば、その最先端のグラフィックスをサポートできるのは市場でエヌビディアのカードだけになるので、ゲーマーたちはエヌビディアのカードに惹きつけられるだろう。一方で、プログラマブル・シェーダー、つまり真のGPUを実現するためには、エヌビディアのチップ設計方法を見直す必要がある、というのが難点だった。それは大手企業にとっても費用と時間のかかる取り組みになるだろう。

カークは、この技術的なメリットが最終決定権を持つジェンスンにとって明白だということはわかっていた。また、ジェンスンがコストにこだわることもわかっていた。その技術を開発するのにどれだけの投資が必要なのか？　市場に技術を受け入れる体勢は整っているのか？　その技術はどれだけの追加収益をもたらすのか？　ジェンスンは初めこそ興奮しているように見えたが、カークはそれがよい兆候なのかどうかがまだわからなかった。

「ジェンスンには、話している最中は楽観的な素振りを見せていたのに、次の瞬間にはプロジェクトを中止してしまうクセがあるんだ」とカークは語った。[10]

プロジェクトを存続させるため、カークは競合他社に出し抜かれることへのジェンスンの恐怖を煽った。彼は、固定機能のグラフィックス・アクセラレータ分野におけるエヌビディアのリードはまちがいなく消える、と指摘した。従来のグラフィックス・チップに搭載された固定機能処理は、いずれインテルがＣＰＵの一部やマザーボード・チップに組み込める程度にまで小型化され、専用のグラフィックス・カードは完全に不要になるだろう。また、プログラマブル・シェーダーは将来的にゲーム以外の市場も開拓する可能性がある、とも説明した。

「いいだろう」とジェンスンはカークの意見を聞いて言った。「信じよう」

こうして２００１年２月、エヌビディアは「ジーフォース３」をリリースした。プログラマブル・シェーダー技術を搭載し、サードパーティによる中核グラフィックス機能の開発をサポートしたことにより、ジーフォース３は初めて真のＧＰＵとなった。結果的に、カークの分析は正しかった。ジーフォース３は爆発的なヒットを果たし、２００１年度第３四半期までに、エヌビディアの四半期収益は前年比87パーセント増の３億７０００万ドルへと達した。同社は今や年間10億ドルというペースで売上を生み出すようになり、アメリカの半導体企業史上最速でこの大台を突破した。従来の記録保持者であるブロードコムは、達成に36四半期を要したが、エヌビディアはその記録を９か月短縮したのだ。年末までに、同社の株価は直近３四半期で３倍になり、企業価値はＩＰＯ当日と比べて20倍になった。それはひとえに、戦略的なビジョンとたゆまぬビジョンの実行、そしてジェンスンと経営陣をいつどこから襲ってくるとも知れない脅威に警戒させつづけた強迫観念のおかげだったのだ。

スティーブ・ジョブズへのプレゼン

エヌビディアの事業を絶えず多角化しつづけたいという欲求は、同社をアップルのもとへと導いた。それまで、エヌビディアはアップルへの販売をあまり行なってこなかった。それはひとつに、エヌビディアが自社製品を、アップルが用いていないインテルベースのCPU向けに最適化していたためだ。しかし、2000年代初頭になり、エヌビディアは消費者向けのiMac G4にグラフィックス・チップを供給する小規模な契約を獲得した。iMac G4は、1998年にアップルへと華々しく復帰したスティーブ・ジョブズの代名詞ともいえるカラフルなオールインワン型のiMac G3の後継機だった。

マイクロソフトのXbox事業を勝ち取ったクリス・ディスキンが、アップルとの取引関係全般を担当することになった。彼はダン・ヴィヴォリとともに、エヌビディアのジーフォース・チップをいっそう多くのアップル製コンピュータ製品に採用してもらうための戦略を練りはじめた。その大きな突破口をもたらしたのは、ピクサーの代名詞となった古い短編映画だった。

その時点で、PCメーカーに対するエヌビディアの売り込みの主役はグラフィックス・デモになっていた。デモを通じて、自社のチップの高度な機能や基本的な計算能力をアピールするという算段だ。かつては、他社のゲームを使って観衆をアッと言わせていたが、エヌビディアのカードが高性能になるにつれ、古いゲームでは新型チップの機能を目一杯に見せつけることができなくなっていた。そこでヴィヴォリは、営業チームのためにより秀逸なグラフィックス・デモをつくることに時間と資源をつぎ込もうと考えた。エヌビディアのデモを強化するというただ一点の目的のために、彼はシリコングラフィックス時代の元同僚であるマーク・デイリーまで雇い入れた。

ヴィヴォリは、聴衆を深く理解してこそグラフィックス・デモの効果を最大限に高められると気づいた。それまでのデモの相手はエンジニアだったため、エヌビディアの新型チップの具体的な特徴や機能をアピールするのが効果的だった。１９９６年にブードゥー・グラフィックスがハンブレクト＆クィスト主催の会議の聴衆を驚かせた３Ｄの立方体もそうだが、こうしたデモは〝内部〟で行なわれている計算を理解してこそすごさが伝わるものだった。しかし、一般の人々は自分が何を見せられているのかが必ずしもわからないだろう。そこでヴィヴォリは、デモの焦点を変えることにした。グラフィックス性能を淡々と実演するのではなく（それはベンチマーク指標のリストを読み上げるのとさほど変わらない）、感情に訴えかけることにしたのだ。

ジーフォース３の開発中、デイリーはあるブレインストーミング会議で、ついにエヌビディアの新型チップをアピールする絶好の方法を思いついたと確信した。ピクサーの２分間の短編アニメーション映画『ルクソーJr.』は、コンピュータ・アニメーションにとってての記念碑的な作品となった。電気スタンドの親子が跳ね回る様子を描いたこの

1986年公開の映画は、当時まだ初期の段階にあったコンピュータ生成画像（CGI）の可能性を存分に見せつけた。とはいえ、制作にはとてつもない計算能力を要した。1コマ描画するのに「クレイ」スーパーコンピュータで3時間を要するほどだった。この映画は1秒24コマだったので、1秒間ぶんの映画をつくるだけで75時間近くかかった計算になる。デイリーは『ルクソーJr.』のデモをつくるのがいいと思った。

ヴィヴォリはゴーサインを出した。「名案だ。ぜひそのデモをつくってくれ」

数か月後、デイリーは制作が順調に進んでいることをヴィヴォリに報告したが、ひとつだけ心配の種があった。『ルクソーJr.』はピクサーの知的財産だったのだ。その映画を公式のデモに利用すれば、ピクサーから著作権侵害で訴えられるリスクがあった。

このデモは重要なジーフォース3のリリースに向けた絶好のアピールになるはずで、ヴィヴォリは何物にも邪魔させたくなかった。彼はデイリーの懸念を一蹴した。

「大丈夫。心配いらない。なんとかするから」とヴィヴォリは言った。ピクサーに知り合いがいたヴィヴォリとデイヴィッド・カークは、デモを承認するようその人物に働きかけた。最終的に、ふたりの要望は、『トイ・ストーリー』や『バグズ・ライフ』の監督であり、のちに『カーズ』も手がけることとなるピクサーの最高クリエイティブ責任者、ジョン・ラセターの耳に届いた。しかし、ラセターは承認を拒否した。当時、ピクサーのロゴの一部であり、ピクサー映画の冒頭に必ず大きく登場していた象徴的なキャラクターが、グラフィックス・チップの売り込みに使われるのが気に入らなかったのだ。

そのあいだに、デイリーのチームはデモを完成させ、彼が思い描いたとおりの印象的なデモに仕上げていた。そのときふと、「このデモをスティーブ・ジョブズに見せたら？」と彼は思った。彼は、『ルクソーJr.』をリアルタイムに描き出せば、きっとジョブズの心に響くと信じていた。それはジョブズ自身のキャリアや、コンピュータ全般の進化における記念碑的な瞬間と結びつくものだったからだ。さらに、新型チップがスーパーコンピュータのグラフィックス機能に匹敵するほどの性能を誇りつつも、重要な芸術作品を忠実に再現できるほどの精密さを備えていることを実証するチャンスでもある。

ヴィヴォリとディスキンは、ジョブズに会いにアップル本社へと向かった。デモの前半で、エヌビディアのチームはオリジナル版と同じようなショットやアングルを用いた『ルクソーJr.』を見せた。それは十分に印象的な出来映えで、ジョブズは「なかなかいいね」と言った。

すると、ふたりはデモの後半に入った。しかし今回は、ヴィヴォリがデモ画面のあちこちをクリックし、カメラの位置や角度を変えてみせた。そのカメラの動きが証明したのは、視点の固定された映像とは異なり、エヌビディアのチップがシーン全体をリアルタイムで描き出せるという事実だった。ユーザは自由自在に視点を切り替え、リアルな照明効果や陰影効果とともに好きなアングルからシーンを観ることができた。これには、さすがのジョブズも仰天した。ピクサーのスーパーコンピュータが数週間がかりで生成したアニメーション映像を、リアルタイムで、しかもピクサーに匹敵する忠実度で描き出せたことだけでも十分にすごかった。しかし、それに加えて、エヌビディアのGPUにはリアルタイムなインタラクティブ性まで備わっていたのだ。ジョブズは、「パワーマックG４」コンピュータでジーフォース３をプレミアム・オプションとして提供することを決めた。

さらにジョブズは、２００１年に東京で開催される「マックワールド・エキスポ」でアップルにそのデモを使わせてくれないか、とたずねた。ヴィヴォォリが著作権の問題があることを伝えると、ジョブズはピクサーの担当者に確認してみる、と答えた。のちに、ディスキンとヴィヴォォリはその出来事を思い出して笑った。アップルとピクサーの両方のCEOだったジョブズは、いわば自分自身に許可を求めていたのだ。

ジョブズは次の会合に向かうため、20分ほどで会合を切り上げた。彼は出かける準備をしながら、エヌビディアのチームに別れ際の助言を残した。

「モバイル分野に本腰を入れたほうがいい。ラップトップ分野ではＡＴＩにかなり後れを取っているようだからね」とジョブズは言った。ＡＴＩというのは、３ｄｆｘが消滅したあとのエヌビディアの最大のライバル企業だ。

ディスキンは一瞬のためらいもなく答えた。「スティーブ、それは違うと思いますよ」

部屋が静まり返った。ジョブズはディスキンを鋭く見据えたまま、「理由を教えてくれ」と言った。その瞬間、ディスキンはジョブズに反論する人があまりいないのだと悟った。彼がそれなりの答えを期待しているのは明らかだった。

しかし、ディスキンは答えを用意していた。エヌビディアのチップが大半のラップトップには供給しきれないほどの電力を消費するのはまちがいなかった。デスクトップ・ユーザに必要な高い性能を提供するチップだったからだ。しかし、ラップトップの仕様に合わせて性能や電力消費を抑えるのはわけもない。実際、エヌビディアのチップのクロック周波数をATIのチップの周波数、つまり電力消費に合わせて引き下げた場合、エヌビディアのチップのほうがむしろ全体的により高い性能を発揮するだろう、とディスキンは主張した。ジョブズが考えていたように、エヌビディアはラップトップ分野でATIに後れを取っていたわけではなかった。主力製品ラインをグレードダウンすれば十分に間に合うのに、低電力のラップトップ・モデル向けのチップをわざわざつくる必要がなかっただけの話なのだ。

「われわれにはまだ余裕があるということです」とディスキンは主張の要点をまとめた。

ジョブズはもういちど彼をじっと見つめ、「なるほど」とだけ言った。会合は終わった。

30分後、ディスキンはアップル幹部のフィル・シラーから電話を受けた。「スティーブに何を言ったのか知らないが、明日、君たちのラップトップ・チームを全員こちらに連れてきてくれないか。一日かけてじっくりとお宅のチップを確認したいらしい」と彼は言った。それから数年で、エヌビディアはアップルのラップトップとは無縁の存在から、同社のコンピュータ・ラインナップ全体の85パーセント近いシェアを占めるまでになった。ディスキンは、このデモだけでなく、頭の回転の速さと、テクノロジー業界きっての重鎮に反論する度胸のおかげで、自分自身の能力、そしてエヌビディアのチップの性能を証明するチャンスをつかんだのだ。

急成長中の失敗はなぜ起きたのか?

エヌビディアはどんどん力を増していった。敗れ去った宿敵3fdxから100人の従業員を迎え入れ、最終的に合計18億ドルの収益を生み出すことになるゲーム機Xboxの事業契約を勝ち取り、アップルのMacコンピュータ・シリーズにチップを供給する契約も結んだ。こうした偉業は著しい財務の成長と株価の高騰につながった。しかし、新たな事業には毎回経営陣やエンジニアリング部門の注目が必要となり、エヌビディアの中核製品であるGPUからの注目が奪われる結果になった。そのことがエヌビディア史上最悪の製品リリースのひとつにつながった。

２０００年、ATIテクノロジーズは小規模なグラフィックス会社ArtXを4億ドルで買収した。ArtXはゲーム機向けのグラフィックス・チップを専門としていた。シリコングラフィックスでゲーム機「NINTENDO64」の開発に携わったエンジニアたちが創業したArtXは、その少し前に、NINTENDO64の後継機である「ニンテンドーゲームキューブ」向けのグラフィックス・チップの開発契約を結んだばかりだった。ArtXを買収したATIは、ゲーム機分野においてたちまち信頼性を獲得し、買収によって獲得したエンジニアの一団はすぐさま「R３００」というチップの開発に取り組んだ。ATIはR３００チップを搭載した専用グラフィックス・カード「レイディオン９７００PRO」を２００２年8月に発売した。

そのころ、エヌビディアはマイクロソフトとの法的紛争に巻き込まれていた。テクノロジー大手のマイクロソフトはその少し前、Direct3D APIの情報共有や知的財産権に関するベンダー契約を改訂したばかりだった。Direct3Dの次の主要なアップデートであるDirect3D 9は、２００２年12月リリースの予定で、次世代チップにとって欠かせない大幅な改良が行なわれる見込みだった。しかし、ひとつ問題があった。チップ・メーカーは、新しいベンダー契約に署名しないかぎり、Ｄｉｒｅｃｔ３Ｄ９の文書にアクセスできないため、その新機能に基づいた設計が行なえなくなったのだ。新しい契約の文言《もんごん》がマイクロソフトにとってあまりにも有利だと感じたエヌビディアは、よりよい条件が認められるまで、新契約に署名することを拒否した。

するとと、たったひとつのビジネスの問題がエンジニアリングの問題を生み出した。エヌビディアは、Ｄｉｒｅｃｔ３Ｄの最新の技術仕様を入手できないまま、次世代チップ「ＮＶ30」を設計していた。「結局、マイクロソフトからの十分な助言もないままＮＶ30を開発するはめになった」とデイヴィッド・カークは述べた。「向こうがどうするのかを先読みするしかなく、いくつもミスを犯してしまったんだ」

社内に混乱が広がった。原因は、マイクロソフトからの明確な指針がないことと、エヌビディア社内のチームどうしの連携が乱れたこと、その両方にあった。元社員のひとりは、ハードウェア・エンジニアとソフトウェア・エンジニアの一団がパーティション区切りの個室に立ち、開発中のＮＶ30の冴えない性能データを見ていたときの出来事を覚えている。ある困惑したソフトウェア・エンジニアが、まるでハードウェアのフォグ・シェーダー機能が削除されたみたいだ、と言った。すると、ハードウェア・アーキテクトが答えた。「ああ、そう、取り除いたよ。誰も使っていなかったから」

ソフトウェア・チームは愕然とした。フォグ・シェーダーは相変わらずほとんどのゲームで広く使われていた。遠くにあるオブジェクトの細部を霧《フォグ》に包まれたようにぼやかすことで、グラフィックス計算の負荷を軽減することができたからだ。エヌビディアのハードウェア・チームは、この機能を削除する前に誰にも相談しなかったうえに、その重要性を理解している様子もなかった。いつの間にか、エヌビディアのチームは横のつながりを失っていた。それはまさに、エヌビディアが創業当時から拒絶してきた組織構造そのものだった。

別のエヌビディア社員も、似たような会議での出来事を覚えている。あるハードウェア・エンジニアが、NV30の機能のリストを発表していたときのこと。デベロッパー・リレーションズ担当の社員のひとりが、マルチサンプリング・アンチエイリアシング（MSAA）という重要な機能がないことに気づく。MSAAとは、オブジェクトの境界部分のギザギザをなめらかにし、オブジェクトの輪郭線から背景への移り変わりをスムーズにする技術だ。「4X　MSAAはどうした？　いったいどうなっている？」とその社員はたずねた。

するとハードウェア・エンジニアは答えた。「なくても問題ないと思う。まだ実証された技術じゃないしね」

そのデベロッパー・リレーションズ担当の社員は思わず仰天した。「何を言っている？ATIはとっくにこの機能を製品に搭載しているし、ゲーマーたちからは大好評だぞ」。またしても、エヌビディアのエンジニアたちは市場の望みを理解していないようだった。「NV30はアーキテクチャとしては大失敗だった。まさに悲劇だ」とジェンスンはのちに言った[11]。「ソフトウェア・チーム、アーキテクチャ・チーム、チップ設計チームどうしのコミュニケーションがほとんど取れていなかった」

こうして、NV30はそのシーズン最大の目玉ゲームのベンチマークをすべて満たすことができなかった。新しいグラフィックス・チップは、発売のたびにメディアでレビューが行なわれたが、レビューの定番要素のひとつがベンチマーキング・プロセスだった。ベンチマーキングでは、独立したレビューアがグラフィックス負荷の高いゲームを使い、さまざまな解像度のもと、1秒間当たりのフレーム・レートなどの指標をテストする。標準的なベンチマークはゲーマーたちにとって数値的な基準となるので、ゲーマーはグラフィックス・カードの品質を主観的に分析したり、カード・メーカーのマーケティングをうのみにしたりしなくてすむようになる。しかし、NV30の開発中に、このチップが当時の消費者にとってもっとも人気の高いゲームで、多くのベンチマークを満たさないことが判明した。NV1以降初めて、エヌビディアは性能面で市場の最先端を行かないカードを発売しようとしていた。

対照的に、ATIはマイクロソフトとの契約に署名し、最初からR300をDirect3D 9向けに最適化した。そのため、R300チップと、それを搭載した新型カード「レイディオン9700PRO」は、マイクロソフトのDirect3Dの最新版に完全に準拠し、このAPIで完璧に動作するようになっていたのだ。このカードは、『クエイク3』や『アンリアル・トーナメント』といった最新の3Dゲームを、高解像度でもほとんど問題なく実行できた。また、より鮮やかな24ビット浮動小数点カラーでピクセルを描き出せるようになり、前世代のチップで使用されていた16ビット・カラーから大きな進化を遂げた。競合製品よりもはるかに優れたアンチエイリアシング機能を備え、ポリゴンはシャープに、線は鮮明になった。そして、このカードは秋の新学期シーズンに合わせ、2002年8月に発売された。

エヌビディアのNV30はそのいずれも満たさなかった。Direct3D 9との相性が悪く、新作ゲームは最高のグラフィックス設定での動作に問題があった。NV30は32ビット・カラー向けに最適化されており、技術的にはレイディオン9700PROの24ビット・カラー・システムを凌駕していたものの、肝心なことにDirect3D 9は32ビット・カラーをサポートしていなかった。その結果、エヌビディアはグラフィックス・カードのパートナー企業に対し、NV30搭載の新製品のリリースを5か月ほど延期するよう指示せざるをえなくなった。この延期により、NV30をレイディオン9700PROに少しでも対抗しうるチップへと改良する時間はできたが、秋の重要な発売シーズンを逃してしまった。

NV30ベースの「ジーフォースFX」カードと「レイディオン9700PRO」を比較した結果、エヌビディアのエンジニアたちは競争力を高めるためにチップ設計の一新を決めた。エンジニアたちはDirectXの新機能をNV30向けに〝変換〟するためのソフトウェアレベルの回避策を生み出した。「DirectX 9の呼び出しを実行するために、バク宙のような離れ技を行なわなければならなかった」とダン・ヴィヴォリは言う。「DirectXに対して呼び出しが行なわれると、それをわれわれのチップで実行できる別の命令に変換する必要があったんだ」

この「呼び出し」、つまりDirectX APIに送られるグラフィックス関連の命令は、より高い処理能力を要したので、エヌビディアはNV30のクロック周波数を引き上げざるをえなかった。その結果として生まれる過剰な熱に対処するため、エヌビディアは2スロット占有の巨大ファンをチップ上に設置することになった。このファンは作動するたびに甲高くてけたたましい騒音を発生させた。

「このチップを使用していたゲーマーにとっては最悪の経験だった。あまりの騒音だったからね」とヴィヴォリは語る。ファンの騒音は顧客たちのあいだでたびたび話題となった。エヌビディアが考え出した唯一の技術的な解決策は、ファンの回転のタイミングを変更するアルゴリズムを書く、というものだったが、時間がかかったうえ、結局は焼け石に水だった。

ささやかな名誉挽回とばかりに、マーケティング・チームのひとりが面白動画の制作を提案した。ファンの騒音を意図的な機能として面白おかしくアピールしようというのだ。「堂々と非を認めることにした。ジーフォースＦＸをブロワーの先に取りつけて落ち葉を吹き飛ばしたり、ジーフォースＦＸの熱で料理をしたりしている自虐動画をつくったんだ」とヴィヴォリは語った。この動画はゲーム・コミュニティをなだめる少なくとも一定の効果があった。自分自身を茶化し、失敗を正直に認めるエヌビディアの姿勢が高く評価されたのだ。また、この動画はジーフォースＦＸに対する否定的なコメントを和らげるのにも役立った。競合他社がジーフォースＦＸの騒音を指摘しようとするたび、消費者はエヌビディアの自虐動画を目にすることになった。

この動画はＰＲ面では成功だったものの、市場におけるこのチップの命運を好転させる効果はほとんどなかった。Ｒ３００と比べると、ＮＶ30搭載のカードは価格が高く、発熱が多く、ゲームの動作が遅く、おまけに異様にうるさいファンがくっついてきた。もっとも重要なクリスマス・シーズンの四半期売上は前年同期比で30パーセント減少し、エヌビディアの株価は10か月前のピークと比べて80パーセントも急落した。まるでNV1の悪夢の再来だった。エヌビディアのチームは横のつながりを失い、企業全体としても中心的な消費者層とのつながりをいつの間にか失ってしまっていた。

ジェンスンは、NV30チップの計画とその実行のお粗末さに激怒し、全社会議でエンジニアたちを叱責した。

「NV30について言わせてくれ。こんなガラクタが君たちのつくろうとしていたものなのか?」と彼は怒鳴りつけた。[12]「この製品設計は問題だらけだ。なぜこのブロワー問題にあらかじめ気づけなかったんだ? 誰かが手を挙げて、〝ここに設計上の問題があります〟と言うべきだったんじゃないか」

彼の批判は1回の会議で終わらなかった。その後、ジェンスンは当時アメリカ最大の家電量販店だったベスト・バイの幹部を招き、[13]エヌビディアの社員たちに向けて話をしてもらった。その幹部はNV30の性能の悪さや、ファンの騒音に対する顧客の不満について延々と語りつづけた。ジェンスンも同意した。「彼の言うとおりだ。こいつはガラクタだ」

唯一、エヌビディアにとって救いだったのは、競合企業が自社の優位性を積極的に活かそうとしなかったことだ。ＡＴＩはＲ３００ベースのグラフィックス・カードの価格をＮＶ30ベースのカードと同じ３９９ドルに据え置いた。もしＡＴＩがＲ３００の価格をもっと積極的に引き下げていれば、性能で劣るＮＶ30ベースのカードの需要を激減させ、エヌビディアを倒産に追いやれた可能性が高いだろう。ドワイト・ダークスは、ＡＴＩのチップには十分な利益率があったと述べている。設計がお粗末で巨大な形状をしたＮＶ30と比べ、コスト面で大きく優位に立っていたからだ。「もしＡＴＩの経営者がジェンスンだったら、エヌビディアを廃業に追いやっていただろう」とダークスは語った。

「社内」に目を向ける

ジェンスンはＮＶ30の失敗を振り返った。結局のところ、エヌビディアがどれほど巨大になろうとも、チームの効果的な連携を保つ責任は彼にあった。彼は３ｄｆｘの元エンジニアたちを一気にエヌビディアの文化へと溶け込ませようとしたが、そこに少々ムリがあったのではないか、と気づいた。「ＮＶ30は、３ｄｆｘの社員たちを迎え入れてから、ひとつの会社として初めて開発したチップだった」と彼は何年もあとに結論づけた。「組織としての和がいまひとつだったのだと思う」[14]

『イノベーションのジレンマ』は、歴代のビジネス・リーダーたちと同じくジェンスンにも、自社を競合他社から守る方法を教えた。この本を通じて、彼は低価格の競合企業がもたらす脅威を理解し、エヌビディアの最上位チップには向かない部品を使った低価格帯や中価格帯のチップを世に送り出した。また、エヌビディアのパートナーを、消費者向けデスクトップPCから、ゲーム機やMac、ラップトップへと多様化することも決意した。そして、真のGPUを生み出すためにエヌビディアのチップをプログラミング可能にするなど、大胆な戦略的投資も実行した。

しかし、少なくともエヌビディア誕生からの10年間、ジェンスンはクリステンセンのより繊細なメッセージのひとつを見落としていた。実際には、収益、利益率、株価、製品リリースのペースといった外的な成功の指標を見るだけでは不十分なのだ。真に持続可能な企業は、社内文化の一貫性を保つため、内側に目を向けることにも同じくらい心血を注ぐ。エヌビディアがグラフィックス業界の覇者としての地位を確立するなか、同社の幹部たちはパートナーや投資家、財務に気を取られ、社内で「慢心」という名の問題が膨らみつづけていることに気づかなかった。そして、慢心がエヌビディアを崩壊の瀬戸際まで追い込んでいることにも。

しかしジェンスンは、同じ失敗を二度と繰り返さない、という信条の持ち主だ。彼は外部の脅威に対して養った警戒心を、今度は内部の問題にも向けるようになった。彼はマイクロソフトとの契約の問題を解決し、社内のアーキテクトたちがDirect3Dに関して手探り状態で作業をしなくてすむようにした。また、ゲーム開発者やゲーマーにとってもっとも重要な機能を常にエヌビディアのチップに搭載するため、ゲーム開発者との対話を怠らないよう社員たちに指示した。さらに、次のGPUをもっとも人気のゲームに向けて最適化し、メディアのベンチマーク・テストで最高評価の獲得を目指すようチームに求めた。何より、ジェンスンは「知的な誠実さ」を持って働くようチームに求めた。固定観念を常に疑い、自分自身の失敗を受け入れることで、NV30のような大惨事へと発展する前に問題の芽を摘むよう説いたのだ。

　こうして、エヌビディアは最初の10年間をかろうじて生き延びた。その間、同社は多くの偉業を成し遂げた。驚異的な技術とIPOの大成功、そして競合企業の大半が数年で消えていく業界のなかで比較的長く生き延びたこと。と同時に、身の引き締まる失敗も経験した。NV1とNV2による倒産の危機。好評だったRIVA128の足を引っ張った生産の問題。そして解決すべき根深い組織の問題を浮き彫りにした直近のNV30の失敗。今や巨大な公開企業となったエヌビディアは、ほかの巨大な公開企業と同じ課題に直面し、無秩序な組織への道を歩みつつあった。次の10年間でエヌビディアが成功を遂げるためには、ジェンスン自身が別のタイプのリーダーへと進化する必要があった。

第Ⅲ部

エヌビディアの隆盛

2002年～2013年

第8章 GPU時代の到来

GPUの活用範囲を圧倒的に拡大させた「CUDA」

エヌビディアをやがて1兆ドル企業へと押し上げることになる技術について触れた最古の記述のひとつが、雲に関する博士論文のなかにある。ノースカロライナ大学チャペルヒル校のコンピュータ科学研究者のマーク・ハリスは、コンピュータを使って流体の運動や大気中の雲の熱力学といった複雑な自然現象をより精密にシミュレーションする方法を探していた。

2002年、ハリスはますます多くのコンピュータ科学者がエヌビディアのジーフォース3のようなGPUをグラフィックス以外の用途に使っていることに気づいた。GPU搭載のコンピュータでシミュレーションを実行した研究者たちは、CPUの性能だけに頼るコンピュータと比べて大幅なスピードの改善を報告した。しかし、こうしたシミュレーションを実行するには、グラフィックス以外の計算を、ＧＰＵに実行可能なグラフィックス機能として構成し直す必要があった。要するに、ＧＰＵのハッキングが必要不可欠だったのだ。

そのために、研究者たちはもともとピクセルに色を塗るために設計されていたジーフォース３のプログラマブル・シェーダー技術を利用して、行列の掛け算を実行した。行列の掛け算とは、ふたつの行列（いわば数値の表）から、一連の数学的計算を通じて新しい行列を生み出す関数にほかならない。行列が小さい場合、通常の計算手法を用いて行列の掛け算を実行するのはわけもない。行列が大きくなるにつれ、行列を掛け合わせるのに必要な計算の複雑性も雪だるま式に増していくが、そのぶんだけ物理学、化学、工学といった多様な分野において、実世界の問題を説明する能力も高まっていく。

「実のところ、現代のＧＰＵは偶然の産物だといっていい」とエヌビディアの科学者のデイヴィッド・カークは言う。[1]「グラフィックス処理はものすごくハードなので、われわれはグラフィックスを処理するための超強力で超柔軟な巨大計算エンジンを構築した。研究者たちは、その強力な浮動小数点演算能力と、グラフィックス・アルゴリズムに計算を忍び込ませる形でＧＰＵをプログラミングできる能力に目をつけたというわけだ」

しかし、ＧＰＵをグラフィックス以外の用途に使うには、非常に特殊なスキルが必要だった。研究者たちは、ＯｐｅｎＧＬや、２００２年にジーフォース３での実行用に公開されたエヌビディアのＣｇ（C for graphics、グラフィックス向けＣ言語）など、グラフィックスのシェーディング専用に設計されたプログラミング言語に頼る必要があった。ハリスをはじめとする熱心なプログラマーたちは、実世界の問題をこれらの言語で実行できる関数へと〝変換〟する方法を学び、たちまちＧＰＵを使って、タンパク質の折りたたみの理解、ストック・オプションの価格決定、ＭＲＩスキャンによる診断画像の組み立てなどを進展させる方法を発見した。

学界は当初、ＧＰＵをこうした科学的用途に用いることを、回りくどい用語で呼んでいた。たとえば、「非グラフィックス用途へのグラフィックス・ハードウェアの応用」や「代替目的への特殊用途ハードウェアの活用」といった具合だ。そこで、ハリスはもっとシンプルな呼び名を考案することにした。そうして考え出されたのが、「ＧＰＵ上での汎用計算（General-Purpose Computing on GPUs）」、略して「ＧＰＧＰＵ」という用語である。彼はこの用語を広めるためのウェブサイトを立ち上げ、１年後にはGPGPU.orgというＵＲＬを登録した。自身のサイトで、彼はこの新たなトレンドについて記し、ＧＰＵプログラミング言語の最適な利用方法についてみんなと情報を交換した。このサイトはたちまち、エヌビディアの最新デバイスの力を活かそうとする研究者たちにとって人気の溜まり場となった。

GPUに対する強い関心が実り、ハリスはエヌビディアで職を得た。ノースカロライナ大学で博士号を取得したあと、彼は大陸を横断してシリコンバレーに移り、自分がハッキングの方法を学んだカードのメーカーに就職を果たしたのだ。彼はそこで、自分が発明した「GPGPU」という用語がエヌビディア社員に広く使われていることを知って驚いた。「エヌビディアの人々はGPGPUに可能性を見出し、僕が考えたこのくだらない略語を使っていたんだ」とハリスは言う。

ハリスは知らなかったが、エヌビディアはGPGPUの利用促進のために彼を雇い入れたのだった。ジェンスンは早いうちから、GPGPUには単なるコンピュータ・グラフィックスよりもはるかに巨大なGPUの市場を切り開く可能性があると考えていた。「たぶん、GPGPUの研究を継続すべきだという考えにもっとも大きな影響を及ぼしたのは、医療画像処理の分野だろう」と彼は語った。[2] しかし、GPGPU関連の作業はすべてCg（グラフィックス機能に特化したエヌビディア専用の言語）を通じて行なわなければならないという点が、普及の壁となっていた。さらなる需要を生み出すためには、エヌビディアのカードをよりプログラミングしやすくする必要があるだろう。

ハリスは、エヌビディア社内に「ＮＶ50」というコードネームの機密プロジェクトに取り組むチップ・チームがあることを知った。ほとんどのチップ設計は、現行のアーキテクチャから1世代か2世代先を見据えたものだったが、ＮＶ50はエヌビディアが開発中のもっとも未来志向のチップで、リリースは数年先を予定していた。専用の演算モードを備えているため、グラフィックス以外の用途でＧＰＵにアクセスするのが一段とラクになるだろう。Ｃgの代わりに、広く使われている汎用言語であるC言語の拡張版を利用する予定であり、さらにアドレス指定可能メモリにアクセスできる並列処理スレッドを実現する見込みだった。要するに、科学、技術、産業といった分野の計算に必要なサブＣＰＵの機能を、ＧＰＵですべて実行できるようになるわけだ。

エヌビディアはこのチップ用プログラミング・モデルを「ＣＵＤＡ（Compute Unified Device Architecture、クーダ）」と名づけた。ＣＵＤＡの登場により、グラフィックスのプログラミング専門家だけでなく、科学者やエンジニアもＧＰＵの計算能力を活用できるようになった。ＣＵＤＡのおかげで、ＧＰＵの数百（のちに数千）におよぶ計算コアで並列計算を実行するのに必要な、複雑な技術的命令が扱いやすくなった。ジェンスンは、ＣＵＤＡがエヌビディアの影響力をテクノロジー業界の隅々にまで広げると信じていた。新しいハードウェアではなく、新しいソフトウェアがエヌビディアに変革をもたらすと考えていたのだ。

CUDAはどのように開発されたか

CUDAの開発初期における最重要人物といえば、なんといってもイアン・バックとジョン・ニコルズのふたりだろう。ハードウェアの専門家であるニコルズは、2003年にエヌビディアに入社すると、ハードウェア・アーキテクトとして同社の初期のGPUコンピューティング活動に携わった。彼はチップ・チームと緊密に協力し、大容量のメモリ・キャッシュやさまざまな浮動小数点演算の実行方法など、重要な機能をGPUに組み込むべく尽力した。彼はGPUコンピューティングを普及させるためには性能の向上が欠かせないことを理解していたのだ（悲劇的なことに、ニコルズはCUDAの開発の成功を見届けることはできなかった。彼はエヌビディア社内では「陰の英雄」として広く名前を知られているが、2011年8月にがんとの闘いの末に亡くなった。「ジョン・ニコルズがいなければ、CUDAはこの世に存在していないだろう。彼は最終的にCUDAに命を吹き込んだ社内でもっとも影響力のある技術者だった」とジェンスンは語っている。[3]「彼は死の間際までCUDAに取り組んだ。CUDAとはなんたるかを私に説明してくれたのも彼だ」）。

一方のソフトウェア面に取り組んだのがバックだ。彼はかつてエヌビディアでインターンを経験したあと、スタンフォード大学で博士号を取得するためにいちどは会社を去った。在学中、彼はGPUベースのコンピューティング用の言語とコンパイラを提供する「ブルックGPU」というプログラミング環境を開発した。彼の研究は、国防総省の研究機関である国防高等研究計画局（DARPA）と、彼のかつての雇用主であるエヌビディアの注目を惹くこととなる。エヌビディアはバックが手がけた技術の一部のライセンスを取得し、2004年に彼を採用した。[4]

初期のCUDAチームは小ぶりで結束が強かった。バック率いるソフトウェア・グループはぜんぶで3人。ニコラス・ウィルトとノーラン・グッドナイトは、CUDAドライバのAPIとその実装に取り組み、ノーバート・ジャッファはCUDAの標準数学ライブラリの作成を担当していた。ほかにも、人間が読めるコードをコンピュータ・プロセッサが実行できる機械向けのコードに変換するハードウェア・コンパイラに注力する者もいた。たとえば、リチャード・ジョンソンは、CUDA向けの仮想的なハードウェア・コンパイラのターゲットの役割を果たすPTX（Parallel Thread Execution、並列スレッド実行）言語の仕様を設計した。マイク・マーフィーは、CUDAからPTXへのOpen64（x86-64アーキテクチャ）コンパイラを構築した。そして、ヴィノッド・グローバーは、2007年終盤にエヌビディアに入社し、コンパイラ・ドライバの開発に携わった。

このふたつのグループが緊密に連携することは必須だった。「どのコンピュータ・アーキテクチャにもソフトウェアの面とハードウェアの面がある。CUDAは単なるソフトウエアではない」とエヌビディアの元データセンター事業担当ゼネラル・マネジャーのアンディ・キーンは言う。「CUDAはマシンを表現したものなんだ。つまり、マシンにアクセスする方法そのものだ。だから、ソフトウェアとハードウェアを一体的に設計する必要があるんだ[5]」

ジェンスンの確信

当初の計画では、CUDAはエヌビディアの「クアドロ」シリーズのGPUでのみ展開される予定だった。クアドロ・シリーズとは、科学技術的な用途に特化した高性能ワークステーション向けに設計されたGPUだ。しかし、この戦略には一定のリスクがあった。どのような新技術も「鶏が先か、卵が先か」という問題に直面する。新型チップの長所を活かしたアプリケーションを生み出す開発者がいなければ、ユーザにはその技術を採用する理由がない。その一方で、十分な数のユーザがいなければ、開発者はその新しいプラットフォーム向けのソフトウェアを開発しようとは思わないだろう。歴史を見てみると、ARMホールディングスが携帯電話向けのARMチップ・アーキテクチャで、インテルがP

Ｃ向けのｘ86プロセッサで行なったように、企業が開発者とユーザの両面から普及を推進した場合、数十年にわたる市場の支配につながることが多い。逆に、パワーＰＣ（ＲＩＳＣプロセッサ）やディジタル・イクイップメント（アルファ・アーキテクチャ）のように、普及の推進に失敗した企業は、わずか数年でコンピュータの歴史のごみ箱へと葬り去られてきたのだ。

大事なのは第一印象だ。エヌビディアが最初からＣＵＤＡを高性能ワークステーション専用としてリリースし、十分なソフトウェア・サポートを提供しなければ、開発者たちはごく限られた技術者向けのツールだと決めつけてしまうかもしれない。「技術を投げ渡しただけで、相手に使ってもらえると期待しちゃいけない」とマーケティング幹部のリー・ハーシュは言う。「〝これがわが社の新型ＧＰＵだ。熱狂してくれ〟なんて物言いは通用しないんだ」

その代わりに、エヌビディアはふたつのことをする必要があった。ＣＵＤＡを誰でも利用できるようにすることと、ＣＵＤＡを何にでも応用できるようにすることだ。ジェンスンは、ゲーム用ＧＰＵの「ジーフォース」シリーズも含め、エヌビディアの製品ラインアップ全体でＣＵＤＡを展開し、比較的手頃な価格で広く利用できるようにするべきだと訴えた。そうすれば、ＣＵＤＡはＧＰＵ、少なくともエヌビディア製ＧＰＵと同じ意味を持つようになるだろう。ジェンスンは、新技術をリリースするだけでなく、市場を新技術で埋め尽くすことも重要だと理解していた。CUDAを手にする人が増えれば増えるほど、この技術が標準化するまでの時間は短くなるだろう。

「こいつをあらゆる場所に広めて、基礎的な技術にするんだ」とジェンスンはCUDAチームに伝えた。

この取り組みにはとてつもない費用がかかった。2006年11月、エヌビディアはCUDAと並んでNV50を発表する。NV50は「G80」として正式にリブランディングされ、ジーフォース・シリーズのグラフィックス・カードに用いられた。これは計算機能を備えたエヌビディア初のGPUチップであった。G80は、CUDA機能をサポートするための追加のハードウェア回路である128個のCUDAコアを搭載しており、ハードウェア・マルチスレッディング機能を使うことで、この128個のコアで同時に最大数千の計算スレッドを実行することができた。比較のために言っておくと、当時のインテルの主力である「Core 2」プロセッサは、最大でも4つの計算コアしか搭載していなかった。

エヌビディアはG80の開発に途方もない時間と資金を投じた。ジーフォース・チップの世代間の間隔が1年だったのに対し、GPUコンピューティング・チップの開発には4年もの歳月がかかった。また、開発費は4億7500万ドルという天文学的な金額にのぼった。[6] これはエヌビディアのその4年間の研究開発予算全体のおよそ3分の1に相当する額だった。

　しかも、Ｇ80はＣＵＤＡ対応ＧＰＵのたったひとつのバージョンにすぎなかった。エヌビディアは自社のＧＰＵをＣＵＤＡ対応にするため、あまりに巨額の投資を行なったので、企業の収益性のひとつの指標である粗利益率は２００８年度（２００７年１月から２００８年１月）の45・６パーセントから、２０１０年度には35・４パーセントまで低下してしまった。エヌビディアがＣＵＤＡへの支出を増大させる一方で、世界金融危機によって高級電子機器に対する消費者の需要と、ＧＰＵ搭載ワークステーションに対する企業の需要が激減した。このふたつの下押し圧力により、エヌビディアの株価は２００７年10月から２００８年11月までに80パーセント以上も下落してしまった。

「ＣＵＤＡはエヌビディアのチップの開発コストを大きく押し上げた」とジェンスンは認めた。[7]「ＣＵＤＡの顧客はほとんどいなかったのに、すべてのチップをＣＵＤＡ対応にしようとしたんだからね。粗利益率を見返してみると、もともと低かったのに、さらに悪化していったのがわかる」[8]

　それでも、ジェンスンは市場におけるＣＵＤＡの潜在力を強く信じていた。そのため、投資家たちから戦略の軌道修正を求められても、彼は自分の選んだ道を貫き通した。「Ｃ

UDAを信じていたからね」と彼は言う。「高速コンピューティングが通常のコンピュータでは解決できない問題を解決できると確信していたから、あの程度の犠牲はやむをえなかった。私はCUDAの可能性を心から信じていたんだ」

しかしG80は、『ワイアード』や『アーズ・テクニカ』といったテクノロジー系メディアから絶賛を浴びつつも、リリース当初は市場での勢いを得られなかった。[9] リリースから1年後、50人ほどの金融アナリストたちがジェンスンやエヌビディアのIRチームの説明を聞くため、サンタクララに移転したエヌビディア本社に集まった。ジェンスンらは、エヌビディアが方向を見誤っているという兆しがあちこちに表われているにもかかわらず、ウォール街がエヌビディアを信じつづけるべき理由について、熱弁を振るった。

午前中いっぱいをかけて、経営陣は高性能GPUコンピューティングを産業や医学研究といった新しい市場へと広げていく計画について、詳しく説明していった。エヌビディアの推定によると、GPUコンピューティング市場は、当時ほぼゼロだったにもかかわらず、数年以内には60億ドル以上の規模に成長する見込みだった。とりわけ、エヌビディアはGPUを主力とする企業向けデータセンターの需要が高まると予測していた。そこで、さまざまなスタートアップ企業でハードウェア事業の開発や製品マーケティングの豊富な経験を持つアンディ・キーンを招き、新設された専門の部署を率いてもらうことにしていた。

しかし、午前のプレゼンテーションが終わると、アナリストたちがCUDAに対して疑問を抱いていて、主にエヌビディアの利益率に及ぼす悪影響という観点からCUDAをとらえていることが明らかになった。

駐車場のテントの下で昼食会が催された。昼食はサンドイッチ、ミネラルウォーター、炭酸飲料のビュッフェだった。ハドソン・スクエア・リサーチのアナリスト、ダニエル・アーンストは、食事を手に取り、空いているテーブルに座った。すると、すぐにほかのアナリストたちも加わり、最終的にはジェンスンも一緒に座った。ほかのアナリストたちは、ジェンスンに短期的な財務に関する質問を浴びせはじめ、特にCUDAが同社の利益率に及ぼす正確な影響を知りたがっていた。というのも、エヌビディアは次世代チップで新たな製造技術に移行しようとしていたからだ。どれもこれもジェンスンがその日の午前中に話した内容ばかりだったが、彼は会社の公式見解を丁寧に繰り返し、研究開発による短期的な影響は出るものの、やがては長期的な利益率が上向いていくはずだと説明した。ところが、この説明にアナリストたちは満足せず、翌数年間ではなく、翌数か月間の話にこだわりつづけた。

アーンストは、ジェンスンが苛立っているのを感じ、このままだとすぐに席を立ってしまうと思った。そこで、彼は質問を変えることにした。「ジェンスン、私の家には2歳の娘がいます。この前、ソニーの新型デジタル一眼レフカメラA100を買ったので、定期的に私用のMacに写真をダウンロードして、フォトショップで簡単な編集をしているのですが、高解像度の写真を開いたとたん、Macの動作が重くなるんですよ。シンクパッドだともっとひどいです。GPUでこの問題は解決しますかね?」

ジェンスンの目が輝いた。「これはまだ公表していないから、記事にはしないでくれよ。実は、アドビはエヌビディアのパートナー企業だ。CUDA対応のアドビ・フォトショップなら、そのタスクをGPUにオフロードするようCPUに命令して、動作を大幅に高速化できるだろうね」と彼は言った。「私がずっと言っている〝GPU時代〟の到来というのは、まさにそういうことなんだ」

少なくともアーンストは感銘を受けた。彼はCUDAが一時的な流行ではなく、エヌビディアの未来の要《かなめ》になりうると気づいた。彼はエヌビディアの財務状況ばかり訊いているほかのアナリストに苛立つ一方で、エヌビディアが短期的な利益率を犠牲にしてでも、CUDAの途方もない可能性を追求しようとしていることがうれしかった。ジェンスンは、「GPU時代」がもたらす無数の機会をつかむ準備を整えておくことが自分の使命だととらえていた。たとえ、その機会が具体的にどんなものなのかは誰にもわからなかったとしても、だ。それ以外のこと、たとえば企業の財務的な懸念などは、彼にとっては完全に二の次だったのだ。

とはいえ、ジェンスンのビジョンを市場の現実と一致させることは容易ではなかった。エヌビディアは製品と生産の問題を見事に解決したが、ジェンスンは今や、ＣＵＤＡの市場を創り出す方法を見つけるようチームの面々に求めていた。彼の言い回しを借りるなら、「問題全体を解決する」ことを求めたのだ。そのためには、エンタメから医療、エネルギーに至るまで、あらゆる業界のニーズを体系的に評価する必要があった。ただ単に潜在需要を分析するだけでなく、各分野でＧＰＵを中心とする特別な用途を生み出してその需要を解き放つ方法を見つけ出すことも必要だった。もし開発者たちがまだＣＵＤＡの使い道を知らないなら、エヌビディアが教えてやればいい。

一流大学へのマーケティング

その数年前から、エヌビディアの主任科学者のデイヴィッド・カークのもとには、同社の支援を求める声がアメリカじゅうの一流大学から届いていた。

エヌビディアはそこに、大学を支援しながらＧＰＵの普及を進める絶好の機会を見出した。何度か臨時の寄付を行なったあと、カークはカリフォルニア工科大学、ユタ大学、スタンフォード大学、ノースカロライナ大学チャペルヒル校、ブラウン大学、コーネル大学とのあいだに正式なプログラムを立ち上げた。エヌビディアが大学にグラフィックス・カードや金銭的な寄付を提供する見返りに、大学側はグラフィックス・プログラミングの授業でエヌビディアのハードウェアを使用する、というものだった。「利己心がまったくなかったといえばウソになる」とカークは言う。「大学に授業でAMDのハードウェアではなくエヌビディアのハードウェアを使ってもらいたかったんだ」[10]

このプログラムは、エヌビディアが大学への寄付活動で抱えていた慢性的な問題を解決した。エヌビディアが現金を寄付するたびに、大学が手数料や管理費を懐に収めるため、寄付が実際の研究に及ぼす影響が目減りしていた。しかし、ハードウェア中心の寄付モデルに移行することで、大学の管理者ではなく学生たちがエヌビディアの支援から最大の恩恵を届けられるようになったのだ。

早い段階から、エヌビディアは提携大学やその他の教育機関の一流の学生たちが同社のオフィスで就労経験を積み、将来的な採用について評価を受けられるインターンシップ・プログラムを設けていた。たとえば、CUDAエンジニアのイアン・バックが初めてエヌビディアと交流を持ったのも、この制度を通じてだった。

カークは、CUDAのリリース後、こうした関係性を活かしてCUDAを広めたいと考えていた。彼は同僚のデイヴィッド・ルーブキーとともに、「CUDAセンター・オブ・

エクセレンス」という新しいプログラムを立ち上げた。これは、授業でCUDAを扱ってくれると約束した大学に、CUDA対応のマシンを提供するプログラムだ。カークは大学を回っては、学生や教授、学部長たちに、これから並列コンピューティングの時代が来るから、コンピュータ科学の教え方を変革する必要があると訴えた。また、世界じゅうを飛び回り、1年間で100回以上、ときには1日に複数回の講演をこなした。しかし、誰も乗ってはこなかった。

「誰もCUDAでのプログラミング方法なんて知らなかったし、本気で学ぼうとする人もいなかった」とカーク。「誰にも聞く耳を持ってもらえなかったんだ。文字どおり、壁にぶち当たっていたよ」

あるとき、彼はイリノイ大学アーバナ・シャンペーン校の電気・計算機工学科の長《おさ》であるリチャード・ブレイハットにアイデアを売り込んでいた。ブレイハットは本当に名案だとカークに伝えたが、本気でやるつもりなら自分で授業を受け持つべきだと助言した。

カークの最初の反応は「ノー」だった。当時、彼はコロラド州の山中に住んでおり、教えることにも、ましてやイリノイ州で働くことにも興味はなかった。しかし、ブレイハットは引き下がらず、教員賞を何度も受賞している一流教授のウェンメイ・フーを紹介すると言った。「ふたりで授業をすれば成功まちがいなしだ。フーが授業の進め方を教えてくれるから」と彼は言った。結局、カークは引き受けた。

2007年、カークは講義のため、隔週でコロラド州からイリノイ州に飛んだ。学期末、学生たちはCUDAの研究プログラミング・プロジェクトを実施し、その成果を発表した。すると、全国の研究者たちがふたりに講義や教材を求めてくるようになったので、ふたりは授業を録画し、動画やノートをオンラインで無料公開した。

翌年、エヌビディアはイリノイ大学アーバナ・シャンペーン校を最初のCUDAセンター・オブ・エクセレンスに指定し、同校に100万ドル以上の資金と32台の「クアドロ・プレックス・モデルⅣ」システムを提供した。それは64基のGPUを搭載したエヌビディア史上最先端のマシンだった。

「デイヴィッド・カークとウェンメイ・フーはまさにCUDAの伝道師だった」と最終的にカークからエヌビディアの主任科学者の地位を引き継いだビル・ダリーは語る。ふたりは「全国で教員向けのコースを教えて回り、いわばGPUコンピューティングという宗教を広めていった。おかげで爆発的に広がっていったんだ」

ほかの学校もカークの授業の噂を聞きつけ、自分たちで並列計算を教える方法を探りはじめた。しかし、カークのコースは初の試みだったため、共通のシラバスや基準、実用的な教科書が存在しなかった。そこで、カークとフーは自分たちで教科書を執筆することにした。ふたりの共著『巨大並列プロセッサのプログラミング（*Programming Massively Parallel Processors*）』の初版は、２０１０年に出版されると数万部を売り上げ、複数の言語に翻訳され、最終的には数百校で使われた。この本は、ＣＵＤＡに関心と有能な人材を集める一大転換点となった。

化学、生物学、材料科学分野へ

ＣＵＤＡの学術的な教育手段を築いたエヌビディアは、次に一般の研究者たちのあいだでＣＵＤＡの普及に努めることにした。２０１０年時点では、コンピュータ科学や電気工学といった学部以外でＧＰＵを科学研究に使う人はほとんどいなかった。しかし、ＧＰＵの可能性を垣間見せたのがゲーム分野だった。ＰＣゲーム、特に一人称視点シューティング・ゲームは、物理現象をますますリアルにシミュレーションできるようになっていた。これらのゲームは、ＧＰＵ処理を従来のグラフィックス高速化という目的に使うことで、銃から発射された銃弾の軌道や、風が銃弾の軌道に及ぼす影響、銃弾がコンクリートの壁に衝突した際の破片の飛び散り方などを計算することができた。こうした応用はいずれも、さまざまな組み合わせの行列の掛け算に頼っていたが、それは複雑な科学の問題を解くのに使われるのとまったく同じ計算だった。

エヌビディアのライフサイエンス業界担当の事業開発部長、マーク・バーガーは、GPUの利用を化学、生物学、材料科学の分野へと拡大する役割を担っていた。彼は、第6章で見たオリバー・バルタックがテクノロジー業界のパートナーのあいだでエヌビディアの知名度を高めようとしたときとほとんど同じ手法に従った。

ひとつ目に、バーガーは研究者たちにGPUを無料で配布し、エヌビディアがCUDA向けの基本的なソフトウェア・ライブラリやツールの開発に多大な投資をしていることを伝えた。確かに、エヌビディアは科学者たちが実行する難解な計算問題に精通していたわけではないが、彼らが基本的な数学ライブラリの構築よりも実験の設計に時間を費やしたがっていることは理解していた。その結果、バーガーがカードそのものとセットで提供した開発者ツールは、CUDAの普及に大きな弾みをつけ、科学者たちと密接な関係を築くのに役立ったのである。

「私はサンタクロースになって、開発者たちにGPUボードを配りまくった。サンタクロースが嫌いな人なんていないからね」と彼は話した。[11]

ふたつ目に、バーガーは年1回の2日間がかりの技術サミットを開催しはじめた。エヌビディア社員にとっては、科学者たちと直接交流し、学びを得る絶好の機会だ。化学技術者、生物学者、薬理学者、その研究を支援するソフトウェア開発者など、ライフサイエンス業界の何十人という研究者たちが、全米各地はもとよりヨーロッパ、日本、メキシコからサンタクララに集まった。その初日に、エヌビディアのエンジニアたちがソフトウェアやハードウェアの進歩も含むＣＵＤＡの将来的な改良点について話し、科学者や開発者たちからフィードバックを受け取るのだ。

「エヌビディアのエンジニアたちは予知能力者じゃない」とバーガーは言った。「未来がどうなるかなんてわからないんだ。あるとき、開発者たちからの意見で、ＣＵＤＡやハードウェアに十数個の機能を搭載したこともあった」

一方の科学者や研究者たちは、エヌビディアの透明性や聞く力を高く評価した。「エヌビディアは私たちを財産として見てくれたんだ」とカリフォルニア大学サンディエゴ校の生化学教授のロス・ウォーカーは話す。「〝こういう機能がほしい〟と私たちが言うと、彼らはチップの設計を変更したり、その機能をＣＵＤＡに追加したりしてくれた。インテルなら絶対にありえなかっただろう」

ジェンスン自身もサミットに参加し、実世界のＣＵＤＡのユーザたちと一緒に座って意見を聞くのを楽しんでいた。彼は初期の年次会議で基調講演を行ない、この業界に加わって間もないころを振り返った。チップの設計を始めたころは、シリコンを設計し、工場から戻ってきたチップを顕微鏡で見ながら、欠陥のある場所を確認しなければならなかったという。「彼は分子レベルの出来事をシミュレーションしているうちの研究者たちに深く共感していたんだ」とウォーカーは語った。

すると、ジェンスンは話題を変え、シミュレーションがチップ産業をどう変えたのかを説明しはじめた。彼はチップの製造前に大量の仮想的なデバッグを実行できるようになった最初の世代のエンジニアのひとりだった。CUDAが自然科学にもたらすと期待されているのはそれと同じ革命なのだ、と彼は訴えた。実験室で新薬を手作業で設計し、検査するという高コストなプロセスを、ソフトウェアにより仮想的に行なえるようになる。CUDA対応のGPUなら、こうした研究をずっと安価で迅速にし、人為的なミスをはるかに減らすことができるだろう。

それはエヌビディアにとって未開の領域だった。イースト・サンノゼのデニーズでカーティス・プリエムとクリス・マラコウスキーに初めて会ったときから、ジェンスンは常に市場機会を明確に定義し、新たなビジネス戦略を練ることを重視してきた。

1993年の時点でさえ、彼はPCグラフィックス業界で年商5000万ドルを叩き出すチャンスがあると信じ、安定した雇用をなげうって仲間とエヌビディアを創業した。NV1とNV2の失敗を生き延びるには、常に市場のトップを狙うよう企業戦略を見直さざるをえなかったが、そのときもやはりチャンスは明白だった。PCグラフィックスは群雄割拠の分野だったが、本当の意味ですばらしいチップをつくっている企業はないに等しく、エヌビディアのつけ入る隙は十分にあった。また、ある年に売上でリードしていた企業が次の年には一気に後退するという、絶え間ない企業の陳腐化のサイクルから逃れるため、彼は１回の設計サイクルにつきひとつだけではなく３つのチップをリリースするよう、チームのみんなを駆り立てる必要があった。そして、ひとつの分野の需要の低下で企業全体がダメにならないよう、エヌビディアの収益源を多角化するため、彼は積極的に新たな市場セグメントに参入していった。

マイクロソフトがＸｂｏｘのパートナーとしてもともと別のグラフィックス・チップ・メーカーと契約したときも、ゲーム機向けグラフィックス分野に割り込んでいったし、Ｍａｃのアーキテクチャに関する経験をほとんど持たないなかでも、アップルのマッキントッシュ・シリーズに殴り込みをかけた。そしてまた、コンピュータ支援設計（ＣＡＤ）用に特化した「クアドロ」シリーズにより、当初は避けていたプロフェッショナル向けワークステーション分野にも進出していった。

しかし、ＧＰＵ分野のまったく新しいコンピューティング技術の発明を指揮してきたジェンスンは、今やその技術の市場を一から創り出す必要に迫られていた。彼は天文学的に巨大なチャンスがそこに潜んでいると気づいた。この技術はゲーム分野だけでなく、ビジネス、科学、医療の分野においても、途方もない可能性を秘めている、と。その可能性を実現し、独自の市場を生み出すには、まったく新しいスキルがいるだろう。そして、次々と新たなイノベーションを求めてくる業界において、忍耐力と我慢強さを保つことの価値を、エヌビディアやその投資家、自分自身に言い聞かせる必要があるにちがいない。

バイオテクノロジー・プログラム「AMBER」の成功

ロス・ウォーカー教授は、「ＡＭＢＥＲ（Assisted Model Building with Energy Refinement）」と呼ばれるバイオテクノロジー・プログラムの形で、ＧＰＵの新たな使い道のひとつを生み出した。生体システムにおけるタンパク質のシミュレーションを行なうＡＭＢＥＲは、学者や製薬企業が新薬の研究に用いるもっとも人気のプログラムのひとつとなった。もともとは高性能コンピュータ向けに設計されており、世界でも特に資金力のある研究グループにしか利用されていなかった。しかしウォーカーは、ＡＭＢＥＲを動作させるのに数基の消費者向けＧＰＵを連携させるだけでも十分だと気づいた。これにより、ＡＭＢＥＲはバイオサイエンス分野でもっとも多用されるツールのひとつとなった。このソフトウェアは、大学や民間に１０００を超えるライセンスを提供し、年間１５００件以上の学術論文で引用されている。そしてその成功は、エヌビディアのＣＵＤＡアーキテクチャとの互換性によるところが大きい。

ウォーカーは、インペリアル・カレッジ・ロンドンで化学の学士号と計算化学の博士号を取得したのち、サンディエゴにあるスクリプス研究所で博士研究員および研究科学者として働き、酵素反応に特化した計算機シミュレーション・ソフトウェアの研究に勤しんだ。ある夜、彼はバーでサンディエゴ・スーパーコンピュータ・センターの職員たちと出会い、自己紹介をした。

「知っているよ」と彼らは言った。「ホワイトボードにいつも君の名前が書いてあるから。うちの計算能力を消費し尽くしている人物としてね」

ウォーカーは、カリフォルニア大学サンディエゴ校に拠点を置くそのスーパーコンピュータ・センターの生命科学部門のリーダー職を打診され、引き受けた。しかし彼はAMBERの研究を続け、教授に任命されたものの、学界のプロセスに少しずつ幻滅を抱くようになっていった。特に彼が不満を持ったのは、貴重な計算資源の割り振りについてだった。

ウォーカーは、研究計画書を審査し、もっとも有望な研究チームに同センターのスーパーコンピュータの使用時間を割り振る委員会の委員を務めた。毎回、目を通さなければならない計画書が50件ほどあるのだが、ほとんどの委員は1件につき数分程度しか議論しない。彼はげんなりした。「研究者たちは3か月ぶんの人生、血と汗と涙を注いで計画書を書き上げているのに、私たちはたったの5分で彼らの運命を決めているわけだから」と彼は言う。ほとんどの計画書は却下され、採用率は1桁パーセント台前半にとどまっていた。

さらに悪いことに、スーパーコンピュータの計算能力は、すでに成功している人物やグループに優先的に与えられる傾向にあった。たとえば、タンパク質やウイルスの構造を原子レベルまでシミュレーション可能なコンピュータ・モデルを開発したクラウス・シュルテンや、複雑な生体分子系の挙動をシミュレーションできる「マルチスケール理論」アルゴリズムを開発したグレッグ・ヴォスなど、著名な科学者たちが優遇されている、とウォーカーは感じていた。

「でも、彼らが有名な論文を書けたのは、スーパーコンピュータの使用時間を確保できたからだ」とウォーカーは言う。「ほかの人たちはどれだけすばらしいアイデアを持っていても、スーパーコンピュータの使用時間を確保できず、影響を及ぼせなかった。重要なのは科学研究の質じゃなく、計算時間が手に入るかどうかだったんだ」。これは歯がゆい状況だった。スーパーコンピュータの使用時間を得るには、すでにスーパーコンピュータの使用時間を確保していることが必須条件だったわけだから。

ウォーカーは、2009年のH1N1（通称「豚インフルエンザ」）ウイルスの流行中、このウイルスの分子動力学シミュレーションのために緊急でスーパーコンピュータを優先的に使用したい、というシュルテンからの要請を却下したときのことを覚えている。探索的研究が新薬の開発に結びつくまでには数年単位の時間がかかるので、シュルテンにスーパーコンピュータの使用を認めようと認めまいと、どのみちパンデミックの結末が変わることはない、とわかっていたからだ。ところが、ウォーカーの判断は覆された。シュルテンが政治的な糸を引いたのだろう、と彼は考えた。

ウォーカーにとって、これは限られた資源と学界の政治やお役所主義がボトルネックを生み、分野全体の進展を妨げた数ある例のひとつにすぎなかった。彼は意気消沈した。彼は成果ベースで計算能力を利用できるようにしたかったが、何もかもが超強力だが超高価な一握りのスーパーコンピュータを通じて行なわれる現状を変える手立てはなかった。彼は、誰もが計算能力を利用できるようにする新種の技術が求められていると感じた。「それが私を突き動かす原動力になった」とウォーカーは語った。

彼は当初、AMBER用に最適化された特定用途向け集積回路（ASIC）を特注で設計することも考えた。しかし、ASICはスーパーコンピュータよりは安価とはいえ、それでも単価数万ドルはする。しかも、それらを搭載した特別なコンピュータをつくるのにはさらなる費用がかかるだろう。たとえ設計企業と製造企業が首尾よく見つかったとしても、ほとんどの研究者にはそんなチップを購入する余裕などないはずだ。そんなことができる研究者は、どのみちスーパーコンピュータに容易にアクセスできるだろう。

次に、ウォーカーはゲーム機に目をつけ、最適な候補はソニーの「プレイステーション」シリーズだと判断した。ところが、ここでも壁にぶち当たってしまう。プレイステーションは十分に安価だったが、ソニーはプレイステーションのファームウェアやソフトウエアのハッキングを困難にしていた。そのため、ゲーム以外の用途で利用するすべはなかった。

それでも、プレイステーションについて考えるなかで、彼の脳裏にひとつのアイデアがひらめいた。プレイステーションのハッキングこそ不可能だったものの、そのグラフィックス機能を調べるうちに、市販のグラフィックス・チップでもAMBERを実行するのに十分なパワーが得られると確信したのだ。必要なのは、実際にプログラミングが可能なオープン・プラットフォームだけだ。そのとき彼は、自分の実験室で同僚たちが3Dの視覚化に用いていたワークステーションに、プレイステーションのものと同等の高性能GPUが搭載されていたことを思い出した。ワークステーションは1台あたり数万ドルもしたが、ウォーカーがAMBERを実行させたいと考えていた消費者向けのハードウェアに一歩近づくものだった。もしかすると、そのワークステーションを使えば、自分のアイデアが成り立つということを証明できるかもしれない。

ウォーカーはまず、イアン・バックが開発したプログラミング言語「ブルック」を使った実験を行なった。彼は最初に、エヌビディアの主要なライバルであるAMDの「レイディオン」シリーズ向けのグラフィックス・カードでテストを実施した。しかし、同カードはソフトウエアが未熟で、プログラミングが容易ではなかった。そこで彼は、CUDAアーキテクチャを使って自身の分子動力学モデルを実行できないか、エヌビディアと相談を始めた。

完璧な組み合わせだった。ウォーカーはCUDAのほうがずっと扱いやすいプログラミング環境だと気づいたし、一方のエヌビディアは科学計算の世界に進出する絶好のチャンスだととらえた。エヌビディアは、ただCUDAで動作するだけでなく、その計算能力を最大限に活用できるようAMBERを設計し直すための技術的資源をウォーカーに提供した。「初日からすべてをGPUに移行すると決めた。CPUが不要になるのは目に見えていたよ」とウォーカーは語った。

2009年、ウォーカーは初のGPU対応版AMBERをリリースした。従来版よりも最大50倍も動作が高速だった。

こうして、ウォーカーは学界のお役所主義を打ち破り、計算能力を民主化するという夢を叶えたのである。CUDAのおかげで、科学者たちは一部の一流大学にしかない高価で希少なスーパーコンピュータ資源に頼らなくても、手頃な価格のハードウェアで重要な実験を行なえるようになった。これにより史上初めて、ＡＭＢＥＲを使用する何万人というポスドク生たちが、自分のハードウェアで、自分のペースで、本格的な科学計算の実験を行なえるようになった。もう、絶対に敵《かな》わないとわかっている業界の大御所たちと競い合う必要はなくなったのだ。学生たちはＰＣにエヌビディアのゲーム用ジーフォース・カードを何枚か装着するだけで、驚くほど強力なマシンを手頃な価格で手に入れられる。「１００ドルのＣＰＵひとつと５００ドルのジーフォース・カードを4枚購入するだけで、まるまる1ラックぶんのサーバと同等の性能を持つワークステーションが手に入るんだ。まさに革命だった」

２０１０年の年次報告書において、エヌビディアはＡＭＢＥＲの成功を「高性能コンピューティング」製品に関する議論の冒頭で取り上げた。この話題はヒューレット・パッカードとの提携、ＧＰＵを用いた新たな石油探査向けの「画期的なソフトウェア・スイート」のリリース、「ヨーロッパのある大手金融機関の投資銀行部門」によるＧＰＵの利用、といったほかの重要な発表よりも上位に位置づけられていた。さらに、ウォーカーとエヌビディアとの関係をいっそう強化するため、同社は２０１０年11月に彼を「ＣＵＤＡフェロー」プログラムに任命した。これは各々の専門分野でＣＵＤＡを活用し、ＣＵＤＡプラットフォームの認知度を高めたという点で、「卓越した実績」を挙げた先駆的な研究者や学者を評価するプログラムだ。ジェンスンの予測どおり、GPUは高度な計算をより安価で利用しやすいものにし、AMBERのようなプログラムをはるかに手の届きやすいものにしたといえる。そして、AMBERの幅広い普及は、分子動力学という分野全体の研究方法を一変させたのだ。

とはいうものの、ウォーカーとエヌビディアのあいだで意見の対立する問題がひとつあった。ウォーカーは科学的知識の前進を最優先する学術機関とのやり取りに慣れていたが、エヌビディアは収益目標や満足させるべき投資家を持つ一民間企業だった。そして、エヌビディアの経営陣は、ウォーカーがよもやこれほど低コストでAMBERを動作させられるとは思っていなかった。するとエヌビディアの高性能コンピューティング部門は、科学者たちに同社のハイエンド向け汎用グラフィックス・カード「テスラ」を使用することを推奨しはじめた。テスラの小売価格はおよそ２０００ドルと、ウォーカーが多用していたジーフォース・カードの４倍だった。エヌビディアはテスラ推奨の根拠として、ジーフォース・シリーズにエラー訂正機能がなく、小さいながらも有害な数学的誤差が蓄積し、AMBERの出力に影響が出る可能性がある、という点を挙げた。テスラ・シリーズに搭載の自己検出・訂正機能は、より安価なジーフォース・カードには搭載されていなかった。

しかし、ウォーカーは異を唱えた。彼は一連のテストを実施し、ジーフォース・シリーズにエラー訂正機能がないとしても、AMBERの出力にはなんら問題が生じないことを証明した。その後、彼はそれとはまったく逆のこと、つまりテスラ・シリーズのエラー訂正機能が少なくともAMBERにとっては無用の長物であることを証明しようとした。彼は原子爆弾を開発したエネルギー省の最先端研究施設、ロスアラモス国立研究所の知り合いに協力を仰ぎ、実際に訂正が必要だったエラーの数を確かめるためだけに、同じテストをテスラ・カードで実施してもらった。その結果、安価なジーフォース・カードと高価なテスラ・カードの性能にはまったく差がなかった。エヌビディアがAMBERを、分子シミュレーション技術を発展させる機会としてだけでなく、上位モデルのカードを販売する機会としてもとらえているということは、ウォーカーから見て明らかだった。

「AMBERの結果は信頼できない、というのがエヌビディアの言い分だった。でも、私には信頼できるということを証明するデータがあったんだ」とウォーカーは言った。「2週間、AMBERシミュレーションを実行したが、ECC（誤り訂正符号）エラーはただのひとつも見つからなかった。ここの環境は最悪だ。山の頂上だし、隣には核研究所もある。放射線レベルはアメリカ随一の高さだ（標高の高い場所などでは放射線の影響でビット・エラーが生じやすい」。それでも、エラーは起きなかったんだ」

　ウォーカーとエヌビディアの対立は深まっていった。まず、エヌビディアがゲーム用カードの計算精度を変更した。これはＰＣゲームには微々たる影響しか及ぼさなかったが、そのカードを使って高度な計算を行なう研究ツールには壊滅的な影響を与える恐れがあった。これに対し、ウォーカーとＡＭＢＥＲの開発者たちは、精度の問題なくジーフォースでシミュレーションを実行しつづけられるよう、精度の変更に対処する方法を編み出した。すると、エヌビディアはジーフォース・カードに購入制限を課すよう販売業者に求めはじめ、ウォーカーのような人物がいちどの注文で大量のカードを購入できないようにした。ウォーカーは、ＡＭＢＥＲユーザ向けの世界的なメーリング・リストでこの動きを批判し、「これは私たち全員に悪影響を及ぼし、科学的な生産性やこの研究分野全般に深刻な打撃を与えかねない非常に不穏な傾向だ」と指摘した。

　ウォーカーは、自分からとことん利益を搾り出そうとするエヌビディアの姿勢に、ますます不満を募らせていった。彼には、ＣＵＤＡを資金力豊かな開発者や学者のための単なるニッチ製品以上のものにするために尽力してきたという自負があった。エヌビディアがＣＵＤＡの使用を数千ドルのカードだけに限定していたら、このアーキテクチャはこれほど広まらなかっただろうし、ＣＵＤＡを使用するのにカスタムＡＳＩＣを設計するのと同じくらいのコストがかかっていただろう。

「エヌビディアの成功の鍵は、ＣＵＤＡをジーフォース・カードで動作させられるようにし、資金力のない科学者でも数百万ドルのコンピュータを持つ科学者と同等の研究ができるようにしたことなんだ」とウォーカーは何年もたってから私に語った。「しかし、ＣＵＤＡが十分に広まったと見るや、エヌビディアはゆっくりとジーフォースの締めつけを強化し、今までと同じことをしにくくしていったんだ」

その後、ウォーカーは製薬・バイオテクノロジー企業「グラクソ・スミスクライン」に科学計算部門の責任者として入社した。彼が真っ先に取り組んだのは、１枚わずか８００ドルほどのゲーム用ジーフォース・カードを数千枚使い、データセンター・クラスタを構築することだった。

すると、その動きに気づいたエヌビディアのヘルスケア担当副社長のキンバリー・パウエルがウォーカーに連絡して言った。「グラクソ・スミスクラインに移ったのなら、エヌビディアの企業向け製品を買ってくれないと」

「お断りするよ」とウォーカーは反論した。「雇用主のために最善を尽くすのが私の仕事なのでね」

エヌビディアのチップ販売戦略

ジェンスンは、エヌビディアの積極的なチップ販売戦略についていっさい弁解しなかった。いやむしろ、規模の大小を問わずどの顧客に対しても同じ姿勢で臨むよう営業担当者たちに発破をかけた。

デリック・ムーアは、エヌビディアがＡＴＩから引き抜いた当時、業界随一の営業マンとしてその名を轟《とどろ》かせていた。彼は、あるときエヌビディア幹部から電話がかかってきて、こう言われたのを覚えている。「君にはもう１年以上やられっぱなしだ。そこで相談なのだが、エヌビディアで働いてみる気はないか？」[12]

ムーアは、大手コンピュータ企業への営業を担当しており、たとえばヒューレット・パッカードなどは自社のＰＣやラップトップ・シリーズ用に大量のＧＰＵを購入していた。エヌビディアがほしがったのは彼が抱える取引先リストであり、そのためなら高額の報酬も厭わないつもりだった。ＡＴＩでの彼の年俸はおよそ12万5０００ドルと、２００４年当時の営業担当者の平均給与を大きく上回っていたが、エヌビディアは彼を引き抜く際、その２倍近い額を提示した。

彼はすぐにその理由がわかった。ＡＴＩ在職中のあるとき、彼が午後７時ごろにエヌビディア本社の前を車で通りかかると、オフィスに人があふれているのが見えた。「ああ、夜の会議でもやっているにちがいない」と同乗していた上司は口にした。

エヌビディアに入社した今になって、彼はその「夜の会議」がたまたまではなく日常的な光景なのだと気づいた。ATIではいちどもなかったことだが、たびたび週末にも仕事をするようになった。売上の未達やその挽回策について話し合うため、クリスマス・イブに電話会議に強制参加させられたこともある。本当の意味で自分だけの時間や一日というものは存在しなかった。それでも、同じことが自分だけでなくジェンスンも含めた全員に求められていることがわかると、そんな犠牲を払うのも苦にならなくなったという。「献身や勤勉の精神が組織じゅうに染み渡っていた」と彼は言う。「その労働意欲はまわりに伝染していくようだった」

しかし、勤勉さだけでは、ジェンスンの批判を免れるのには必ずしも十分ではなかった。彼がエヌビディアに入社して数年足らずのうちに、ムーアとHPのサーバ部門との取引のおかげで、HPに対する年間売上は1600万ドルから2億5000万ドルにまで増加していた。ある日、HPのサーバ部門の上級幹部ふたりがエヌビディア本社を訪問した。ふたりはかなりの大物だったので、ジェンスンが自分も会議に同席したいと言ってきた。彼がいてくれるのはムーアとしても心強かった。

サーバ事業は大企業相手の営業全般と比べてリスクが高かった。というのも、エヌビディアがサーバ用途に販売していたカードは、企業の基幹業務用アプリケーションに利用されることが多く、より高い信頼性が求められたからだ。また、訴訟リスクも高かった。HPの幹部たちは、問題が生じた場合、エヌビディアがHPに対して無制限の補償責任を負ってくれるのかどうかをたずねてきた。要するに、GPUの欠陥が原因でHPのサーバに障害が発生した場合に、エヌビディアがすべての法的リスクを負うよう求めてきたわけだ。ムーアは驚いた。HPの幹部がまさか法的交渉を始めるとは思ってもみなかったからだ。ジェンスンが会議に同席し、想定外の質問に答えてくれたのは大助かりだった。

ジェンスンは無制限の補償責任の問題点を指摘した。グラフィックス・チップはサーバのごく一部なので、エヌビディアがサーバの価値を全額補償するわけにはいかない。補償するとなれば、エヌビディアは巨大で不合理な財務リスクを背負うことになるだろう。代わりに、彼は補償の内容をより具体的な数字と結びつけることを提案した。HPのサーバ部門とエヌビディアのあいだの年間取引額である。たとえば、HPが年間1000万ドルぶんのカードを購入してくれるなら、エヌビディアは部品故障の際に最大1000万ドルを補償する。これだと、補償金額は取引規模が拡大すればするほど膨らんでいく。HPの幹部はその場で了承し、ムーアは結果に満足して部屋を退室した。

ムーアはあとでジェンスンのところに行き、こう言った。「会議に同席していただいてありがとうございます。本当に助かりましたよ」

ところが、ジェンスンは先ほどの会議を別の視点で見ていた。「結果的にはうまくいったが、デリック、君のミスについて一言、言わせてくれ」

この指摘にムーアはびっくりした。「心臓が止まりそうになったよ」と彼は振り返る。

「君のミスは、向こうが何を要求してきそうなのか、事前に知らせてくれなかったことだ」とジェンスンは言った。「サプライズが好きな人間はいない。二度と同じまねをしないでくれ」

ジェンスンは自社の営業チームをエヌビディアの特殊部隊《グリーン・ベレー》と呼び、自律的で積極的な行動を求めた。しかしムーアは、ジェンスンの期待に応えられなかった。営業担当者の一人ひとりが「自分の担当顧客のCEO」となり、顧客に会うときは、当の顧客以上に詳しく顧客の事業を把握しておくことを求められた。また、顧客がエヌビディアの上位製品にどれだけの額を支払う意思があるのかを想定しておくことも求められた。ジェンスンの側としては、そのために必要な資源ならなんでも提供する用意があった。いわば、精鋭部隊を支援する〝増援部隊〟だ。

そうした〝増援部隊〟の一例が、エヌビディアの開発技術エンジニアたちだ。彼らはエヌビディア製品に関するコンサルタントや実装の専門家の役割を果たし、ときには顧客のもとを訪問して、問題を解決したり、特定のプログラムをエヌビディアのGPUでより効果的に動作させる方法を見つけたりすることもあった。つまり、なるべく多くのパートナーがエヌビディアのカードを最大限に活用できるようにするのが彼らの役目だった。

もちろん、こうしたサービスはどれも無料というわけではなかった。エヌビディアは決してチップの値引きを行なわなかった。パートナー企業のコンピュータにエヌビディアのステッカーを貼るとか、起動時のスプラッシュ画面にエヌビディアのロゴを表示する、といった見返りがないかぎり、競合他社に合わせて価格を引き下げることすらしなかったのだ。

「価格競争はしない。エヌビディアの製品がコモディティ（日用品）だとは思わないからだ」とムーアは営業部門のリーダーに言われた。「顧客に特別な価値を提供して、エヌビディア・ブランドの価値を引き出すんだ」

CUDAはネットワークであり、盤石な「堀」である

ジェンスンはCUDAの戦略を、「堀」を築くこととして表現するのを好まない。彼はむしろエヌビディアの顧客に着目するのを好み、エヌビディアがCUDAユーザにとって

役立つ強力で自己強化型の〝ネットワーク〟をいかにして築き上げてきたのか、という話をする。実際、CUDAは驚異的な成功の物語だ。現在、500万人以上のCUDA開発者、600種類のAIモデル、300種類のソフトウェア・ライブラリ、3700種類以上のCUDA GPU対応アプリケーションが存在している。また、市場にはおよそ5億基のエヌビディア製CUDA対応GPUが出回っている。CUDAプラットフォームは後方互換性も備えているため、開発者は自分の書いたソフトウェアが将来のチップでも使えるという安心感を得られる。「エヌビディアのプラットフォームで構築した技術はすべて蓄積されていく」とジェンスンは言う。「早いうちにエヌビディアの技術を取り入れ、意識してそのエコシステム（生態系）の成功に手を貸してきた人々は、やがてこのネットワークのネットワーク、つまりまわりの多くの開発者や顧客たちのネットワークの恩恵を受けることになるんだ[13]」

エヌビディアは当初からディープラーニング（深層学習）に本格的な投資を行ない、CUDA対応のフレームワークやツールの開発に多くの資源を注いできた。この積極的な取り組みは、2020年代初頭に人工知能（AI）が爆発的な成長を遂げたときに功を奏した。そのときにはもう、エヌビディアが世界じゅうのAI開発者にとってのお気に入りになっていたからだ。開発者たちは、技術的なリスクを最小限に抑えながら、なるべく早く

ＡＩアプリケーションを開発したいと考える。その点、エヌビディアのプラットフォームは、技術的な問題がはるかに生じにくい。ユーザのコミュニティがすでに10年以上にわたってバグの修正や最適化に取り組んできたからだ。ほかのＡＩチップ・ベンダーにはまず勝ち目などなかった。

「ＣＵＤＡとエヌビディアのＧＰＵ上で構築されたＡＩアプリケーションを、セレブラスやＡＭＤなどのプラットフォームに移行するには、ものすごい手間がかかる」と、Ａｍｉｃｕｓ．ａｉのエンジニアリング部長で、エヌビディアの元研究科学者であるレオ・タムは言う。「ただプログラムを別のチップに移植すればいい、とかいう単純な話じゃないんだ。ひとりのユーザとして言わせてもらうと、それだとまずまともに動作しない。やるだけムダだ。私は自分のスタートアップ企業でもう十分すぎるくらい多くの問題に取り組んでいる。これ以上、問題を増やしたいとは思わないね」

エヌビディアはいち早くこの機会に目をつけ、ものにしていた。エヌビディアの元ハードウェア・エンジニアリング部長のアミール・サレクによると、エヌビディアがいち早く重要なＡＩソフトウェア・ライブラリをＣＵＤＡに統合したおかげで、開発者は独自のソフトウェア・ツールの構築や統合に時間を浪費することなく、ＡＩ分野の最新のイノベーションを手軽に活用できるようになったのだという。

「新しいＡＩモデルやＡＩアルゴリズムが書きたければ、ＣＵＤＡが高度に最適化された既成のライブラリ・コンポーネントへのアクセスを与えてくれる。ビットをこっちからあっちに移動させるとかいう細かな部分までわざわざ掘り下げる必要はないんだ」とサレクは言う[14]。

こうした諸々の理由からいうと、エヌビディアの行動は競争から身を守るための「堀」を築く行為としか表現しようがないだろう。エヌビディアが生み出した汎用ＧＰＵは、ＣＰＵの発明以降で初めて、計算の高速化を飛躍的に前進させた。ＧＰＵのプログラミング可能な層であるＣＵＤＡは、使いやすいのはもちろんのこと、科学、技術、産業といった部門で幅広い用途を切り開いた。そして、ＣＵＤＡを学ぶ人が増えるにつれ、ＧＰＵの需要もどんどん高まっていった。２０１０代初頭になると、いちどは消滅寸前に見えた汎用ＧＰＵの市場は上昇軌道に乗っているようだった。

ジェンスンの巧みな戦略により、エヌビディアが創り出し、事実上エヌビディア独自のハードウェアやソフトウェアに依存している市場に、競合他社が入り込む隙はなくなったといえる。

チップ設計会社や国内外の経済におけるエヌビディアの現在の地位はこれ以上ないほど盤石に思える。アミール・サレクはこう言った。「その堀とはＣＵＤＡそのものなんだ」

第9章 試練が人を偉大にする：ジェンスンの哲学

全員の前での「直接的なフィードバック」

ＣＵＤＡを開発し、ＧＰＵによる汎用計算の時代に通じる道を切り開いた現在のエヌビディアは、１９９３年にデニーズのボックス席で立ち上げられた当時のエヌビディアと多くの共通点があった。相変わらず技術力と最大限の努力を何より重視していたし、短期的に株価を吊り上げようとするのではなく、長期を見据えた戦略的な判断を行なっていた。さらに、移り変わりの激しい業界をリードする企業に欠かせない強迫観念を持って事業を営み、常に衰退や陳腐化の坂道を転げ落ちる前に軌道修正を試みた。そして、いまだにＣＥＯが直接経営に携わり、製品に関する意思決定、販売交渉、投資家向け広報などに深く関与していた。

その一方で、変わった点もあった。それはジェンスンと社員たちとの関係だ。２０１０年のエヌビディアはもはや、ジェンスンが役職や職務内容に関係なく誰とでも好きなだけ顔を合わせられる社員数十人のスタートアップ企業ではなくなっていた。今や社員数は５７００人まで増え、その多くがサンタクララ本社に勤務していたとはいえ、北米、ヨーロッパ、アジアにも支社があった。[1] ジェンスンは、多くの地域から多くの人々が集まるほど社風は衰退しやすく、社風の衰退は製品の品質に悪影響を及ぼしかねない、ということを痛感していた。それを教えてくれたのは、ＮＶ30搭載のジーフォースＦＸ５８００ウルトラに取りつけられた〝ブロワー〟並みにうるさい冷却ファンだった。会社がまだ小さかったころ、ジェンスンは自分自身の行動規範を絶えず強化し、全員に目的意識をはっきりと植えつけるため、いつも社員たちになるべく直接フィードバックを与えるようにしていた。しかし、巨大化した新しいエヌビディアでは、全社員と継続的にコミュニケーションを取るのは難しくなっていた。

そこでジェンスンは、なるべく多くの人にひとつのミスから学ぶ機会を与えられるよう、より大きな会議の場でエヌビディア社員に直接的なフィードバックを与えることにした。「その場で伝える。みんなの目の前でフィードバックを与えるんだ」と彼は言った。「フィードバックとは学びだ。それなのに、どうしてミスした張本人にだけ学びの機会をやらなきゃならない？　こういう状況が生まれたのは、そいつのミスや不注意のせいだ。だから、全員がそのミスから学ぶべきだろう」

ジェンスンは、どんな場面でも彼の代名詞である率直さや気の短さをいかんなく発揮した。場所にかまわず、15分間も誰かを叱責しつづけることもしょっちゅうだった。「四六時中そうなんだ。全社会議だけじゃない。もっと小さな会議や目標の擦り合わせ会議でもそうだ」と元エヌビディア幹部のひとりは言う。「彼は黙って流すということができない。ちょっとした罰を与えないと気がすまないんだ」

有名な例のひとつは、エヌビディアが「テグラ３」チップで携帯電話やタブレットの市場に初めて参入しようとしていたときに起きた。２０１１年の全社会議で、ジェンスンは自分がテグラ３のプロジェクト・マネジャーであるマイク・レイフィールドにフィードバックを与えるあいだ、レイフィールドの顔にときどきズームインするようカメラマンに指示した。全員がレイフィールドの顔をじっと見つめるなか、ジェンスンは叱責を始めた。「マイク、テグラを完成させろ。一刻も早くテープアウトさせるんだ。みんないいかい、これは悪い事業運営の見本だ」とジェンスンは言った。

「あれは今まで見たなかでいちばん決まりが悪く屈辱的な光景だったね」と別の元エヌビディア社員は言う。レイフィールドはのちにこの出来事について訊かれると、「ジェンスンにこっぴどくやられたのはあの1回きりじゃなかったよ」とメールで回答し、コメントの最後に笑顔の顔文字を添えた。結局、テグラ・チップは予定から8か月近く遅れてリリースされたが、それから1年足らずで彼はエヌビディアを去った。追い出されたわけではない。自分の意思で辞めたのだ。

ときに辛辣とも思えるジェンスンのやり方は、意図的な選択だった。特にプレッシャーの大きな業界では、失敗は避けられないものである、と彼は知っていた。だからこそ、彼は社員たちに自分自身の能力を証明する機会をもっと与えたいと思った。状況がどうあれ、たいていはあとひとつかふたつのひらめきがあれば独力で問題を解決できる、と信じていたからだ。

「人を見放すのは好きじゃない」とジェンスン。「むしろ、あえて試練を与えて偉大な人間に育てたいんだ」

彼は自分が社員たちより賢いということを見せつけるためにこういうやり方をしているわけではない。むしろ、彼はそれを慢心に対する予防策としてとらえている。ジェンスンの時間も社員たちの時間も、次の問題の解決に使ってこそ最高の価値を持つ。褒め言葉はそこから目を背けさせるだけだ。そして、最悪の過ちとは、過去の栄光に浸り、過去の栄光が未来の脅威から自分を守ってくれる、と思い込むことなのだ。

元販売・マーケティング幹部であるダン・ヴィヴォリは、ジーフォース256のマーケティング・イベントの翌日、オフィスに向かう車中でジェンスンから電話を受けたときのことを覚えている。ヴィヴォリは、自分のチームの成果に誇りを持っていた。

「イベントはどうだった？」とジェンスンがたずねた。ヴィヴォリはイベントのうまくいったと思う部分を5分間にわたって挙げ連ねた。「うん、うん、うん」とジェンスンは相槌を打った。ヴィヴォリが話を終えると、ジェンスンが訊いた。「それで、もっと改善できたと思うことは？」

「それだけさ。〝よくやった〟とか〝上出来だ〟とか、そんな言葉はひとつもない。こっちがどれだけうまくいったと思っていようと、そんなことはおかまいなしだ」とヴィヴォリは言う。「誇りに思うのはかまわないが、いちばん大事なのは改善しようとする姿勢なんだ[2]」

しかし、ジェンスンは他人だけでなく自分自身に対しても同じくらい厳しいようだ。営業幹部のアンソニー・メデイロスは、ジェンスンがある会議で、意図的な習慣ではないにせよ、無意識に自己批判をするクセがあることを明かしたのを覚えている。

「あれは一生忘れないだろう。私たちは絶好調だった。その四半期は申し分ない業績を上げていた。すると、四半期レビュー会議の最中、ジェンスンが私たちの目の前でいきなり立ち上がったんだ[3]」

開口一番、ジェンスンはこう口にした。「私は毎朝、鏡のなかの自分を見て〝お前はダメなやつだ〟と言うんだ」

メデイロスは、誰もが認める成功者がそんな考え方をすることに驚いた。しかし、よくも悪くも、それはジェンスンがエヌビディアの全員に求めていた姿勢だった。自分自身や自分の仕事に対して、同じくらい厳しい姿勢で臨んでほしかったのだ。自分の仕事をすること。過去にあぐらをかかないこと。未来に目を向けること。ジェンスンはそう伝えたかったのである。

ジェンスン直属の幹部社員は60人超

直接的なアプローチを好むジェンスンの姿勢は、会社が大きくなるにつれ、エヌビディアの企業構造をも形づくっていった。創業初期、エヌビディアは社内の連携不足により、廃業の瀬戸際にまで追い込まれた。NV1では、チップの開発戦略が市場のニーズとずれていたし、RIVA128では、製造面の不備が優れたチップの足を引っ張ってしまった。また、NV30では、重要なパートナーとの不和が技術的な問題を次々と引き起こし、やがてチップの製品ライン全体を破滅に追いやった。3つのどの事例においても、ジェンスンは失敗の原因を外的な要因ではなく、エヌビディアという企業やその意固地さに求めた。「エヌビディアがまだ小さかったころは、官僚的で政治的な部分がおおいにあった」とジェンスンは述べた。[4]

やがて、ジェンスンは理想の組織を一から築く方法について考えるようになった。そこで、彼は社員たちがより自立して行動できるよう、ずっとフラットな構造を選ぶべきだと気づいた。また、フラットな構造を築けば、自分の頭で考えて行動することに慣れていない無能社員を淘汰できるとも考えた。「有能な人材を自然と惹きつける会社を築きたかったんだ」と彼は言う。[5]

ジェンスンは、頂点に経営陣、その下に何層もの中間管理職、そして底辺に現場の従業員がいる従来のピラミッド型の企業構造は、最高の組織づくりを妨げると考えた。彼はピラミッド型の代わりに、エヌビディアをコンピュータのスタックや平べったい円柱のような形状の組織につくり変えようと思った。

「その最初の層が上級幹部だ。一般的にいえば、もっとも管理の手間がいらない人たちだろう」とジェンスンは言う。「彼らは自分のすべき仕事がわかっているし、各々の分野のエキスパートでもある」。彼は職業指導に時間を割きたくはなかった。というのも、彼らの大多数はすでにキャリアの頂点を迎えていたからだ。そのため、少なくとも職業指導のような漠然とした話題で、ジェンスンが直属の部下と一対一の面談を行なうことはほとんどなかった。代わりに、組織全体から上がってくる情報や自身の戦略的な指針を伝えることを重視した。そうすることで、企業全体の意思が統一され、ジェンスンは実際に価値を付加するような形で、より多くの幹部を管理できるようになるからだ。

エヌビディアの現在の組織構造は、CEOに直属の部下が一握りしかいない大半のアメリカ企業の構造とは対照的だ。2010年代、ジェンスンには直属の幹部社員が40人いた。それが今では60人を超える。[6] 彼は自身の経営哲学を頑《がん》として曲げようとしなかった。たとえば、新しい取締役がエヌビディアに加わり、ジェンスンの管理負担を減らすために最高執行責任者（COO）を雇うよう勧めたときも、彼は決して首を縦に振らなかった。

「いや、結構だ」と毎回ジェンスンは答えた。「全員に社内の状況を把握してもらうには、今のやり方が最高なんだ」と彼はつけ加えた。彼のいうやり方というのは、彼と社員たちとの直接的なコミュニケーションのことだ。[7]

重役会議に多くの幹部たちが参加することで、透明性や知識の共有といった文化が育まれてきた。幹部社員ともっとも若手の社員たちとのあいだに、それほど階級の差はないので、組織内の誰もが問題解決に協力したり、潜在的な問題にあらかじめ備えたりすることができるのだ。

元マーケティング幹部のオリバー・バルタックは、エヌビディアの同僚たちが前職の同僚たちと比べて機敏であることに感銘を受けた。「最大の違いは、何かを1回依頼するだけですんなりと実行される、という点だね」と彼は語った。「2回目の依頼をする必要なんてまったくなかった」[8]

エヌビディアの元データセンター事業担当ゼネラル・マネジャーのアンディ・キーンは、ジェンスンがエヌビディアの主な競合企業の伝統的な組織構造をホワイトボードに描き、「上下逆さまのV」と呼んでいたのを覚えている。実際、ほとんどの企業の構造がそうだった。「人は管理者になると、上下逆さまのVをつくり、それを必死で守りたがる。そして副社長になると、上下逆さまのVをもっとたくさんつくり、自分の配下に置きたくなる」とジェンスンは語った。

キーンによると、ほかの企業では自分の直属の上司の1、2階級上の幹部に話しかけるのは御法度だったという。「誰もそれをこころよく思わないんだ。バカらしくないか？」と彼は言う。「でも、エヌビディアは違った」。キーン自身、直属の上司とは月に1、2回話をする程度だったが、ジェンスンとは週に2、3回は会話していた。「ジェンスンは、自分が直接管理できる会社を築いたんだ」と彼は言う。「エヌビディアとほかの企業では、それだけ大きな社風の違いがある」[9]

また、キーンはエヌビディアのオープンな社風にも驚かされた。彼はゼネラル・マネジャーという肩書きで入社し、すべての取締役会や社外の取締役イベントに参加することを認められた。並みのCEOが大規模な幹部会議と称して部屋に8人か9人を集めて満足しているところ、ジェンスンの会議室はいつもすし詰め状態だった。「彼が幹部社員に何を言っているかが全員に筒抜けだった」とキーンは言う。「おかげで全員の足並みを揃えることができたんだ」

共有したい重要な情報や、事業の方向性に差し迫った変更点があると、ジェンスンはエヌビディアの全社員にいっせいに伝えてフィードバックを求めるのだという。「直属の部下を多くし、一対一の面談を極力減らすことで、会社がフラットになり、情報がすばやく伝達され、社員が力を得られるようになった」とジェンスンは述べている。「このアルゴリズムは練りに練られたものだったんだ」

使命こそが究極のボス

多くの大企業は、競い合う経営幹部たちが管理する事業単位に分かれている。各事業単位は長期的な戦略計画にとらわれ、予算や人員をめぐる争いを余儀なくされる。その結果、大半の組織の動きは遅くなりがちだ。優柔不断がはびこり、社内のさまざまな利害関係者や管理者からの承認を待つあいだ、大規模なプロジェクトはとどこおる。意思決定者なら誰でも、社内政治を繰り広げて事業の進行を一方的に遅らせることができてしまう。事業が思いどおりに進まなくなると、どんなに優秀な労働者でも、予算目標を満たすためにクビを切らざるをえなくなる。そのすべてが短期的な思考や企業レベルでの情報の抱え込みにつながる。従来型の企業構造は、企業をひとつの団結したチームにする代わりに、有能な人材を遠ざける有害な環境を生み出してしまうのだ。

ジェンスンの言葉を借りるなら、「目指すべきは業務の遂行に必要な程度に大きく、それでいてできるかぎり小さい企業」だ。つまり、過剰な管理やプロセスに足を引っ張られることのない企業なのだ。

そんな企業を築くため、彼は物事の管理だけを仕事にする恒久的なプロの管理者に頼るのではなく、エヌビディアをそのビジネス目標へといざなう、はるかに柔軟なシステムを構築することにした。また、彼は長期的な視点を持ちつつも、長期的な戦略計画という慣習を排除した。長期的な戦略計画を定めると、たとえ計画から離れるほうが合理的な場合でも、特定の道にこだわってしまう危険性があるからだ。

「戦略とは言葉ではない。戦略とは行動なんだ」と彼は言った。「われわれは定期的な計画システムは取り入れない。世界というのは生き物だからだ。われわれは絶えず計画するのみだ。5か年計画など存在しない」

ジェンスンは社員たちに、究極のボスは使命《ミッション》そのものだ、と伝えるようになった。つまり、上司のキャリアを後押しするためではなく、顧客の利益のために意思決定を行なう、という意味だ。「使命こそが究極のボスであるという考え方はすごく理にかなっていると思う。究極的にいえば、私たちは特定の組織に仕えるためじゃなく、具体的な使命を果たすためにここにいるんだからね」とジェンスンは話した。[10]「この考え方によって、社員たちは組織や階級ではなく仕事を第一に考えるようになった」

ジェンスンは「使命こそが究極のボスである」という哲学のもと、新しいプロジェクトの開始時に必ず、自分に直属するリーダー、その名も「機長（Pilot in Command、ＰＩＣ）」を指名する。これにより、標準的な縦割りの構造よりもはるかに大きい説明責任と、仕事をきちんとこなそうという強いインセンティブが芽生えた。

「どのプロジェクトにも必ずＰＩＣがひとりいる。どんなプロジェクトや成果物について話すときでも、ジェンスンは必ず具体的な名前を求めてくる。〝これこれこういうチームが取り組んでいます〟という言い方は通用しない」と元財務幹部のシモーナ・ヤンコウスキーは語る。[11]「誰がＰＩＣなのか、誰が責任者なのかを明確にするため、どんなものにも名前を添える必要があるのよ」

それだけの重い説明責任を負う代わりに、ＰＩＣはジェンスン並みの権限が与えられ、組織じゅうから優先的なサポートが受けられた。ジェンスンはエヌビディア社員を、営業、エンジニアリング、業務管理などの職能を中心として分類したが、社員は全般的な人材プールとして扱われ、事業単位や部門ごとに分かれることはなかった。これにより、適切なスキルを持つ人材を必要に応じて適宜プロジェクトに割り振ることが可能になった。また、アメリカ企業に絶えずはびこる雇用不安をいくぶん和らげる効果もあった。

「エヌビディアは絶えず解雇と再雇用を繰り返したりはしないんだ」とグローバル・フィールド・オペレーション部長のジェイ・プリは言う。[12]「今いる社員を活用して、新しい活動へと再配置すればすむからね」。エヌビディアのマネジャーたちの辞書には、縄張り意識だとか人材の「所有」意識などという言葉はない。彼らはむしろ、業務グループ間で人材が動き回ることにすっかり慣れていた。この慣行は、大企業に見られる摩擦の主な原因のひとつを取り除いた。

「エヌビディアのマネジャーには、巨大なチームを率いることで力を得る、という感覚はない」とプリは続けた。「ここでは、最高の仕事をしてこそ力を得られるんだ」

ジェンスンは、この変革のおかげでエヌビディアがずっと機敏で効率的な組織になった、と感じた。社員は階級に関係なく、どんな意思決定にも貢献できるようになったので、意思決定が迅速に行なわれるようになった。議論の結論は、昇進やボーナスを勝ち取りたいというリーダーの思惑や、部下を味方につける能力ではなく、情報の質やデータ、実質的な価値に基づいて出されるようになった。

何より、フラットな組織構造のおかげで、ジェンスンは貴重な時間を縄張り争いの仲裁ではなく、会議で自分自身の意思決定の根拠を説明することに費やせるようになった。彼は、フラットな組織構造がエヌビディアの戦略的な連携を保ち、全員を共通の使命に向かって一致団結させる鍵になると見ていただけではない。ある問題について上級幹部ならどう考えるべきなのかを示すことで、若手社員を育成する機会としてもとらえていたのだ。

「この問題についてどう考えるべきなのか、説明しよう。私がこういう行動を取った理由を説明しよう。これらのアイデアをどう比較・対照するか？　このプロセスは社員たちにとって大きな力になるんだ」とジェンスンは語る。

もちろん、社員たちはジェンスンや彼の意思決定プロセスに絶えず触れるなかで、幹部やPICの公開叱責も目の当たりにした。ジェンスンは、こうした見ていて苦しい場面を、会社の効率性向上のために必要な手段だと弁明した。閉ざされたドアの内側で個別に一対一のフィードバックを与えようとすると、別々の面談を何度も組まなくてはならなくなり、ジェンスンやエヌビディアの貴重な時間が奪われてしまう。加えて、若手社員たちの学びの機会も失われてしまうだろう。

「私は人を個別に呼び出したりはしない」と彼は言う。「私たちが最優先しているのは、誰かに恥をかかせないことじゃなく、会社がみんなの失敗から学びを得ることだ。ちょっとでも恥をかくことに耐えられないというなら、いつでも直接私のところに話に来ればいい。そんなことは今までいちどもないけれどね[13]」

トップ5メールの活用

何もかも会議で伝えることはできない。これほど巨大で分散した組織にあって、ジェンスンは全員が適切な優先事項に取り組めるよう、社内の状況を常に把握しておく必要があった。ほかの企業の幹部なら、部下からの正式な状況報告に頼るところだろう。しかし、エヌビディアの経営陣は、正式な状況報告は情報があまりにも美化されすぎていて使い物にならない、と考えていた。最新の問題、予想される障害、人事問題など、物議を醸しそうな内容は削られ、調和の取れた明るい状況ばかりが報告される傾向にあるのだ。

そこでジェンスンは、組織のあらゆるレベルの社員に対し、自分の取り組んでいることや最近市場で気づいたことのトップ5をまとめたメールを、自分の所属チームや幹部たちに送るよう求めた。たとえば、顧客の抱えている悩みや、競合他社の動向、技術の進展、プロジェクトの遅れの可能性などだ。「理想的なトップ5メールは、5つの箇条書き形式で、それぞれの項目が、完成させる、構築する、確保する、といった能動的な動詞で書かれたものなんだ」と初期の社員のロバート・チョンゴルは言う。[14]

こうしたメールを仕分けやすくするため、ジェンスンは件名に話題を入れてメールをタグづけするよう各部署に指示した。たとえば、クラウド・サービス・プロバイダ、OEM、ヘルスケア、小売、といった具合だ。そうすれば、たとえばハイパースケーラ〔超巨大なクラウド・サービスやデータセンターの事業者〕企業に関する最近のメールをすべて探したくなった場合、キーワード検索で即座に見つけられる。

この「トップ5」メールは、ジェンスンにとって欠かせないフィードバック手段になった。これにより、若手社員の目には明らかでも、彼自身や幹部社員たちにはまだ見えていない市場の変化を先取りすることができる。トップ5プロセスを気に入っている理由をたずねられると、ジェンスンは社員たちにこう答えた。「弱いシグナルをとらえたいんだ。強いシグナルをとらえるのは簡単だが、私はそれをまだ弱いうちにとらえたい」。部下の幹部社員たちに対しては、彼はもう少し端的にこう伝えた。

「誤解しないでほしいが、君たちには私が最重要だと思う情報をとらえるだけの頭脳や手立てがないかもしれないだろう?」[15]

彼は毎日１００通ほどのトップ5メールに目を通し、社内で起きていることの全体像を把握していた。日曜日にはさらに長い時間をトップ5メールに費やし、たいていはお気に入りのシングルモルト・スコッチ・ウイスキー「ハイランドパーク」のグラスを片手にメールを読みあさった。彼にとってはそれが何よりの楽しみだったのだ。「ウイスキーはメールの最高のお供さ」

こうして、トップ5メールは市場に関する新たな洞察の源になった。新しい市場に興味を持ったジェンスンは、メールを頼りにほぼリアルタイムで戦略的な思考を練っていった。たとえば、社員から送られてきた機械学習のトレンドに関するトップ5メールを何通か読んだあと、ジェンスンはエヌビディアが機械学習市場を活用できるほどすばやく動けていないと判断した。元幹部のマイケル・ダグラスは、ジェンスンが「この話題をしょっちゅう目にする。このＲＡＰＩＤＳとかいう技術への投資が足りない気がするな」と言っていたのを覚えている。すぐさま、ジェンスンはＲＡＰＩＤＳ ＣＵＤＡライブラリの開発に携わるソフトウェア・エンジニアを増員するよう部下に指示した。結局このライブラリは、ＧＰＵ上でのデータ・サイエンスや機械学習の処理を高速化するための重要なリソースとなった。

ジェンスンが推進するエヌビディアのメール文化は、当時も今も容赦というものがない。

「すぐに学んだのは、彼からメールを受け取ったら即行動に移さなければならない、ということだ」とダグラスは語る。[16]「放置は許されない。ほったらかしは許されない。メールに返信して、すぐに行動するのみだ」と元人事部長のジョン・マクソーリーは言う。[17]ジェンスンはメールを受信してから数分以内に返信することも多く、社員にも最長24時間以内の返信を求めていた。それも、厳密なデータに裏づけられた入念な返信を、だ。この高い基準を満たさない返信に対しては、たいてい皮肉っぽい返答が返ってきた。「ほう、それでいいのかね？」

ジェンスンのあまりにもすばやい返信に、社員たちはやがてトップ5メールを送るタイミングを慎重に見計らうようになった。「金曜の夜なんかにメールを送ろうものなら、いっときも心が安まらない。ジェンスンが金曜の夜遅くに返信してくることがあるからね」と元社員は語る。[18]「そうなったらせっかくの週末が台無しだ」。そのため、ほとんどの社員は日曜の夜遅くにトップ5メールを送るようになった。ちょうど、ジェンスンが自宅の書斎でスコッチ片手にくつろいでいる時間帯だ。そうすれば、週の頭から彼の指示に対応できる。

ライフサイエンス部門の元アライアンス・マネジャーであるマーク・バーガーは、初期に送ったトップ5メールで、うっかりジェンスンの逆鱗《げきりん》にことごとく触れてしまったことがある。そのメールで、バーガーはライフサイエンス市場におけるGPUの売上を予測しようとした。ジェンスンは、ライフサイエンス分野でのエヌビディアの進展がいまひとつだと感じており、今やバーガーの分析の厳密さに疑問を抱いていた。そこでジェンスンは、カリフォルニア大学サンディエゴ校のサンディエゴ・スーパーコンピュータ・センターに科学研究所を築いた研究教授のロス・ウォーカーとはもう話をしたのかと問いただした。

バーガーは、その学者が研究所におけるGPUの利用方法について具体的なことを知っているはずがないと思い、まだウォーカーには相談していないことを正直に認めた。すると、ジェンスンは手厳しい叱責を始め、すぐにもっと情報を集めてこい、とバーガーに言った。

この経験にバーガーは肝を冷やしたが、おかげでより優秀な社員へと成長した。「ジェンスンに対しては、絶対にごまかしは通用しない」と彼は何年もあとに振り返った。「答えをはぐらかそうとすれば、信頼はガタ落ちになる。〝わかりません。すぐに調べます〟が正しい答えなんだ[19]」

十分に懲りたバーガーは、すぐさまウォーカーに連絡を取った。ふたりはGPUを利用した研究を行なっているライフサイエンス分野の学者向けのアンケートをつくった。回答に30分くらいかかる長大なアンケートだったが、バーガーはゲーム用GPUが当たる抽選券をエサに回答を促した。その結果、合計350人の科学者から、インストールずみのソフトウェア、実施中のモデリング・プロジェクトの規模、エヌビディアに求める機能、彼らの経歴などについての詳細な回答が集まった。それはまさしくデータの宝庫だった。バーガーが次の会議でそのデータを発表すると、ジェンスンはようやく満足し、バーガーがライフサイエンス市場の調査を十分に尽くしたことを認めたのだった。

ホワイトボードによる動的な会議

ジェンスンは常に、『スター・トレック』に登場するバルカン人の精神融合《マインド・メルド》にもっとも近いものを成し遂げようとしてきた。それは社員たちの心と自分の心の完全なる融合である。序章でも触れたように、彼が自分の思考プロセスを社員たちに見せるために愛用している道具のひとつがホワイトボードだ。

ジェンスンのホワイトボード好きは、アメリカ企業が社内で行なう一般的なコミュニケーション方法、つまりパワーポイント・プレゼンテーションの逆を行くものだ。パワーポイント・プレゼンテーションの場合、発表者がスライドを順に紹介していき、聴衆はその情報を額面どおりに受け入れるのがふつうだ。しかし、ジェンスンはこうした静的な会議が大嫌いだった。共同作業や深い議論の機会がほとんどないからだ。

ホワイトボードの前に立つと、ジェンスンは特定の市場の構成や製品の成長を加速させる方法、ある事例に含まれる一連のソフトウェアやハードウェアなどの概略を描いていく。彼のホワイトボード会議は、実施ずみの物事の事後評価ではなく、問題の解決に専念する特別な雰囲気を生み出す。「ジェンスンは会議にやってくると、重要な問題に優先順位をつけ、まずは最優先の問題の解決に取りかかるんだ」とジェイ・プリは語る。[20]

トップ５メールとは違い、ホワイトボードの利用はエヌビディア創業当初からの習慣だ。エヌビディアは共同作業を促す目的で、現在のふたつのメイン本社ビル「エンデバー」と「ボイジャー」を設計し、それぞれ２０１７年と２０２２年に建設した。それぞれのビルには完全にオープンな作業スペースがあり、数十ある会議室には壁一面のホワイトボードが設置されている。役職を問わず、社員はこのホワイトボードをできるかぎり活用するよう求められている。

たとえば、ジェンスンは四半期ごとに、数百人のエヌビディアのリーダーたちを大会議室に集め、会議を行なう。ゼネラル・マネジャーはそれぞれ部屋の前に立ち、自分の事業の状況について説明しなければならない。彼らはホワイトボードを使いながら、自身の事業の概要を話し、取り組んでいる内容を説明し、事業の根本的な前提に対する疑問にも答えることが求められる。ジェンスンは上級幹部たちと並んで最前列に座り、ホワイトボードの前に立つ人物に事細かな質問を浴びせていく。その結果、ホワイトボードによる追加の説明が必要になることも多い。

「それは事業評価というより、もっと前向きなものなんだ」とアンディ・キーンは振り返る。ジェンスンは四半期の業績を、その数か月前や数年前に下され、実行された意思決定の最終的なスコアカードとしてとらえていた。彼は当時どうすればもっとよい意思決定ができたのか、現在や将来的にもっとよい意思決定を行なうためにその教訓をどう活かすのかを、全員に絶えず振り返ってほしかった。特に彼が重視したのは、資源の配分や戦略の決定に関する部分だ。たとえ業績が好調でも、ジェンスンはみんなにもっと上を目指してほしかった。「どうすればもっとよくなるかをいつも考えさせられたよ。常にそうするよう背中を押されている気分だった」とキーンは語った。

ホワイトボードを使ったプロセスは、幹部たちが物事の本質だけを抜き出すのに役立った。全員がまっさらなホワイトボードから始め、過去を忘れて現在重要なことだけに集中する必要があったからだ。「どの会議も主役はホワイトボードだった」と元エヌビディア幹部のデイヴィッド・ラゴネスは語る。[21]「それは双方向のやり取りなんだ。誰かがホワイトボードを使って説明していると、ジェンスンが椅子から飛び上がって別のホワイトボードの前に行き、自分の考えを書きはじめる。彼は相手の理解や考え方を確かめてから、自分の考えを発展させたかったんだ」

会議の締めくくりに、ジェンスンはそのグループがホワイトボードにまとめた新しい考えを要約した。そうすることで、方向性や責任に関する誤解が生じないようにしたわけだ。

ジェンスンの部下たちは、出張中でもホワイトボードを使う準備が求められていることに気づいた。マイケル・ダグラスは、ジェンスンとの出張時には必ず、目的地のそれぞれに巨大なホワイトボードを用意するようにしていた。たとえ現地でホワイトボードのレンタルや購入が必要だとしても、だ。「５人がかりで運ばなければならないくらいのサイズがちょうどいい」とダグラスは言う。「ジェンスンにはそれだけ広いホワイトボードのスペースが必要なんだ[22]」

上質なスコッチに加えて、ジェンスンの数少ない嗜好品のひとつが、愛用ブランドのホワイトボード・マーカーだ。彼は台湾でしか販売されていない、ノミの先端のような形状をした幅12ミリのマーカーにこだわっている。後方の席に座る社員たちにも彼の文字や図が見えるようにするためだ。エヌビディア社員は、常にそのマーカーの在庫を十分に用意しておかなければならない。

とはいうものの、当のジェンスンはエヌビディアに浸透したホワイトボード文化について、まるで予備の選択肢だと言わんばかりの素っ気ない態度を取っている。「プロジェクタがないから、ホワイトボードを使う以外に方法がないんだ。テレビもないし、スライドは好きじゃないから、ホワイトボードに書き込みながら話をするしかない」と彼は肩をすくめて言った。[23]

しかし、実際にはもっと深い意味がある。ホワイトボードを使うときには、厳密さと透明性の両方が自然と求められる。ホワイトボードの前に立つたび、一から始めなければならないので、自分の考えをなるべく詳しく明快に説明する必要がある。そのため、薄っぺらい考えや穴だらけの仮定に基づく論理は一発でばれてしまう。それに対して、スライド・デッキの場合、不完全な考えをきれいな書式や紛らわしい文章でごまかすことができてしまう。だが、ホワイトボードには隠れる場所がない。そして、どんなにすばらしい考えでも、書き終わったら必ず消して、また一から始めるしかないのだ。

エヌビディアが成熟企業になったのは、収益規模や組織構造の改善、社員の集合的な知力のおかげではない。ジェンスンがエヌビディアを社内の政治的な機能不全や無秩序から一貫して遠ざける方法を学んだおかげだ。直接的な公開フィードバック、トップ5メール、静的なパワーポイントではなく動的なホワイトボードによるアイデアの発表、といった仕組みを通じて、エヌビディアは正確性や厳密さを常に追求し、集団思考や惰性と闘うための強力な武器を、社員たちに与えているのだ。エヌビディアが新たなチャンスをいち早くつかんでこられたのは、こうした運営原則のおかげといっていい。

エヌビディアが創業初期のより伝統的な組織形態から進化を遂げていなければ、ＧＰＵを発明することも、ＣＵＤＡを設計することもなかっただろう。そして、ジェンスンのリーダーシップをもってしても、エヌビディアが最初の10年間を生き抜き、２度目の10年紀を迎えることはなかっただろう。それでも、エヌビディアが容赦ない市場からの圧力に耐え抜き、そのなかで繁栄を遂げることができたのは、ジェンスンが最終的に生み出した組織構造、つまり大半のアメリカ企業の〝ベストプラクティス〟の逆を行く組織構造のおかげなのだ。

テクノロジーに疎いCEOは何をもたらすか？

キャリアの初期のころ、私はコンサルティング業界を辞め、ある小さなテクノロジー・ファンドに株式アナリストとして入社した。初めてウォール街の大規模な投資カンファレンスに参加したときのことは、今でもよく覚えている。私は、メインのプレゼンテーションのあとに行なわれるCEOたちとの質疑応答セッションを楽しみにしていた。合併直後のAOLタイム・ワーナーのCEO、故ジェラルド・レビンとの質疑応答セッションで、私は同社の戦略について基本的な疑問を投げかけた。同社はAOLの技術とプラットフォームを今後どう活用していくつもりなのか？　しかし、私は彼の回答に仰天した。彼は説得力のある答えを提供するわけでもなく、AOLインスタント・メッセンジャーの力や機能について講釈を垂れはじめたのだ。その内容は流行語の羅列に近く、意味を理解するのに苦労するほどだった。

数台のコンピュータを自作し、当時まだ発展途上だったインターネットにのめり込んでいた技術マニアの私から見ると、レビンがＡＯＬ製品の実際の仕組みをほとんど理解していないことは明らかだった。これほど技術的な知識に乏しい経営者が、どうして世界最大級のメディアおよびテクノロジー企業を運営できるのか、私には不思議に思えてならなかった。

しかし、それからすぐに学んだことだが、レビンは決して例外ではなかった。アクティビスト（物言う）投資家であるカール・アイカーンは、アメリカ企業の多くが新しいＣＥＯの選定プロセスを誤っていると説く。彼はそのプロセスを「反進化論的」と称している。つまり、もっとも環境に適した種だけが生き残り、繁殖するという残酷な自然淘汰のプロセスとはまるきり正反対だというのだ[1]。

アイカーンは、企業内での行動に関するインセンティブに偏りがあるせいで、有能な幹部が人当たりはよいが能力で劣る幹部に取って代わられる傾向にある、と指摘した。会社で出世する人物の人柄は、大学の学生クラブの代表になるような人たちと似ている。取締役たちと仲がよく、現ＣＥＯの地位を脅かさない。抜きん出たところはないが、人懐っこく、落ち込んでいるときはいつでもお酒につき合ってくれるような人物だ。アイカーンによれば、こうした人物（大半が男性）は「とびきり賢いわけでも、聡明なわけでも、優秀なわけでもないが、好感が持てて、それなりに信頼できる」のだという。

ＣＥＯは生き残りを望む。となると当然、自分よりも賢く、自分の地位を脅かしかねない人間を配下に置こうとは思わなくなる。自分よりも少しだけ頭の鈍い人間を選ぶ傾向にあるのだ。しかし、やがてＣＥＯが退任すると、取締役会と良好な関係を築いているごますり上手な幹部が昇格することが多い。そして、新ＣＥＯが再び同じサイクルを繰り返すと、「不適者生存」の法則が永久に根を張る。

私はこの数十年間で、人当たりはよいが技術に疎いビジネス畑の幹部が、大手テクノロジー企業のＣＥＯに就任する例を何度となく見てきた。ジェラルド・レビンとＡＯＬタイム・ワーナーの例が物語るとおり、その結果はたいてい凡庸か、それ以下だ。

マイクロソフトのスティーブ・バルマーはその典型例だろう。バルマーはプロクター・アンド・ギャンブル（Ｐ＆Ｇ）のマーケティング・マネジャーとしてキャリアを歩みだすと、スタンフォード大学でＭＢＡ取得を目指して学んだのち、１９８０年にマイクロソフトへと入社した。彼はビル・ゲイツが初めて雇ったビジネス・マネジャーであり、業務管理部門、営業部門、上層部のさまざまな役職を歴任したが、テクノロジーに関する実務経験はほとんどなかった。

テクノロジー業界におけるバルマーの評判はいまひとつだった。『ウォール・ストリート・ジャーナル』の元コラムニストのウォルト・モスバーグはかつて、アップルのスティーブ・ジョブズとのやり取りを明かした。[2] モスバーグがジョブズのインタビューを始めるため、腰を下ろそうとした矢先、ジョブズがつい先日のマイクロソフト訪問の様子を訊いてきた。ジョブズが特に知りたがっていたのは、バルマーが相変わらずマイクロソフトの実権を固く握っているのかどうかだった。モスバーグがそうだと答えると、ジョブズは一瞬だけ間を置き、ガッツポーズをつくって「よし！」と叫んだ。ジョブズはビル・ゲイツを高く評価する一方で、バルマーにはほとんど敬意を抱いていなかったのだ。

ジョブズの見立ては正しかった。バルマーの率いるマイクロソフトは、モバイル・コンピューティングの波に乗り遅れ、アクアンティブやノキアなどのお粗末な買収を繰り返した。バルマーがＣＥＯを務めた14年間で、マイクロソフトの株価は30％以上下落した。

アップルもかつて、テクノロジーよりもビジネスに精通するＣＥＯのもとで難題に直面したことがあった。有名な話だが、ジョブズは１９８５年にアップルの取締役会によって追放され、代わりにペプシコの元マーケティング専門家であるジョン・スカリーがＣＥＯに就任した。スカリーは当初、コンピュータを段階的に改良し、少しずつ高い値段で販売するという戦略で一定の成功を収めた。しかしその後は、テクノロジー製品に関する判断を幾度となく誤った。たとえば、個人用携帯情報端末「ニュートン」の発売や、1990年代初頭のMacに「パワーPC」プロセッサを採用したことなどが挙げられる。技術的なイノベーションの停滞により、アップルは1990年代後半には倒産寸前にまで追い込まれてしまう。

バルマーとスカリーは、さまざまなバージョンのウィンドウズや高価なラップトップ「パワーブック」の販売には誰よりも長《た》けていたものの、テクノロジーの未来予測はできなかった。アップルは自社のオペレーティング・システムを現代的な基準にアップグレードできずにいたが、ジョブズのNeXTコンピュータ社を買収すると、同社の技術がのちにMac OS Xの基盤となった。

もうひとつの例がインテルだ。ボブ・スワンは2016年に最高財務責任者（CFO）としてインテルに入社し、その2年後にはCEOまでのぼり詰めた。スワンは主に財務畑の人物で、それまでイーベイや、IBMの元セールスマンのH・ロス・ペローが起業したエレクトロニック・データ・システムズ（EDS）でCFOを務めた経験を持つ。しかし、そのスワンの指揮のもと、インテルはより高度なチップ製造技術や次世代プロセッサへの移行で何度も遅れに見舞われ、最大のライバルCPUメーカーであるアドバンスト・マイクロ・デバイセズ（AMD）に後れを取ってしまった。さらに悪いことに、スワンは数十億ドル規模の自社株買いプログラムや配当金の支払いを通じて、株価を押し上げるほうを優先していたようだ。その結果、研究開発（R&D）への投資が削られてしまった。インテルは業績低迷のあまり、多くの事業で市場シェアを大幅に落とし、CPU技術におけるトップの地位をAMDに明け渡すはめになった。当時AMDを率いていたリサ・スーは、スワンとは対照的に、強力なエンジニアリング分野のバックグラウンドを持っていた。

スワンは、インテルの資源の管理や配分にも失敗した。エヌビディアと同じく、インテルも2010年代終盤にAI分野への多額の投資を行なった。2016年、インテルはAIチップの開発を目的として、ディープラーニング関連のスタートアップ企業「ナバーナ・システムズ」を4億8000万ドルで買収する。翌年には、AMDのグラフィックス・チップ部門の元責任者であるラジャ・コドゥリを雇い、GPU開発の指揮を一任した。2019年、CEOのスワンはイスラエル企業「ハバナ・ラボ」を20億ドルで買収し、インテルのAI事業のさらなる拡充を図った。しかし、インテルの戦略には一貫性がなかった。複数の独立したAI関連のチップ・プロジェクトを同時に追求したせいで、資源と注目の両方が多方面に分散されてしまったのだ。

この結果はおおむね、スワンが自社の事業の技術的な側面に無知だったことから生じたものだといっていいだろう。彼には、自社がどの分野に時間を費やすべきなのかを判断するだけの知識がなかった。そのため、その意思決定を誰に委ねるべきなのかもわからなかった。その結果、最高のプレゼンテーションを行なった人物の影響をいとも簡単に受けてしまった。ある元インテル幹部の話によれば、たとえそのプレゼンテーションにまったく現実味がなかったとしても、だ。

スワンの指揮のもと、インテルは製品に関する意思決定も次々と誤った。AI分野では、完成間近の有望な製品を抱えていたナバーナ・システムズを閉鎖した。代わりに、インテルはハバナ・ラボとのAI開発活動を再開し、それまでの数年ぶんの開発時間を事実上ムダにしてしまったのである。

エヌビディアのGPUエンジニアリング部長のジョナ・アルベンは、ハバナ買収後のインテルのAI戦略についてこうコメントした。「インテルのAI戦略はダーツ投げみたいなものさ。どうすればいいのかはわからないが、とにかく何かを買わなければと感じて、手当たり次第に矢を放っているだけだ[3]」

2021年、スワンはインテルのCEOを辞し、代わりにエンジニアリング分野の輝かしい経歴を持つパット・ゲルシンガーが後任に就いた。彼が真っ先に決めたのは、自社株買いの中止だった。

エヌビディアが同じような落とし穴を避けられたのは、技術に精通するジェンスンというCEOがいたからだ。「ジェンスン・フアンに会えば、ほかに何十社というグラフィックス企業があったとしても、一緒にビジネスをするならこの男だと気づくだろう」とテンチ・コックスは語る。彼はエヌビディアの初期の投資家のひとりであり、現在も同社の取締役を務めている。「ジェンスンを際立つ存在にしているのは、彼自身がエンジニアであり、コンピュータ科学者でもあるという点なんだ」[4]

元プロダクト・マネジャーのアリ・シムナドは、あるWi-Fi製品の開発にまつわる出来事を振り返った。その製品は結局リリースされなかったが、その理由のひとつにジェンスンの徹底した慎重さがあったという。

「ジェンスンは本当に恐ろしかった」と彼は言う。[5]「ジェンスンとの会議に出席すると、彼のほうが自分よりも製品について詳しく知っているんだ」。その製品会議で、ジェンスンはさまざまなWi-Fi規格の技術的な詳細を完璧に理解していた。その製品はエヌビディアの戦略にとって不可欠ではなかったのだが、それでも彼はその技術や仕様を理解するための時間を惜しまなかったわけだ。「彼はなんでも知っていた。どの会議にも、誰より準備万端で臨んでいたのが彼だったね」

ジェンスンは、世の中のトレンドを追い、知識を広げるため、エヌビディア社内のさまざまなテーマ別のメール討論グループへと積極的に参加することでも知られる。特に、エンジニアたちがＡＩ分野の最新技術について議論する「ディープラーニング」グループでは、ジェンスンは興味深い記事を転送するクセがある。「ジェンスンがどんなことを考えているのかがよくわかったよ」とエヌビディアの元上級研究科学者のレオ・タムは語った。[6]

元マーケティング幹部のケビン・クレウェルは、２０１６年にスペインのバルセロナで開催されたＮｅｕｒＩＰＳ《ニューリップス》カンファレンスの会場の外の路上で、ジェンスンにばったりと出くわしたときのことを覚えている。ＮｅｕｒＩＰＳは毎年12月に開催される学術会議で、機械学習や神経科学の専門家たちが最新の研究成果を発表する場だ。ＳＩＧＧＲＡＰＨやＧＤＣのように一部の一般人にも知られているイベントとは異なり、ＮｅｕｒＩＰＳはよりマニアックなイベントだ。

クレウェルは、ジェンスンに講演予定がないことを知っていたため、何をしに来たのかとたずねた。するとジェンスンは、「勉強のためだよ」と答えた。[7]

ジェンスンは自分の代わりに誰かを出席させ、メモを取らせるのではなく、人工知能分野の最新の進展を学ぶためにみずから顔を出していたのだ。彼は色々なセッションに参加し、発表者や学生、教授たちと話をして、人工知能分野に深くかかわりたいと考えていた。その後、彼はこのカンファレンスで知り合った人々の多くを採用しはじめた。

ジェンスンは、テクノロジーそのものに対する深い造詣がなければ、自身の仕事をきちんとこなすことなどできない、と何度も語っている。「業界の行く末を直感的にとらえるためには、テクノロジーの基礎を理解することが不可欠なんだ」と彼はかつて述べた。[8]「テクノロジーは急速に変化しているので、先を見通し、予測する能力はとても重要になる。それでも、優れた解決策づくりには数年かかるけどね」。分野に関する専門知識があってこそ、支援するプロジェクトを判断し、完了までの時間を見積もり、長期的に最高の成果を生み出せるよう資源を適切に配分することができるのだ。[9]

「切りのいい数字」の原則、あるいは「CEOの数学」

しかし、細部にこだわりすぎることには、一定のデメリットもある。意思決定の麻痺を引き起こしかねないのだ。優れたリーダーは、完全に正確な情報がないなかでも決断をしなければならない。このことは、ジェンスンがオレゴン州立大学のドナルド・アモート教授が担当する工学の授業で早くして学んだ教訓だった。アモートは授業でいつも切りのいい数字を使っていた。

「あれは本当にイヤだった」[10]とジェンスンは言う。「小数第3位まで有効な実世界の指数や数値を使っていたのにね」。しかしアモートは、それで計算が遅くなりすぎるなら、そこまでの精度は求めないようにした。たとえば、0・68は0・7に切り上げてしまうのだ。彼が学生たちに教えていたのは、全体像を見失わないことの重要性だった。「初めは頭がおかしくなりそうだった。でも、時間がたつにつれて、見せかけの精度に意味はないということがわかってきた」

ジェンスンはこの「切りのいい数字」の原則をエヌビディアでも用いた。社員たちは半分冗談で、そして半分愛情を込めて、それを「CEOの数学」と呼んだ。この原則のおかげで、ジェンスンは細部に迷い込むことなく、大局的な戦略的思考を行なうことができる。そしてまた、新しい市場の規模やエヌビディアにとっての収益性をすぐさま判断し、競争環境の分析や参入戦略の策定といったより複雑で直感を要する課題のほうに、精神的なエネルギーを注ぐことができるのだ。テンチ・コックスはこう指摘する。「スプレッドシートを使えば、自分の見たいものを見るのは簡単だ。でも、ジェンスンがCEOの数学に慣れたことは、彼にとって大きな成長だったと思う」[11]

ジェンスンの数字に対する考え方、つまり単刀直入で、ムダがなく、全体像を重視する考え方は、エヌビディア社員たちとのコミュニケーションの取り方全般にもよく表われている。エヌビディアではすべてが彼の監督下にあるので、彼の発信するメッセージには効率性が求められる。「ジェンスンのメールは短く、小気味よい。短すぎることもあるくらいだ」と元営業幹部のジェフ・フィッシャーは言う。[12]

「俳句に似ているんだ」とブライアン・カタンザーロも同意する。[13]

俳句のたとえは実に的確だ。日本の三行詩である俳句は、理解が難しかったり、意味があいまいだったりすることも多い。エヌビディアの新入社員にとって、ジェンスンの簡潔なメールのメッセージに慣れるのは一苦労だ。ベテラン社員ですら、CEOからのメールの意味について何時間も議論することがよくある。そして、どうしても埒《らち》が明かないときは、ジェンスン本人に確認して明確な説明を求めるのだ。

しかし、ある意味では、それこそがジェンスンの狙いでもある。エヌビディアのほとんどの上級幹部が認めるように、ジェンスンは部下たちに良識を働かせて自分の指示を解釈してもらいたいと思っている。彼はあらゆる判断をコントロールしたいと思っているわけではない。実際、あまりに細かく口を出しすぎると、社員が萎縮し、彼が社員たちのなかに養おうとしている自立心や行動精神そのものに蓋をしてしまう恐れもある。むしろ大事なのは、社員たちが万全を尽くし、自分の判断が及ぼしかねない影響をひととおり考慮することのほうなのだ。ジェンスンのこのやり方は彼の単なる個人的な好みの問題ではない、とカタンザーロは強調する。

「誰だって忙しい」とカタンザーロは言う。「読み切れないほどのメールが届く。大事なのは、自分の仕事について伝えようとしている相手に共感することなんだ。情報を一方的に押しつけるのではなく、相手に興味を持ってもらえるような形で伝える。相手が興味を持ったら詳しく訊けるような形でね。ジェンスンは、お互いの注目の使い方に配慮できるような効果的な組織づくりに力を貸そうとしているんだ。大きな組織で影響力を保ちたいなら、他人の時間をムダにしちゃいけない」

「1日25時間、週8日」働く

ジェンスンがエンジニアリング畑の人間だということがもっとも純粋な形で表われているのは、仕事に対する彼の飽くなき情熱だ。ビジネスにおいては、おそらく勤勉さのほうが知性よりも重要だろう、と彼は考えている。「どれだけ賢いかなんて関係ない。自分より賢い人はいくらでもいるからね」と彼は言う。そして、グローバル化した世界では、「ライバルは眠らない」のだ[14]。

ジェンスンもそうだ。たとえば、戦略的ビジョン、グラフィックスや高速コンピューティングへの理解、組織運営の能力といった点で、ジェンスンがリーダーとして変化し、成熟してきたのは確かだが、30年間におよぶCEO時代のなかで変わらないものがひとつある。それは長時間の労働と最大限の努力にかける信念だ。

ある業務幹部いわく、エヌビディアは「1日24時間、週7日」ではなく「1日25時間、週8日」の企業なのだという。「これは冗談なんかじゃない。実際、私は朝4時半に起きて、夜10時まで電話をしているから」と彼女は言う。「これは自分で選んだことなの。みんなに合うとはいわないけれど」

別のプロダクト・マネジャーによると、この身を粉にする働き方になじめず、数年で退職してしまう社員も多いという。彼自身は、朝9時前に出社することが多く、夜7時前に退社することはほとんどなかった。自宅に帰ったあとも、台湾のパートナーと話をするため、毎晩10時から11時半までコンピュータにログインしなければならなかったという。「週末でも、2時間以内にメールに返信できそうにない場合は、その理由をチームに伝えなければならなかった」と彼は語った。カレンダーを見返したところ、彼は過去1年間の週末の半分近くを、出張かオフィスでの仕事に費やしていたことが判明したそうだ。

エヌビディアの極端な労働文化は、CEOであるジェンスン本人から生まれている。彼は息をつく暇もなく仕事に没頭し、自分と同じくらい真剣に働かない人間を見下している。「私は実際、〝これはただの仕事だ。8時から5時まで働いて家に帰る。5時1分になったらその日の仕事は終わり〟とかいう姿勢で大成功した人はひとりも知らない」と彼は語っている。[15]「そんなふうにして大成功した人なんて見たことがない。仕事に没頭できる人間でないといけないんだ」

社員たちは、ジェンスンが珍しく休暇を取ると、かえってビクビクしだす。というのも、彼はホテルの自室に座ってメールを書きまくるので、普段よりも社員の仕事が増えるからだ。エヌビディアの創業初期のころ、マイケル・ハラとダン・ヴィヴォリは彼のこの悪いクセをなんとかしなければと思い、ジェンスンに電話をかけて言った。「なあ、何をやっているんだ？　休暇中だろう？」

すると、ジェンスンはこう答えた。「今、バルコニーに座って、砂遊びをする子どもたちを見ながらメールを書いているんだ」

「一緒に子どもと遊べばいいじゃないか！」とふたりは促した。

「いやいや、いいんだ」とジェンスンは拒否した。「こういうときこそ仕事がはかどる」

ジェンスンは映画を観に行っても、内容を覚えていることはほとんどないという。上映中ずっと仕事のことを考えているからだ。「私は毎日働いている。仕事をしないで終わる日なんて1日もない。仕事をしていなくても、仕事のことを考えているね」と彼は言う。「私にとっては仕事がリラックス・タイムなんだ[16]」

彼は自分より仕事をしない人に共感できない性格なのだ。そして、エヌビディアに人生のすべてを捧げたからといって、何かを犠牲にしたとは思ってない。テレビ番組『60ミニッツ』による2024年のインタビューで、「ジェンスンのもとで働くのは厳しい。彼は完璧主義者で、決して一緒に働きやすい上司とはいえない」という部下の言葉について感想を求められると、彼はあっさりと同意した。

「そうあるべきだ。並外れた仕事がしたいなら、ラクをしようとしちゃいけない」

私はコンサルタント、アナリスト、そして今はビジネス・ライターとして、長年ビジネスの世界を追ってきたが、ジェンスンのような人物には出会ったためしがない。彼はグラフィックス分野ではパイオニアであり、弱肉強食のテクノロジー市場ではサバイバーでもある。そして、30年以上CEOを務めてきた彼は、本書の執筆時点では、バークシャー・ハサウェイのウォーレン・バフェット、ブラックストーンのスティーブン・シュワルツマン、リジェネロンのレナード・シュライファーに次いで4番目に在任期間の長いS&P500企業の現CEOだ。テクノロジー業界でいうと、アマゾンのジェフ・ベゾスの27年、マイクロソフトのビル・ゲイツの25年、アップルのスティーブ・ジョブズの2期目の14年を上回っている。しかも、このなかで現役のCEOはジェンスンただひとりだ。おまけに彼は、オラクルの共同創業者であり、2014年に最高技術責任者（CTO）へと退くまで37年間CEOを務めたラリー・エリソンが保持するテクノロジー業界全体の記録にも迫りつつある。

ジェンスンがほとんどのライバルと一線を画す部分は、理解はしやすいがまねるのは難しい。彼は、技術通だがビジネスの世界には疎いＣＥＯ兼創業者と、ビジネス志向だが技術的な才覚に欠けるＣＥＯ兼創業者とのあいだにある分断に抗《あらが》おうとしている。彼はその一人二役をこなすのが決して不可能でないことを証明している。いやむしろ、非常に高度な半導体業界においては、そうした「両利きの能力」が成功に不可欠なのかもしれない。彼がエヌビディアとほぼ共生的な関係を保っている理由もそこにある。多くの点で、彼はエヌビディアそのものであり、エヌビディアはジェンスンそのものなのだ。エヌビディアが数万人の従業員と数十億ドルの収益を誇る多国籍企業へと成長した今でもそれは変わらない。

　すると当然ながら、しばらく答えが出そうもないこんな疑問が浮かんでくる。いつか必ず訪れるジェンスンとエヌビディアの別れの日が来たら、会社はいったいどうなってしまうのか？

インテルの教訓を活かす

　リスクはかつてないほど高まっているといえる。ジェンスンは常々、この会社はたったひとつの判断ミスで時代遅れへとまっしぐらだ、と社員たちに言い聞かせている。ときにエヌビディアのパートナーであり、ときにライバルでもあるインテルの歴史は、このリスクを鮮明すぎるほどに物語っている。

IBMは1981年にIBM PCを発表し、コンピューティングの世界に革命をもたらした。そのとき、IBMはPCに関して業界の流れを決定づけるふたつの重要な選択を行なった。ひとつ目は、PCのプロセッサとしてインテルの8088チップを選んだこと。ふたつ目は、PCのオペレーティング・システムとして小さな新興ソフトウェア企業だったマイクロソフトのMS-DOSを採用したことだ。ところが、IBMはひとつの重要な戦略的ミスを犯した。当時、IBMは自社の規模と流通力にあぐらをかくあまり、インテルとマイクロソフトの製品の独占権を確保することを怠ったのだ。たちまち、まったく同一のハードウェアを搭載した安価な「PC互換」クローンが市場にあふれた。デルやHPといったPCメーカーは価格面でIBMに対抗し、IBMの生み出した製品カテゴリから同社自身を締め出すことになる。その結果、IBMは2005年にPC部門をレノボに売却するはめになった。

しかし、IBMの犯したミスのひとつの結果として、マイクロソフトとインテルの蜜月関係が生まれた。この2社は過去40年間、コンピュータ業界を支配してきた。そして、このビジネス・パートナーシップはやがて「ウィンテル」と呼ばれるようになる。これは、マイクロソフトがのちに開発したオペレーティング・システムの名前「ウィンドウズ」と「インテル」を組み合わせた造語である。

ウィンテルは、アナリストたちが「ロックイン」と呼ぶ現象の一例だ。多くの企業は、インテルのx86プロセッサ搭載のマイクロソフト・ウィンドウズPCやサーバ上で動くカスタム・アプリケーションを中心に、ビジネス・プロセスを構築していった。いったんこうした状況が生まれると、アップルのMacエコシステムのような、別のオペレーティング・システムやコンピューティング・システムに切り替えるのはきわめて難しくなる。ウィンドウズ向けに書かれた何百万行というコードを別のチップ・アーキテクチャへと移行するのは現実的でないからだ。ウィンドウズ専用のライブラリやユーティリティに依存するソフトウェアを書き直すのは途方もない作業なので、最高情報責任者（CIO）たちは複雑すぎて技術的リスクに見合わないと判断したのである。

しかし、マイクロソフトとインテルの命運は、破壊的な新技術への対応の違いによって分かれることとなる。2014年にサティア・ナデラがマイクロソフトのCEOに就任すると、同社は方向転換を行ない、クラウド・サブスクリプション・ソフトウェアやクラウド・コンピューティングの成長へと積極的に賭けた。その結果、クラウド・コンピューティング分野ではアマゾン・ウェブ・サービス（AWS）に次ぐ第2位の地位を盤石なものにした。

対照的にインテルは、スマートフォン用プロセッサの登場とAIソフトウェアの台頭という、ふたつの数十年にいちどレベルのチャンスを逃してしまった。2006年、スティーブ・ジョブズは当時のインテルCEOのポール・オッテリーニに、近々発表されるiPhone向けのプロセッサを供給する気はないかとたずねた。しかし、オッテリーニは打診を断った。それはインテルがスマートフォン向けチップ市場の未来にかかわる機会を手放すことになる運命の決断だった。「アップルはあるチップに関心を持ち、一定の対価を支払う意思はあったが、それ以上はびた一文も出すつもりがなかった。だが、その金額はわれわれの予測するコストよりも低かった。採算が合うとはどうしても思えなかったんだ」とオッテリーニは2013年の『アトランティック』誌のインタビューに答えた。「もしあのとき首を縦に振っていたら、世界はまったく違うものになっていただろう」[17]

同じく2006年に、インテルはモバイル機器向けの省電力なARMベースのプロセッサを開発していた「エックススケール」部門を6億ドルでマーベル・テクノロジーに売却した。その結果、インテルはスマートフォン市場がARMベースのプロセッサに支配される直前に、重要な専門知識を失うはめになった（ちなみに、2023年に再び上場を果たしたARMホールディングスは、モバイル機器に適した省電力なチップ・アーキテクチャの設計を、アップルやクアルコムを含む半導体企業やハードウェア・メーカーにライセンス供与している）。

　さらにまずいことに、インテルは中核事業でも一連のミスを犯した。同社はオランダ企業のASMLから最新の半導体製造装置を購入し、導入するのに手間取った。ASMLは、極端紫外線（EUV）リソグラフィと呼ばれる先進的な半導体製造技術を用いているが、インテルはこのEUVリソグラフィに基づく生産技術への投資も不足していた。その結果、インテルはより高度なチップを大量生産する能力においてTSMCに後れを取るはめになる。2020年、インテルが7ナノメートル製造プロセスへの移行のさらなる遅れを発表すると、多くの顧客がインテルに見切りをつけ、半導体を設計して製造をTSMCに委託しているアドバンスト・マイクロ・デバイセズ（AMD）などの競合企業に乗り換えた。同じ年、アップルはMacプロセッサの供給元をインテルから自社設計のチップに置き換えはじめた。このチップはiPhoneを動かすARMチップ・アーキテクチャに基づくもので、現在ではアップルのMac製品全体で使用されている。

　GPUに関していうと、インテルの現CEOであるパット・ゲルシンガーは、同社がエヌビディアに対抗する自社製品でこの分野に参入できなかったことを嘆いている。「インテルにはララビーというプロジェクトがあったのだが、私がインテルを追われた直後に中止されてしまったんだ」と彼は語る。「もしあのとき中止されていなければ、世界は今とは違った姿になっていただろうね」[18]

ゲルシンガーはインテル幹部として「ララビー」プロジェクトを熱烈に支持し、同社のエンタープライズ・コンピューティング部門を率いていたが、2009年にデータ・ストレージ企業のEMCへと移った。結局、ララビーGPUは2010年に開発中止となり、インテルがGPU開発を再開したのは2018年になってからのことだった。

インテルがミスにミスを重ねる一方で、エヌビディアはGPU時代を切り開くことに全霊を注いだ。ジェンスンの指揮のもと、同社はCUDAに惜しみなく投資を行ない、CUDAはAI開発者にとって基礎となるエコシステムになった。また、エヌビディアは巧みな買収もいくつか行なっている。たとえば、自社のデータセンター・コンピューティング製品を拡充するため、先進的な高速ネットワーキング企業「メラノックス」を買収した。エヌビディアはコスト削減と利益拡大を求めるウォール街から圧力を受けながらもこうした決断を下した。インテルがコスト削減と利益拡大のためにARMアーキテクチャとGPUの追求を断念したのとは対照的だ。これは「イノベーションのジレンマ」の典型例といえる。既存企業であるインテルは新技術をうまく活かせず、より機敏なエヌビディアにそのビジネスモデル全体を覆されてしまったのだ。

これまで、主要なコンピューティングの時代が訪れるたび、テクノロジーは市場をリードするプラットフォームを開発できる大手企業に味方してきた。いわゆる「勝者のほぼ総取り」の構図だ。ウィンテルによるPC業界の支配は、AI用ハードウェアとソフトウェアの分野でリードするエヌビディアにとっての手本となっている。投資銀行ジェフリーズのアナリストであるマーク・リパシスは、2023年8月のレポートで、PC産業時代の営業利益のなんと80パーセントはウィンテルが生み出したと推定している。[19] インターネットの台頭により、グーグルは検索市場の90パーセントを占有したし、[20] アップルはスマートフォン産業時代の利益の80パーセント近くを生み出してきた。

この歴史に鑑みると、AI時代の利益の大部分はエヌビディアの手に渡ると考えていいかもしれない。CUDAと、CUDAプラットフォームを実行できる唯一のチップであるエヌビディア製GPUという黄金の組み合わせは、PCブームの最中にマイクロソフトのウィンドウズOSとインテルのx86プロセッサが達成した「ロックイン」の力に匹敵するものだ。かつて多くの企業がウィンドウズとそのライブラリ上で開発を行なったように、現在のAIモデルの開発者やAI企業もCUDAソフトウェア・ライブラリ上で開発に励んでいるからだ。

もちろん、IBMやインテルと同じように、エヌビディアもどこかでためらい、新たなコンピューティングの波に乗り損ねてしまう可能性もある。これからも存在感を保ちたいなら、警戒感を失わないことが必要だろう。ゲルシンガーは、高速コンピューティングに対するビジョンを貫き通したジェンスンを称えた。「ジェンスンには敬服するよ。みずからの使命を忠実に貫いたんだからね」と彼は語った。しかし、これは単なる戦略的ビジョンの問題ではない。エヌビディアは今もなお投資媒体ではなくテクノロジー企業として営業を続けている。たとえイノベーションがエヌビディアの利益にとって足手まといになろうとも、新たなイノベーションを犠牲にしてまで収益率や利益の確保にこだわったりはしない。

「存在感を保ちつづけるには、投資するしかない」とジェンスンはかつて語った。「この業界では、投資をやめたとたんに淘汰されてしまうからだ」

つまり、高度な技術を要する半導体業界では、革新的なエンジニアリングのほうが財務指標よりもはるかに重要である、と彼は信じているのだ。この信念こそが、ジェンスンと彼のライバルたちを分かつ最大の要因なのかもしれない。

第Ⅳ部

未来に向かって

2013年～現在

第11章 AIへの道

「生ける伝説」の参画

2005年になると、エヌビディアの主任科学者のデイヴィッド・カークに心境の変化が芽生えていた。彼は、エヌビディアを救ったRIVA128チップの開発の真っ只中である1997年初頭に同社に入社して以来、数々のチップ・アーキテクチャの開発の陣頭指揮をとり、エヌビディアが倒産寸前の危機と市場を席巻する成功のあいだで揺れるのを目の当たりにしてきた。長時間の労働と仕事のストレスに疲れ果て、一息つきたいと考えていたが、そのためにはこの役職にふさわしい後任を見つける必要があった。とはいえ、エヌビディアの主任科学者という役割に対して彼自身、そしてジェンスンが求める高い基準を満たす人物は、この業界に心当たりがなかった。しかし、カークは輝かしい経歴を持つひとりの学者に目をつけていた。問題は、どうやってその学者を今の地位からエヌビディアへと誘惑するかだった。

その人物、ビル・ダリー教授は、コンピュータ科学の分野で証明すべきことは何ひとつ残っていない「生ける伝説」だった。彼は1980年にバージニア工科大学で電気工学の学士号を取得したあと、ベル研究所で最初期のマイクロプロセッサの開発に携わった。1981年、ベル研究所で働きながらスタンフォード大学で電気工学の修士号を取得し、その後1983年にはカリフォルニア工科大学のコンピュータ科学の博士課程に進学した。[1] ダリーの博士論文のテーマは「並行データ構造」であり、これは複数の計算スレッドを同時に利用できるようコンピュータ上の情報を構造化する技術である。この論文の審査委員には、ノーベル賞を受賞した理論物理学者であり、量子力学の先駆者でもあるリチャード・ファインマンも名を連ねていた。現在、この技術は「並列計算」として知られており、エヌビディアは高度なプロセッサ製品ライン全体でこの技術を活用している。

博士号を取得したのち、ダリーはマサチューセッツ州ケンブリッジにあるマサチューセッツ工科大学（MIT）で教鞭をとり、最先端のスーパーコンピュータと市販部品を用いた安価なマシンの両方の開発に取り組んだ。MITで11年間を過ごしたあと、彼はスタンフォード大学に戻り、コンピュータ科学科の学科長を務めた。そして、最終的に同大学の名誉ある寄付講座教授に任命され、「ウィラード・Rおよびイネス・カー・ベル工学教授」の称号を得た。

カークは2000年代初頭にダリーの研究に注目し、のちに「ジーフォース8」シリーズのベースとなる「テスラ」チップ・アーキテクチャに関するコンサルティングを依頼した。この製品は初のプログラマブルGPUである「ジーフォース3」以降、エヌビディアでは5世代目となる〝真〟のGPUだったが、並列計算を本格的に活用した初の製品のひとつでもあった。そのコンサルティング契約は、ダリーに対する6年がかりのラブコールの第一歩となった。

「それは長い時間をかけた採用プロセスだった。彼が針にかかったと見るや、ゆっくりとリールを巻いていったんだ」とカークは言う。「ビルもまたエヌビディアにとって不可欠な存在だった。並列計算の達人のようなものだからね。彼は並列計算にキャリアを捧げてきた。だから、彼には並列計算の仕組みについてのビジョンがあったんだ[2]」

2008年、ダリーは次のステップを考えるために長期有給休暇を取った。翌年、とうとうカークの説得が実り、ダリーを産業界に引き込むことに成功した。ダリーはスタンフォード大学の職を辞し、自身の理論研究を商業に応用することを目指して、エヌビディアの正社員となった。

カークがダリーを雇ったのは、社内のさまざまな職務を担う重要職である主任科学者のポストを引き継いでもらうためだけではなかった。ダリーならきっと、エヌビディアのGPU技術の開発を勢いづけてくれると確信していたのだ。

CPUに近づくGPU

コンピューティング史の最初の50年間、コンピュータの内部でもっとも重要なチップといえば中央処理装置、つまりCPUだった。CPUは幅広いタスクをこなせる「なんでも屋」のような存在だ。CPUはひとつのタスクから次のタスクへと高速で移行し、そのそれぞれに大量の処理能力を割り当てることができる。とはいえ、コアの数が限られており、同時に処理できる計算スレッドの数が少ないため、並列処理の能力には限界がある。

対照的に、GPUは複雑な計算よりも大量の計算に特化している。数百個や数千個もの小さな計算コアを搭載しているので、タスクを多数の比較的単純な演算へと細分化し、それらを並列に実行することが可能になる。GPUはCPUほど万能ではないものの、処理速度では多くの用途でCPUを圧倒的に上回るのだ。[3] つまり、GPU成功の秘訣は「並列計算」にあるといっていい。それはビル・ダリーが開拓した分野だった。

業界人ではなくグラフィックス愛好家向けにサンノゼで開催されたカンファレンス「エ

ヌビジョン08」で、テレビ番組『怪しい伝説』の司会者のジェイミー・ハイネマンとアダム・サヴェッジが、エヌビディアの依頼でプレゼンテーションを行なった。ふたりはエヌビディアからCPUとGPUの違いがわかる実践的なデモの考案を依頼されたのだという。「GPUの仕組みを解説する科学の授業みたいなものだよ」とサヴェッジは言った。[4] そこでふたりは、「絵を描く」というまったく同じ作業を2通りの方法で行なう2台のマシンをステージ上に持ち込んだ。1台目のマシン、その名も「レオナルド」は、リモコン式のロボットで、戦車のような1組のキャタピラの上に設置された回転式のアームに、ペイントボールを発射するガンがついている。ハイネマンが舞台上でロボットを操縦し、まっさらなキャンバスの前まで移動させると、レオナルドはあらかじめプログラミングされたアルゴリズムに従ってペイントボールを発射しはじめた。30秒間で、レオナルドは一目でスマイリー・フェイスだとわかる絵を青一色で描き出した。これこそが、サヴェッジによると、CPUがタスクを実行する方法なのだという。「一連の別個の処理をひとつずつ順番に実行していくんだ」

2台目のマシン、その名も「レオナルド2」は、よりGPUに近かった。それは同じ形の1100本の筒が長方形状に並んだ巨大なラックであり、それぞれの筒には1発ぶんのペイントボールが装填されていた。筒は2基の巨大な圧縮空気タンクのどちらかとつながっていて、空気の圧力ですべてのペイントボールを同時に発射する仕組みだ。レオナルドがシンプルなスマイリー・フェイスを描くのに約30秒かかったのに対し、レオナルド2は0・1秒にも満たない時間でキャンバス全体に塗料を吹きかけ、『モナ・リザ』を模したとわかるフルカラーの絵を描き出した。「並列プロセッサみたいなものだ」とハイネマンはおなじみの無表情で言った。

コンピュータ・グラフィックスの描画は、計算負荷の高い作業だが、たとえば100万セルのスプレッドシート内の数式をすべて計算し直すとかいうような作業と比べれば、はるかに単純だ。そのため、コンピュータのグラフィックス処理能力を向上させるもっとも効率的な方法は、グラフィックス処理に関連する少数のタスクに特化し、多数のソフトウエア・スレッドを並行して処理できる特殊なコアになるべく多くアクセスできるようにすることなのだ。GPUが本来の目的を果たすために必要なのは、より高い柔軟性や強力な処理能力ではない。単純に処理量の多さなのである。

時代を追うごとに、CPUとGPUの区別はあいまいになってきた。特に、GPUが得意とするような行列の計算が、コンピュータ・ビジョン、物理的なシミュレーション、人工知能といった多様な分野に応用できることが判明してくると、その傾向は強まった。GPUがいっそう汎用チップに近づいたのだ。

AI革命の火つけ役

エヌビディアに入社した直後、ダリーは並列計算の研究を進めるために社内の研究チームを再編しはじめた。彼が手がけた最初の大規模プロジェクトのひとつは、インターネット上のネコの写真に関するものだった。

ダリーのスタンフォード大学の元同僚で、コンピュータ科学教授のアンドリュー・エンは、アルファベット傘下のAI研究所のひとつで、のちにグーグル・ディープマインドへと統合されたグーグル・ブレインと協力し、ニューラル・ネットワークを通じた効率的なディープラーニング（深層学習）の実施方法を模索していた。初期のニューラル・ネットワークでは、人間がネットワークになんの画像なのかを〝教える〟必要があったが、ディープラーニングを行なうニューラル・ネットワークは完全に自律的な学習を行なう。たとえば、エンのチームは、ユーチューブから無作為に抽出した1000万枚の静止画をディープラーニング・ネットワークに入力し、どのパターンが〝記憶〟に値するほど頻繁に現われるのかをネットワーク自身に判断させた。そのモデルは、あまりに多くのネコ動画を見た結果、人間の介入なしにネコの顔の合成画像を独力で生成できるようになった。以後、そのネットワークはトレーニング用のデータセットに含まれない画像のなかでも、ネコを正確に識別できるようになった。[5]

ダリーのようなコンピュータ科学分野のベテランにとっては、これが転換点になった。「ディープラーニングを機能させるのに必要な要素が3つある」と彼は言う。[6]「ひとつ目は、1980年代ごろから存在するコア・アルゴリズム。トランスフォーマーなどの改良はあるが、基本的には数十年前から変わらない。ふたつ目は、データセット。大量のデータが必要になる。ラベルづけされたデータセットは、2000年代初頭から登場しはじめた興味深いデータセットだ。すると、フェイフェイ・リーがイメージネット・データセットを構築しはじめた。あれこそ真の公共奉仕というやつだろう。あの巨大なデータセットが公開されたおかげで、多くの人がとても面白い研究を行なえるようになったんだからね」

エンの研究は、深く理解された既知のアルゴリズムを十分に巨大なデータセットに適用することの威力を示したといえるだろう。彼のディープラーニング・モデルは、ネコの認識能力の高さで話題をさらったが、実際にはそれよりはるかに多くのことができる。10億パラメータを上回るグーグル・ブレインのニューラル・ネットワークは、何万種類という形状や物体、さらには顔までも識別できた。[7] エンには、ディープラーニングに適した豊富なデータセットを提供してくれるグーグルの力が必要だった。そのデータセットとは、世界最大級のコンテンツ・ライブラリのひとつであり、グーグルが2006年から所有するユーチューブである。潤沢な研究予算を抱える彼の母校のスタンフォード大学ですら、そこまで豊富なトレーニング素材は提供できなかった（ちなみに、グーグルは利他心からそうしたわけではない。データ提供の見返りとして、エンがそのデータを使って開発したものを商業化する権利は、グーグルが保持していた）。

しかし、「ディープラーニングを機能させるのに必要な要素」の3つ目は、ダリーによれば、ハードウェアだ。これはより解決の難しい問題だった。エンは、グーグルのデータセンターのひとつを利用し、2000基以上のCPUをつないで、実に1万6000個の計算コアを持つ独自のディープラーニング用サーバを構築した。[8] エンの偉業は確かに印象的だった。しかし、ここに来て、彼はサンディエゴ・スーパーコンピュータ・センターのロス・ウォーカーと同じハードルに直面していた。彼の実証研究がどれほど画期的であっても、ディープラーニングの可能性がほとんどの組織にはとうてい手の届かないものであることに変わりはなかったのだ。いかに潤沢な資金を持つ研究グループでも、高価なCPUを数千基も購入することなどできないし、ましてやそれほど巨大なコンピューティング・システムを保管し、電力を供給し、冷却できるデータセンターのスペースを借りることもできなかった。ディープラーニングの可能性を本当の意味で解き放つためには、ハードウェアがずっと安価なものになることが条件だったのだ。

スタンフォード大学を去ってエヌビディアに入社したあとも、ダリーはエンと連絡を取りつづけていた。ある朝、ふたりで朝食をとっていたとき、エンはグーグル・ブレインでの研究内容を明かした。彼は、ディープラーニングの理論を実世界の問題に応用する方法を実証できたと説明した。つまり、人間によるタグづけや介入なしで写真内の物体を自動認識することに成功したのだ。エンは、大量のユーチューブ動画のデータセットと、何万個という従来型のプロセッサの処理能力を組み合わせる自身の手法について詳しく語った。

ダリーは感銘を受けた。「そいつはとても面白い」と彼は言った。すると、彼は人工知能の道筋を変えることになる指摘をした。「GPUを使えば、同じことをずっと効率的にできると思うよ[9]」

そこでダリーは、カリフォルニア大学バークレー校で電気工学およびコンピュータ科学の博士号を取得したエヌビディアの同僚、ブライアン・カタンザーロに、エンのチームがGPUをディープラーニングに活かせるよう手を貸してやってほしい、と頼んだ。ダリーとカタンザーロは、複雑な計算タスクを、GPUがより効率的に実行できる単純な処理へと細分化することが可能だと確信していた。ふたりはみずからが考案した一連のテストを通じて、自分たちの考えが理論上正しいことを紛れもなく証明した。しかし、実際問題としては、ディープラーニング・モデルは単一のGPUで実行するにはあまりにも巨大すぎた。単一のGPUで処理できるのはせいぜい2億5000万パラメータのモデルまでだが、これはエンのグーグル・ブレイン・モデルの規模の数分の一にすぎなかった。1台のサーバに最大4基のGPUを搭載することは可能だったが、複数台のGPUサーバを〝連結〟して全体的な処理能力を向上させるという試みは、前例がなかった。[10]

カタンザーロのチームはエヌビディアのCUDA言語を使い、多数のGPUに計算を分散し、GPU間の通信を管理するための新しい最適化ルーチンを書いた。この最適化により、ふたりはこれまで2000基のCPUで行なっていた作業を、わずか12基のエヌビディア製GPUに集約できるようになった。[11]

カタンザーロは、巧妙なソフトウェア技術を用いればGPUが「AI革命の火つけ役」になりうることを実証したのだ、とダリーは語る。[12]「アルゴリズムを燃料、データセットを空気と考えると、そのふたつの融合を可能にするのがGPUなんだ。GPUがなければ、そんなことは不可能だった」

カタンザーロが手がけたCUDAの最適化は、ジェンスンと初めて直接連絡を取るきっかけになった。「突然、彼が私の仕事に大きな興味を示すようになったんだ。彼からメールが来て、私が何をしようとしているのか、ディープラーニングとはなんなのか、どういう仕組みなのかを訊かれたよ」とカタンザーロは振り返る。「それからもちろん、それを実現するうえでGPUがどういう役割を果たすのかも[13]」

当然ながら、ジェンスンの頭にはGPUをもっとたくさん売りたいという願望があった。しかしそのためには、GPUの普及を後押しする〝キラー・アプリ〟を見つける必要がある。ディープラーニングはそのキラー・アプリになる可能性を秘めていた。だが、そのためには、ペットの認識以外の用途を見出す必要があった。

「アレックスネット」の偉業

カタンザーロがニューラル・ネットワークを用いたディープラーニング・プロジェクトに取り組むエンを支援していたのと同じころ、トロント大学の研究チームが驚きの事実を証明した。こうしたニューラル・ネットワークは、もっとも厄介なコンピュータ・ビジョン（コンピュータによる画像や動画の認識について研究するコンピュータ科学の一分野）の問題を解決する能力において、人間が開発した最良のソフトウェアをも上回ることを示したのだ。

この重要な節目の起源は2007年にあった。そのころ、プリンストン大学のコンピュータ科学教授に着任したばかりのフェイフェイ・リー（先ほどのダリーの引用に登場した人物）が、新たなプロジェクトに取り組みはじめた。当時、コンピュータ・ビジョンの分野では、最良のモデルやアルゴリズムの開発に力が注がれていた。最良のアルゴリズムを設計した者が、必然的にもっとも正確な結果を得られると考えられていたからだ。しかし、リーはこの前提を覆し、たとえ最良のアルゴリズムを設計しなくても、最良のデータでトレーニングを積んだ者が最良の結果を得られる、という考えを提唱した。[14] 研究者仲間たちがトレーニングに必要なデータの収集という途方もない作業をスムーズに進められるよう、リーは内容を表わすタグを1枚1枚手作業でつけた画像データベースをまとめはじめた。

2年間の作業を経て、データベース内の画像は300万枚以上にまで増えた。画像は重複のない1000種類のカテゴリに分類され、そのなかにはカササギ、気圧計、電動ドリルのように具体的なものもあれば、ハチの巣、テレビ、教会のようにおおざっぱなものもあった。リーはこのデータベースを「イメージネット（ImageNet）」と名づけ、研究論文という形で学界に発表した。しかし、最初は誰もその論文を読んでくれず、彼女があの手この手で研究に注目を集めようとしても大きな反応はなかった。そこで彼女は、同じようなデータベースを保有し、毎年ヨーロッパでコンピュータ・ビジョン研究者向けの大会を主催していたオックスフォード大学に連絡を取った。そして、イメージネットを使用した同様の大会をアメリカで共催してくれないかと持ちかけた。オックスフォード大学は提案に乗り、2010年に第1回「イメージネット大規模画像認識競技会（ImageNet Large Scale

Visual Recognition Challenge)」が開催された。[15]

ルールは簡単。競技会に参加する画像認識モデルは、イメージネットからランダムに出題される画像を正確に分類しなければならない。2010年と2011年の最初の2大会の結果はあまり芳しくなかった。第1回大会では、あるモデルがほとんどの画像を誤分類したうえに、75パーセント以上の正答率を叩き出したチームはひとつもなかった。[16] 2年目にはチーム全体の成績が平均的に向上し、最下位のチームでも正答率が50パーセント前後だったが、今回も75パーセント以上の正答率を達成したチームはなかった。

2012年に開催された第3回大会では、トロント大学教授のジェフリー・ヒントンと彼のふたりの学生、イリヤ・サツケバーとアレックス・クリジェフスキーが、「アレックスネット（AlexNet）」なるものを発表した。残りのチームがまず画像認識のアルゴリズムやモデルを開発し、そのあとでそれをイメージネットで利用するための最適化に取り組んだのに対し、アレックスネット・チームはその逆のやり方を採用した。彼らはエヌビディアのGPUを使用して小規模なディープラーニング・ニューラル・ネットワークを構築したうえで、そのネットワークにイメージネットの画像を見せ、画像とそのタグとの関係を〝学習〟させたのだ。つまり、アレックスネット・チームは、最良のコンピュータ・ビジョン・アルゴリズムを書こうとはしなかった。それどころか、自分たちではコンピュータ・ビジョンのコードを1行たりとも書かなかった。代わりに、最良のディープラーニング・モデルを構築し、コンピュータ・ビジョンの問題の解決をモデル自身に任せたのである。

「フェルミ世代あたりから、GPUは十分に強力になって、相当規模のニューラル・ネットワークや相当量のデータを、ある程度の時間で処理できるようになったんだ」とダリーは述べた。彼のいうフェルミというのは、「ジーフォース500」シリーズのベースとなった2010年リリースのチップ・アーキテクチャのことだ。「だから、アレックスネットのトレーニングは2週間で完了した」[17]

その結果は目をみはるものだった。今回も、ほとんどの参加者が正答率75パーセントの壁に阻まれたが、アレックスネットは約85パーセントの画像を正確に分類してみせた。しかも、それを完全に独力で、つまりディープラーニングの力を通じて成し遂げたのだ。アレックスネットの勝利はエヌビディアにとって大きなPRになった。というのも、ヒントンと学生たちが使用したのは、単価数百ドルの市販の消費者向けGPU2基だけだったからだ。こうしてアレックスネットは、エヌビディアの名を、人工知能史上もっとも重大とされている出来事のひとつと永遠に結びつけたのだ。

「アレックス・クリジェフスキーとイリヤ・サツケバーがイメージネットの論文を発表す

るやいなや、世界に旋風が吹き荒れたんだ」とカタンザーロは語った。「忘れられがちなのは、その論文が主にシステムに関する論文だということだ。人工知能の考え方に関する斬新な数学的概念を提唱する論文じゃない。むしろ、ふたりは高速コンピューティングを用いて、画像認識の問題に適用するデータセットとモデルを劇的に拡大した。そして、そのことが最高の成果につながったんだ[18]」

アレックス・クリジェフスキーとイリヤ・サツケバーの研究は、ジェンスンの人工知能への関心を掻き立てた。ジェンスンはビル・ダリーと頻繁に話し合うようになり、ディープラーニング、特にGPUを用いたディープラーニングがエヌビディアにどれほど大きな機会をもたらすかに注目した。経営陣のあいだでもこの話題について盛んに議論が交わされた。ジェンスンの側近のうちの何人かは、ディープラーニングを一時的な流行にすぎないと考え、投資の拡大に反対したが、CEOは反対を押し切った。

「ディープラーニングは絶対に大化けするぞ」と彼は2013年の幹部会議で言った。「全力投資するべきだ」

すべてをAIのために

自覚はなかったが、ジェンスンはエヌビディアの創業から20年間、まさにこの瞬間のために準備してきたといってもいい。彼は、ライバル企業からもパートナー企業からも優秀な人材を引き抜くなどして、エヌビディアを最高の人材で固めた。また、卓越した技術、最大限の努力、そして何よりも会社への完全な献身を重んじる社風を築き上げた。さらに、自身の細部へのこだわりと幅広い視野の両方を体現した企業をつくり上げた。そして今、彼はあらんかぎりの影響力を駆使して、エヌビディアをテクノロジー業界の主役に導こうとしていた。AIが活躍する未来を実現できるハードウェア・メーカーとして。

その第一歩は、AI分野に割り当てる人員と予算の大幅な拡大だった。カタンザーロによると、それまでAI関連のプロジェクトに携わる社員はほんの一握りだったという。しかし、エヌビディアの目の前に巨大な機会が広がっていることを理解しはじめたジェンスンは、「ワンチーム」の哲学にのっとり、大急ぎで人員や予算の割り振りを見直した。「エヌビディア全体がたった一日で急変したというわけじゃない」とカタンザーロは振り返る。「数か月という期間をかけて、ジェンスンは少しずつAIに興味を持ち、どんどん深い質問をするようになり、やがて機械学習に総力を上げるよう促しはじめたんだ[19]」

それ以降、エヌビディアはAI市場に特化した新機能を続々とリリースしていった。ジェンスンはすでに自社の全ハードウェア製品をCUDA対応にするという重大で高コストな決断を下していた。その目的は、研究者やエンジニアたちが各々のニーズに合わせてエヌビディア製ＧＰＵをプログラミングできるようにすることだった。今回、彼はＡＩに特化した改良案を考えるようダリーに指示した。

ジェンスンは、全社会議で戦略の重点を変更すると発表した。「ＡＩへの取り組みを最優先事項ととらえなければならない」と彼は言った。[20] そのためには、適切な人材をＡＩプロジェクトに割り振る必要がある。もし彼らが現在別のプロジェクトに配属されているとしても、今後はＡＩに重点的に取り組んでもらうことになる。なぜなら、ＡＩがほかのどんな仕事よりも重要になるからだ。[21]

カタンザーロは、自身の取り組んでいたＧＰＵの最適化作業を「ＣＵＤＡディープ・ニューラル・ネットワーク（ｃｕＤＮＮ）」というソフトウェア・ライブラリへと発展させた。ｃｕＤＮＮはＡＩ用に最適化された同社初のライブラリとなり、やがてＡＩ開発者にとっての必須ツールへと進化していく。ｃｕＤＮＮは、主要なＡＩフレームワークのすべてに対応し、ユーザが必要とするＧＰＵタスクにとってもっとも効率的なアルゴリズムを自動的に利用することができた。「ジェンスンはそうとう興奮していたよ」とカタンザーロは語る。「なるべく早く製品化して出荷したがっていた」

もうひとつの有望な改良策は、エヌビディアのＧＰＵで実行できる計算の精度を調整することだった。当時、同社のＧＰＵは32ビット（単精度、ＦＰ32）または64ビット（倍精度、

FP64）の計算精度をサポートしていた。どちらの計算精度も多くの科学技術分野で必須とされていた。しかし、ディープラーニング・モデルにそこまでの精度は必要なかった。ニューラル・ネットワークはトレーニング中の計算誤差に強かったので、GPUは16ビット浮動小数点（FP16）の計算さえ実行できれば十分だった。言い換えれば、エヌビディアのGPUはディープラーニング・モデルにとっては細か<ruby>すぎる</ruby>精度で計算を行なっており、そのせいで計算速度ががくんと落ちていたのだ。GPUの動作を高速にし、ディープラーニング・モデルをより効率的に実行できるようにするため、ダリーは2016年にエヌビディアの全GPUにFP16のサポートを実装した。

しかし、真の難関は、AI向けに最適化された特別なハードウェア回路をつくることにあった。エヌビディアがAIに舵を切ったとき、社内のアーキテクトたちはすでに次世代GPU「ボルタ」の開発に取り組んでいた。この新型GPUは数年前から開発が進められており、その段階でチップ設計にちょっとした変更を加えるだけでも多大なコストと手間がかかると考えられた。しかし、ダリーはジェンスンの後押しもあり、ここでAIに特化したチップをつくらなければ、次にチャンスが巡ってくるのは数年先かもしれない、と気づいた。

開発プロセスの終盤に差し掛かっていたにもかかわらず、「GPUグループ、ジェンスン、そして私自身を含めたチーム全体が、AIのサポートの大幅強化に賛成した」とダリーは言う。その「サポート」には、ボルタに搭載されたまったく新しいタイプの小型プロセッサ「テンサー（テンソル）コア」の開発も含まれていた。機械学習におけるテンソルとは、多次元の情報を格納する一種のデータの「入れ物」のことで、特に画像や動画といった複雑な種類のデータに用いられる。その豊かな情報量により、テンソルベースの計算には大量の処理能力が必要となる。そして、画像認識、言語生成、自動運転といったもっとも興味深い形態のディープラーニングでは、ますます巨大で複雑なテンソルの使用が求められた。

従来のGPUが、限られたタスクをより効率的に処理する能力のおかげでCPUベースの計算を上回っていたのと同じように、テンサー・コアもまた、さらに専門的なタスクをいっそう効率的に処理できるよう最適化されているため、従来のGPUに比べて格段の進化を遂げていた。ダリーの言葉を借りれば、ディープラーニングのみに特化した「行列積エンジン」だ。テンサー・コアを搭載した「ボルタ」ベースのGPUは、標準的なCUDAコアを搭載した同等のGPUと比べて、ディープラーニング・モデルを3倍も速くトレーニングすることができた。[22]

こうしたイノベーションや変更のすべてにコストがかかった。ダリーのチームは、予定されていたテープアウト（確定した設計が生産に回される直前の工程）のわずか数か月前に、「ボルタ」製品ラインの最終調整を行なった。重大な欠陥が見つかったわけでもないのに、チップ・メーカーが土壇場でそうした調整を自発的に行なうのは異例のことだった。「どれだけのチップ領域をＡＩに費やすかの判断だった。進化を続けるＡＩ市場がいずれ巨大になるのは目に見えているからね」とダリーは振り返った。「それは結果的によい判断だった。土壇場でそういう判断ができたというのが、エヌビディアの真の強みだと思う」[23]

ある意味では、エヌビディアはいつもどおりのことをしたまでだ。つまり、巨大な機会を見つけ、誰もその潜在的な価値に気づかないうちに製品を市場に投入したのだ。ジェンスンはＡＩの開発競争の早い段階で、重要なのはディープラーニング用の最速チップをつくることだけではない、と気づいた。ハードウェアとソフトウェアのインフラ全体をどう連携させるかも同じくらい重要だった。そして２０２３年には、こうしたモデルの拡張に役立つアーキテクチャや注意機構（与えられた入力の一部に重点を置く手法）があったことも、ＡＩ業界にとっては大きな弾みになったと振り返っている。[24]

ダリーの意見も同じだ。「より重要なのは、早い段階でソフトウェアのエコシステム（生態系）全体を構築することなんだ」と彼は述べた。エヌビディアは「ＧＰＵ上でのディープラーニングを効率化する一連のソフトウェア」を生み出したかった。既製のフレームワークやサポート・ソフトウェアのライブラリを提供すれば、サードパーティの開発者、研究者、エンジニアたちがAIを思い浮かべたとき、真っ先にエヌビディアに頼るようになるからだ。

CUDAがAIの学術研究者たちの閉ざされた世界でエヌビディアの名を広めたように、エヌビディアの次世代のハードウェアは、同じ先駆的な研究者たちが商業市場に進出するタイミングにちょうど間に合う形で登場することになった。たちまち、AIの重心はスタンフォード大学、トロント大学、カリフォルニア工科大学から、スタートアップ企業や大手テクノロジー企業へと移行していった。ジェフリー・ヒントンとフェイフェイ・リーはグーグルに所属することになり、アンドリュー・エンは中国最大の検索エンジンから今やテクノロジー複合企業へと成長を遂げた「バイドゥ」の主任科学者に就任した。そして、ヒントンの教え子であり、アレックスネットで突破口を切り開いた3人の研究者のひとりであるイリヤ・サツケバーは、ディープラーニング系のスタートアップ企業「オープンAI」を共同創業し、AI革命を一般の人々にも知らしめることになる。

その全員に共通するのは、学者時代にエヌビディアのGPUを用いて画期的な研究を行なっていた、という点だ。そして、AIが無名の学問分野から、新型チップ、AIサーバ、データセンターへの巨大な需要を生み出す世界的な熱狂へと進化していくあいだも、エヌビディアは彼らにとって最優先の選択でありつづけたのだ。

ビル・ダリーとブライアン・カタンザーロのおかげで、ジェンスンは新たなテクノロジーの可能性をいち早く察知することができた。ジェンスンは、ＡＩが10年としないうちに、「ソフトウェアとハードウェアのＴＡＭ［総獲得可能市場］をこの数十年でもっとも大きく拡大する」と確信していた。[25] 彼はわずか数年でエヌビディアをＡＩ中心の企業へとつくり直し、「光の速さ」で突き進んだ。いやむしろ、固定的な組織構造、長期的な開発スケジュール、慎重な研究開発投資といった業界の常識に逆らい、思いきった行動に出たからこそ、ついにＡＩの地殻変動が起きたとき、エヌビディアはいち早くそのチャンスを活かすことができたのである。しかし、テクノロジー業界全体の足下で、地殻がどれだけ激しく変動しようとしているのかは、誰にも、ジェンスンにさえも知る由はなかった。

世界「最恐」のヘッジファンド

「物言う投資家」スターボード・バリュー

ほとんど知られていないことだが、世界でもっとも有名なアクティビスト・ヘッジファンドともいわれる「スターボード・バリュー」とエヌビディアの歴史は、密接に絡み合っている。

スターボード創業者のジェフ・スミスは、ロングアイランドのグレート・ネックという町で育った。1994年にペンシルベニア大学ウォートン・スクールで経済学の学位を取得し、投資銀行業界でのキャリアを歩みだした。その後、彼はレミアス・キャピタルという小規模なヘッジファンドに入社し、同ファンドはコーウェン・グループと合併した[1]。

2011年、スミスはふたりのパートナーとともに、独立ファンドとしてスターボード・

バリューを立ち上げる。「すべての株主の利益のため、伸び悩む企業の価値を引き出すことに尽力する」ファンドだった。[2]

２０１４年の『フォーチュン』誌の記事によると、スミスはその攻撃的な「物言う《アクティビスト》」投資スタイルにより、アメリカ企業界でたちまち「もっとも恐れられる男」の名をほしいままにした。[3] 当時、スターボード・バリューは30億ドル以上の資産を運用しており、年間15・5パーセントという驚異的なリターンを生み出していた。スターボードは、バイオテクノロジー企業「サーモディィックス」やヘアサロン企業「レジス」も含め、30社の取締役会の80人以上の取締役を交代に追いやっていた。２０１２年には、ＡＯＬの取締役会に新たな取締役を加えるための委任状争奪戦《プロキシー・ファイト》で珍しく敗北を喫したものの、さらに大きな獲物に狙いを定めつづけた。

２０１３年終盤、スターボード・バリューはこれまでもっとも派手な行動に出る。国内最大のフルサービス式チェーン・レストラン事業者であり、オリーブ・ガーデンやレッドロブスター、ロングホーン・ステーキハウスなどの全国チェーンを所有・運営している「ダーデン・レストランツ」の株式の5・6パーセント取得を発表したのだ。長年売上が落ち込んでいたダーデンは、シーフードのコスト上昇を理由に、レッドロブスターの完全売却を決定していた。[4] スミスはこの判断に異を唱えた。彼はダーデンの不振の原因がお粗末な経営にあると断罪し、レッドロブスターの売却は株主価値を創出するどころか、むしろ毀損《きそん》すると主張した。スターボードは、ダーデンには生き残りに必要な要素がほとんどすべて揃っており、足りないのはまともなリーダーシップだけだと考えていたのだ。

2014年9月、スターボード・バリューは、ダーデンの再建案をおよそ300枚におよぶパワーポイント・プレゼンテーションにまとめて公開した。この資料は国内メディアで大きな注目を集めた。再建案の特に辛辣な論調を指摘するビジネス・ジャーナリストもいれば（「長年ずさんな経営が行なわれてきたダーデンは、立て直しが切実に求められている」）、ウェイターにお代わり自由のスティックパンを少しずつ配るようにさせる、といったコスト削減策をからかうジャーナリストもいた。[5] しかし実際には、スターボードの再建計画は包括的で理にかなったものであり、スティックパンの件も、スタッフと来店客の交流の機会を増やすという意図があった。さらにスターボードは、単なる財務的な理由以上に、ダーデンのブランドを心から気にかけていると訴えた。あるスライドには、「オリーブ・ガーデンは私たちの心のなかで特別な存在である」と書かれていたほどだ。[6] 一方では感傷的であり、もう一方では厳格であるスターボードの姿勢は、株主の心をつかんだ。結局、スターボードは委任状争奪戦に勝利し、ダーデンの12人の取締役は刷新された。その後、ダーデンのCEOも辞任し、スターボードの承認を得た再建計画が実行された。この勝利は、徹底的でタフな人物であるというスミスの評判を不動のものにした。

エヌビディアの株主としてのスターボード

ダーデンに対するスターボードの勝利が話題をさらう1年前、スミスはエヌビディアにも密かに触手を伸ばしていた。

2013年初頭、エヌビディアの株主たちはそわそわしていた。株価は4年間ほぼ横ばいで、業績も明るい面と暗い面が混在していた。たとえば、直近の11月～1月の四半期では、売上は前年比7パーセント増加した一方で、利益は2パーセント減少していた。

エヌビディアのバランスシートは非常に健全だった。保有するネット・キャッシュ（現金、預金、有価証券から有利子負債を差し引いた純粋な手元資金）はおよそ30億ドルと、エヌビディア全体の市場価値が合計80億ドルであることを考えればかなりの額の資産だった。しかし、同社の成長率は1桁パーセント台にとどまっており、その結果として株価収益率（PER）は14倍にとどまっていた。スターボードは、手元資金を差し引いてもエヌビディアが著しく過小評価されており、その中核資産にははるかに大きな成長の余地があると考えていた。そこで、スターボードは牙を剥いた。米国証券取引委員会（SEC）の「フォーム13F」報告書によると、スターボードは2013年4月～6月の四半期に、エヌビディアの株式を４４０万株、金額にしておよそ６２００万ドルぶん取得した。

エヌビディアの一部幹部は、スターボードが投資家として名を連ねることを歓迎しなかった。エヌビディアのある上級幹部によると、エヌビディアの取締役会はスターボードが企業の再編を強引に進め、自社の取締役を送り込み、ＣＵＤＡへの投資を削減させるのではないか、とひどく心配していたという。それは、スターボードが翌年ダーデンに対して試みる劇的な再編そのものだった。別のエヌビディア幹部によると、スターボードは取締役会の席をひとつ求めてきたが、取締役会は要求をはねのけたそうだ。

それでも、両社の関係がそこまで敵対的になることはなかった。「いわゆる危機的な段階に至ったことはないと思う。デフコン１みたいな状況にはね」とあるエヌビディア幹部は語った。デフコンとは、米軍が用いる核戦争への警戒態勢のことで、デフコン５は平時を、デフコン１は核戦争の危機を意味する。「でも、デフコン３くらいまでは行ったかな」

スターボードの経営陣は、ジェンスンやほかのエヌビディア幹部たちと何度か面会し、戦略を話し合った。のちにこの投資を振り返ったスミスは、スターボードが主に支持していたのは、積極的な自社株買いプログラムの推進と、携帯電話向けプロセッサなどＧＰＵ以外のプロジェクトからの撤退だったと語った。[7] スターボードはこれらの面会のあと、それ以上の圧力をかけることは控えた。結局、スターボードは自社株買いの希望を叶えることとなる。2013年11月、エヌビディアはふたつの発表を行なった。2015年度までに10億ドルの自社株買いを行なうことの約束と、さらに10億ドルの自社株買いの追加承認である。この発表後の数か月間で株価は20パーセントほど上昇し、スターボードは翌年3月までに保有するエヌビディア株を売却した。

敵対関係どころか、エヌビディアとスターボードはこの短期間で見事に協力したようだ。「ジェンスンには心から感銘を受けたよ」とスミスは話す。

一方のジェンスンは、スターボードと面会を重ねたことは覚えているが、話し合いの内容についてはは具体的に覚えていない。気づいたころには、スターボードはエヌビディアの投資家ではなくなっていたからだ。それでも、スターボードが半導体産業、そしてエヌビディアに及ぼした影響は、それで終わりではなかった。

スターボードがもたらした「メラノックスの買収」

メラノックスという企業は、1999年にCEOのエヤル・ウォルドマンを中心とするイスラエルの数人のテクノロジー幹部たちによって設立された。同社は「インフィニバンド」（データセンターやスーパーコンピュータなどの環境で用いられる高速データ転送技術の一種）規格のもとでデータセンターやスーパーコンピュータ向けの高速ネットワーキング製品を提供し、すぐさま業界をリードする企業にのし上がった。同社の収益成長は目覚ましく、2012年の5億ドルから2016年には8億5800万ドルにまで増加した。しかし、巨額の研究開発投資が足を引っ張り、利益率を極端に押し下げていた。

2017年1月、スターボードはメラノックスの株式の11パーセントを取得したうえで、過去5年間の冴えない業績について、ウォルドマンら経営陣を痛烈に批判する書簡を送った。その期間、半導体業界全体の株価指数は470パーセント上昇したにもかかわらず、メラノックスの株価は下落していた。さらに、同社の営業利益率は同業他社の平均の半分程度だった。「長期間、メラノックスは半導体企業のなかで最悪レベルの業績に甘んじてきた」とスターボードの書簡には記されていた。「表面的な変革や段階的な改善ではもうとっくに手遅れだ[8]」

メラノックスの取締役会との長期にわたる議論の末、2018年6月、両社は和解に至った。スターボードが承認した3名の取締役をメラノックスの取締役会に加え、なおかつメラノックスが内々で定めた財務目標を達成できなかった場合、スターボードに追加の将来的な権利を付与するという内容だった。これらの譲歩に加えて、スターボードはウォルドマンを解任するための委任状争奪戦を起こす権利まで保持した。その代わりにメラノックスは、独立企業として運営するよりも高いリターンを望める企業に自社を売却する選択肢を得た。これにより、半導体産業史上もっとも重要な取引のひとつとなる出来事の布石が敷かれたのだった。

２０１８年9月、メラノックスはある外部企業から、同社を1株１０２ドルで買収したいという法的拘束力のない提案を受けた。これは、同社の当時の株価76・90ドルに対して3割超のプレミアムを上乗せした価格だった。こうして、メラノックスは完全な買収合戦の標的となり、ある投資銀行にほかの入札企業を探してもらった。最終的に、買い手の候補は7社に広がった。

別のエヌビディア幹部によれば、買収の機会が巡ってきたとき、ジェンスンはメラノックスの買収を検討していなかったという。しかし、すぐにメラノックスが持つ戦略的な重要性を見抜き、入札に勝利する覚悟を決めた。こうして10月、エヌビディアは買収合戦に名乗りを上げた。

最終的に、候補は3社の本気の入札企業に絞られた。エヌビディア、インテル、そして主に産業用途のチップを製造するザイリンクスの3社だ。この3社は、数か月にわたる入札合戦を繰り広げたが、インテルとザイリンクスは1株１２２・50ドル付近で白旗を揚げた。エヌビディアはそれよりわずかに高い1株１２５ドルで入札し、２０１９年3月7日、入札合戦に勝利した。合計69億ドル、全額現金による買収劇だった。

数日後、エヌビディアとメラノックスは買収を正式発表し、アナリストや投資家に向けた電話会見を行なった。

「メラノックスの買収がエヌビディアにとって理にかなっている理由、そして私が今回の取引に興奮している理由をご説明しましょう」とジェンスンは語った。彼は高性能コンピューティングの需要がどう増大していくかを説明した。ＡＩ、科学計算、データ分析といった作業には大幅な性能向上が必要になるが、そのためにはＧＰＵによる高速コンピューティングとネットワーキングの向上が不可欠だろう。やがてＡＩアプリケーションを実行するには数万台のサーバを相互に接続し、連携させることが必要になる。その実現のためには、メラノックスの業界最先端のネットワーキング技術が不可欠である、というわけだ。

「新しいＡＩやデータ分析の作業には、データセンター規模での最適化が求められる」と彼は述べた。つまりジェンスンは、コンピューティングが1台のデバイスの枠を超え、データセンター全体がひとつのコンピュータになる時代が訪れると予測していたのだ。

ジェンスンのビジョンはその数年後に現実のものとなる。２０２４年5月、エヌビディアは、かつてのメラノックスに当たる事業部門が32億ドルの四半期収益を上げたことを発表した。この額は、２０２０年初頭にメラノックスが上場企業として最後に報告した四半期収益と比べると7倍以上だ。エヌビディアが69億ドルといういちどきりの買収費用で手に入れたメラノックスの旧事業は、それからわずか4年で年間120億ドル以上の収益を生み出すようになり、3桁パーセントの成長率を叩き出すまでになっていた。

「メラノックスは、正直にいうと、アクティビスト投資家たちからの贈り物だった」とエヌビディアの上級幹部のひとりは言う。「今日のAI系スタートアップ企業に話を聞けば、メラノックスのネットワーキング技術であるインフィニバンドは、計算能力の拡張とシステム全体の機能にとって驚くほど重要だとわかるだろう」

大手GPUクラウド・コンピューティング・サービス事業者であり、エヌビディアの顧客でもある「コアウィーブ」の共同創業者兼CTOのブライアン・ヴェンチューロは、インフィニバンド技術が今もなお遅延の最小化、ネットワークの輻輳《ふくそう》制御（通信が混み合いすぎないよう制御すること）、処理の効率化における最高の解決策なのだと訴える。

メラノックスの買収は、エヌビディアにとってはいくつかの面で「棚からぼた餅」だった。ジェンスンは最初からメラノックスに目をつけていたわけではなかった。しかし、メラノックスに秘められた機会を見つけ、理解したとたん、エヌビディアはメラノックスを積極的に追求することを決めた。確かに掘り出し物ではあったが、成功するかどうかは、エヌビディアの一部となった新事業をどれだけうまく運営できるかにかかっていた。そういう意味では、メラノックスの買収はエヌビディアの典型的な成功例だったといえる。エヌビディアは他社が手をこまねいているあいだに機会に飛びついた。そうして、メラノックスはエヌビディアがＡＩ分野で覇権を握る原動力になったのだ。

「この件はまちがいなく、史上最高の買収劇のひとつとして歴史に残るだろうね」とグローバル・フィールド・オペレーション部長のジェイ・プリは言った。「ジェンスンは、データセンター規模のコンピューティングには超高性能なネットワーキングが不可欠であり、メラノックスがその分野では世界一だと見抜いていたんだ[9]」

この10年間のエヌビディアの偉業を目の当たりにしたスターボード・バリューのジェフ・スミスもまた、自身の考えを一言でこうまとめた。

「あの株を手放すべきではなかった」

第13章 未来に光を

エヌビディア・リサーチの設立

光というのは恐ろしく複雑な自然現象だ。粒子のようにふるまうこともあれば、波のようにふるまうこともある。物体に反射することもあれば、物体に入射して散乱することも、物体に完全に吸収されることもある。たとえば、空間中を移動する物体や、ほかの物体と衝突して変形する物体とは違い、光は単一の物理法則に従うわけではない。それでも、私たちは目を見開いた瞬間から光にさらされ、実世界での光の〝働き〟を直感的に理解する。

したがって、光はコンピュータ・グラフィックスにおいてもっとも重要であると同時に、もっとも再現が難しい視覚的要素といえるかもしれない。適切な照明がなければ、画像はのっぺりとしたり、逆にどぎつくなったり、不自然になったりしてしまう。しかし、適切な照明があれば、画像は古典巨匠の芸術作品に近づき、単純な構図でも感情やドラマ性を伝えられるだろう。しかし、作品内で光を自在に操ることは、芸術家や写真家にとって一生がかりの挑戦といえる。長年、コンピュータがそのスキル・レベルに到達することは永遠にないだろうと考えられていた。

初期のコンピュータ・グラフィックスの大半は、説得力のある照明を再現することができなかった。というのは、当時の最先端プロセッサにとっても計算が複雑すぎたからだ。当時最高の描画アルゴリズムでさえ、光の物理的性質を単純にモデル化するのが精一杯で、のっぺりとした質感、ぼやけた影、不自然な表面反射が生まれてしまうのは避けようがなかった。ほかのほとんどのグラフィックス分野は20年以上にわたり着実に進歩を遂げていたが、グラフィックスを描き出す精度と効率をほとんどの面で向上させたGPUの発明以降も、光の問題は難攻不落のままだった。

そんななか、颯爽《さっそう》と姿を現わしたのがデイヴィッド・ルーブキーという人物だ。1998年にノースカロライナ大学チャペルヒル校でコンピュータ科学の博士号を取得したルーブキーは、学問としてのコンピュータ・グラフィックスを追求しようと考えていた。彼はバージニア大学で8年間助教を務めたが、自身の研究が遅々《ちち》として進まないことにだんだん苛立ちを感じるようになった。彼のチームが粒子のふるまいの再現や物体へのテクスチャ・マッピングに関する新しいグラフィックス技術を発明するたび、その成果をまとめた論文の査読が半年以上たって完了するころには、その技術が時代遅れになってしまうのだ。ルーブキーの研究がすぐさま時代遅れになってしまう原因は、エヌビディアにあった。エヌビディアはルーブキーの研究チームが発明していた機能よりも優れた新しいGPU機能をひっきりなしにリリースしていた。「私はどこか宙ぶらりんの気持ちになり、学界を完全に去ることも考えていた」と彼は語った。[1]

そんなときに突然、ルーブキーの研究を知っていたエヌビディアの主任科学者、デイヴィッド・カークから電話がかかってきた。「エヌビディアに長期的な研究グループを立ち上げるんだが、興味はないか?」とカークは言った。

ルーブキーは、常に自分の研究を出し抜いてくるエヌビディアを恨む気持ちなどなかった。いやむしろ、コンピュータ・グラフィックス分野をリードする組織に加わりたいという自分の気持ちに気づかされた。特に、コンピュータ・グラフィックスの未来を握る立場となればなおさらだ。

２００６年、彼はエヌビディアの新部門「エヌビディア・リサーチ」の記念すべき最初の採用者となった。入社して数週間後、ルーブキーはエヌビディアのシステム・アーキテクトで長年の友人でもあるスティーブ・モルナーとの昼食の席で、エヌビディアの研究グループは何をするべきだと思うかと訊いてみた。たとえば、特許の取得を目指すチームをつくるべきだろうか？　モルナーはしばらく考えてから答えた。「エヌビディアは知的財産の要塞みたいな企業じゃないと思う。この会社の強みは、とにかく誰よりも速く走ることにあるんだ」

それはまっとうな指摘だった。エヌビディアがずっとイノベーションの先頭を走りつづけてきたのは、主に優れた業務運営と規律のある戦略の賜物だった。すばやいリリース・サイクルと優先事項の明確化こそがエヌビディアの強みであり、明確な商業的目標を持たない投機的な研究への投資はそのなかにはなかった。したがって、エヌビディア・リサーチは同社の核となる能力と半ば矛盾するようにも思えた。

それでも、カークはその新部門を熱烈に支持していた。というのも彼は、もっとも複雑なコンピュータ・グラフィックスの問題を解決するには、たとえ商業化に多大な時間を要するとしても、長期的で継続的な研究が不可欠だと考えていたからだ。ループキーが入社して数週間のうちに、新たな同僚が3人加わった。カークとの初めてのチーム・ランチの席で、チームの面々はまず何から手をつければいいのかをたずねた。カークは言葉を濁し、自分の仕事は自分で見つけるよう伝えた。ただ、いくつかの基本的な指針は示した。エヌビディアにとって重要な課題に取り組むこと。研究プロジェクトを通じて大きなインパクトを生み出すこと。そして、エヌビディアの日常業務の延長線上では生まれないイノベーション、つまりエヌビディアの残りの社員たちにとっては難しい長期的でひたむきな研究がなければ実現しない発明に専念することだった。

レイトレーシングという鉱脈

レイトレーシング（光線追跡法）は、まさにそうしたプロジェクトのひとつだった。レイトレーシングとは、仮想的な風景のなかの物体に反射したり、物体内を通過したりする光線のふるまいをシミュレーションする手法だ。理論上、レイトレーシングは当時の市場に存在するどの技術よりもはるかにリアルな照明効果を実現するものだった。しかし実際問題としては、計算負荷があまりにも高いため、当時のハードウェアでは処理が不可能だった。

当時の常識では、CPUのほうがGPUよりもレイトレーシングに適しているとされていた。CPUのほうが多様で幅広い計算を実行できたからだ。インテルの社内研究グループもこの考えを強く訴えていた。実世界での光のふるまいはあまりにも複雑なので、それを正確にモデル化できるのはCPUだけだと主張していたのだ。

エヌビディア・リサーチ設立から半年足らずで、チームは実験を重ねた結果、GPUがすでにレイトレーシングの計算を処理できるほど強力になっていただけでなく、現世代のCPUよりも高速に計算を実行できる可能性まであることがわかった。長年のコンピュータ・グラフィックスの課題を解決できるばかりか、そこに商業化の可能性まであると知って興奮したルーブキーは、エヌビディア・リサーチとジェンスンの初の会議の日程を組んだ。

普段なら、ジェンスンがプレゼンに出席すると、発表者が数分としゃべらないうちにジェンスンが割って入り、議論のやり取りが始まる。しかし今回、ジェンスンは1時間ほどのプレゼンに最後まで黙って耳を傾けていた。「ジェンスンはとても辛抱強く私たちの話を聞いてくれたと思う」とルーブキーは言う。

ルーブキーが説明を終えると、ジェンスンはいくつかのフィードバックを与えた。確かに、レイトレーシングにはゲーム市場で明らかな可能性がある。しかし、ほかの分野も見過ごしてはいけない、とジェンスンはルーブキーらに提案した。たとえば、レイトレーシングはエヌビディアのワークステーション向けグラフィックス・カード「クアドロ」の販売促進にも役立つだろう。クアドロ・シリーズは販売数量こそ少なかったものの、高価格だったため、当時のエヌビディアの利益の80パーセント近くを占めていた。専門家や技術者の市場に強烈な印象を与えることは、エヌビディアにとっていずれプラスに働くかもしれない。

レイトレーシングに追求の価値があるとジェンスンが納得したところで、ルーブキーは次にエヌビディアのGPUエンジニアリング・チームの設計会議に参加した。ルーブキーのチームには、レイトレーシングに必要な計算能力の実現方法に関していくつかのアイデアがあった。たとえば、GPUの中核であるプロセッサそのものに変更を加えるという案がそのひとつだ。自由奔放な学術的議論に慣れていたルーブキーらは、エンジニアたちも同じくオープンな姿勢で臨んでくれると思っていた。「フェルミ・チップ・アーキテクチャの会議に顔を出したんだ」とルーブキーは語った。フェルミとは、当時開発中だったチップの世代名だ（第11章を参照）。「同一のCUDAコア上で多数のスレッドを並行して実行できるようにしたかったんだ」

ジェンスンと同じく、フェルミGPUのアーキテクトたちも、新しい同僚たちの型破りで企業らしからぬ行動を受け入れてくれた。「かなり低コストですむね。きっとできると思う」とGPUエンジニアリング部長のジョナ・アルベンは言った。ただ、ひとつ条件があった。「ただ、これだけは理解してほしい。私たちはデータに基づいて判断しなきゃならない立場なんだ」

エヌビディア・リサーチのチームはそのメッセージを聞き、ひとつの重要な教訓を学んだ。考えを口に出すこと自体は歓迎だが、重要な判断を下すためには、GPUハードウェア・チームには時間と資源を投じるだけの証拠が必要だったのだ。「これは考えるまでもなく名案だ、なんて言い方は通用しないんだ」とルーブキーは言う。

それから1年間、研究者たちはその「証拠」づくりに身を捧げた。彼らは自分たちの考えを実証するための技術を開発し、GPUをコスト効果の高い方法でレイトレーシングに利用できることを証明するアルゴリズムを生み出した。それは思わず没頭してしまうほど楽しい研究だった。といっても、楽しんでいたのは当の研究者たちだけではない。当時インターン生だったブライアン・カタンザーロは、ジェンスンが2008年のレイトレーシング研究チームの会議に参加したときのことを覚えている。ジェンスンはいっさい質問をせず、コンピュータも持ち込まず、ただチームが1時間にわたってレイトレーシングについて説明するのを黙って聴いていたという。

レイトレーシング・チームの研究成果に強い確信を得たデイヴィッド・カークは、一刻も早くルーブキーのアイデアを製品化するようエヌビディアの経営陣に働きかけた。その第一歩は、レイトレーシング分野の専門知識を持つスタートアップ企業の買収だった。エヌビディアは2社に狙いを定め、最終的に買収した。ベルリンに拠点を置く「メンタル・イメージズ」と、ユタ州に拠点を置く「レイスケール」だ。ルーブキーとカークは一路ユタ州に飛び、レイスケールの共同創業者であるピート・シャーリーとスティーブ・パーカーに、彼らが現在使用しているCPUよりも、GPUを使ったほうがレイトレーシングはずっと効率的に動作することを説明した。

レイスケールがエヌビディアに加わった直後、レイスケールの社員たちはエヌビディア・リサーチのチームと協力し、2008年のSIGGRAPH会議に向けたデモの制作に取り組んだ。SIGGRAPHといえば、1991年にカーティス・プリエムがフライト・シミュレータ『アビエーター』を世界に披露し、コンピュータ・グラフィックスの可能性を世に知らしめた例の会議だ。SIGGRAPH会議にたびたび参加してきたエヌビディアは今、20年近い時を経て、ついにコンピュータ・グラフィックスの次なる進化を発表しようとしていた。チームが発表したのは、光沢のある流線型のスポーツカーが街中を走り抜けるGPUベースのデモ映像だった。その映像には、曲面からの光の反射、くっきりとした影、ゆがんだ反射、被写体ぶれといった、レイトレーシングでなければ生み出せない効果がふんだんに盛り込まれていた。

「それはエヌビディアにとっての転換点になった。そのとき、大きな現象が幕を開けたんだ」とループキーは振り返る。「そのデモは、GPUではレイトレーシングは不可能だという説を完全に葬り去ったんだ」

そのデモには数名のインテル社員も参加していた。デモのあと、彼らがエヌビディア・リサーチのチームのところにやってきて、本当にGPUで動いているのかとたずねてきた。ルーブキーがそうだと答えると、彼らは猛烈な勢いでブラックベリー〔スマートフォンの元祖ともいえるビジネス向け携帯情報端末〕を叩きはじめた。それ以降、インテルの研究チームがCPU上でのレイトレーシングに関する論文を発表することはなくなった。

翌年のSIGGRAPH2009で、エヌビディアは「オプティX」を発表した。オプティXとは、CUDAベースの完全にプログラマブルな「クアドロ」カード向けレイトレーシング・エンジンであり、フォトリアリスティック〔写実的〕な描画、工業デザイン、放射線研究のためのレイトレーシングを高速化するものだった。このリリースの応援に回るため、スティーブ・パーカーとレイスケールの元社員たちは研究部門を離れ、エヌビディアの主力事業のほうに加わった。

「私たちはいつもエヌビディア・リサーチをインキュベーター〔孵卵器、保育器の意〕のような存在と見ていた。成功したアイデアを巣立たせて、製品化するんだ」とルーブキーは語る。

わずか3年で、エヌビディア・リサーチは投機的なコンピューティング・プロジェクトを追求するグループから、新たなビジネス・チャンスを生み出す安定した供給源へと変貌を遂げた。しかし、レイトレーシングを一般大衆に普及させるまでの道のりは長かった。エヌビディアが2008年のSIGGRAPHで披露したデモは、いまだに消費者向けグラフィックス・カードの性能では手が届かなかったからだ。オプティXはレイトレーシングされた風景を高速で描き出すことを可能にしたが、あまりにも計算量が膨大だったため、ごく単純な風景でもなければリアルタイムなレイトレーシングなど不可能だった。そのためエヌビディアは、レイトレーシングをゲーム分野に応用するという考えをいったん見送ることにした。

レイトレーシング専用コアの実現

数年後の2013年になって、デイヴィッド・カークが再びルーブキーのところにやってきた。「レイトレーシングについて再検討したい」と彼は言った。「レイトレーシングをグラフィックスの中心に据えるにはどうしたらいい?」。彼はリアルタイムなレイトレーシングをゲームに応用する時期がようやく訪れたと考えていた。

興奮したルーブキーは、2013年6月10日にエヌビディアの全社員に向けて1通のメールを送信した。そのメールは「レイトレーシング・ムーンショット・メール」として知られるようになる（ムーンショットとは、月面着陸計画のような壮大で野心的な計画のこと）。

「数年前から、われわれはこのレイトレーシングに関する新たな取り組みを計画してきた」と彼は記した。「レイトレーシングが今より100倍効率的になったら、何ができるだろう？　そして、レイトレーシングを今より100倍効率的にするには何が必要だろう？」

ルーブキーは、決してこの問題の規模を誇張していたわけではなかった。実際、それくらいの効率性の向上がなければ、安価な消費者向けグラフィックス・カードでリアルタイムなレイトレーシングを実現することなどできなかったのだ。その目標に到達するには、新しいアルゴリズムや専用ハードウェア回路の設計が不可欠だろう。また、GPU技術で実現可能な物事について、新たな視点も必要になる。

ある重大な貢献をしたのは、サンタクララのエヌビディア社員たちから「フィンランド・チーム（the Finns）」と呼ばれていたヘルシンキのエヌビディア・チームだった。2006年の買収を通じてエヌビディアに加わったティモ・アイラは、ヘルシンキの最初の社員だ。やがて、アイラと彼の同僚たちは社内の急襲部隊のような存在となり、エヌビディアが直面する最難関の研究課題に挑むようになった。今回、彼らが挑んでいたのは、GPU内部の新たなレイトレーシング専用プロセッサ・コアの研究だった。応援のため、エヌビディアの古参社員でチップ・アーキテクトのエリック・リンドホルムがフィンランドへと飛んだ。

「フィンランド・チームは、触れたものをすべて金《きん》に変えてしまう精鋭研究チームなんだ」とループブキーは語った。

エヌビディア・リサーチがGPUアーキテクチャ・チームにプレゼンを行ない、支持を得ると、2014年3月にはアメリカのエンジニアたちがフィンランド・チームと協力してレイトレーシング・コアの開発に乗り出す。2015年、フィンランド・チームはエヌビディア本社を訪れ、残されていた問題の解決に取り組んだ。2016年にはプロジェクトがほぼ完了し、エヌビディア・リサーチはその成果を完全に同社のエンジニアリング・チームへと引き渡した。このレイトレーシング技術は、同年に発表された「パスカル」アーキテクチャのリリースにこそ間に合わなかったものの、次世代アーキテクチャ「チューリング」でレイトレーシング専用コアをリリースする準備が着々と進められた。

「このプロジェクトにおける私の役割は、この活動を守り、彼らが必要なケアや資源、注目をしっかりと得られるようにすることだった」とループブキーは言った。ループブキーのいう「彼ら」とはフィンランド・チームのことだ。

こうして、ジェンスンはSIGGRAPH2018の基調講演で、レイトレーシング専用コアを搭載した「チューリング」アーキテクチャを発表した。エヌビディア・リサーチがレイトレーシングはＣＰＵではなくＧＰＵの得意領域だということを一瞬にして証明したデモから、ちょうど10年後の出来事であった。彼の講演の内容は、「チューリング」アーキテクチャの紹介と、「ディープラーニング」ニューラル・ネットワークを高速化する改良版の第2世代テンサー・コアの説明が主だった。しかし、ジェンスンはそれだけでは満足しなかった。彼は聴衆の心をつかむさらなる講演の目玉を求めていた。

ジェンスンの天才的なアイデア

イベントの2週間前、ジェンスンはエヌビディア幹部たちを集め、基調講演のアイデアを出してもらった。エヌビディア・リサーチのアーロン・レフォーンは、新たな「ディープラーニング・アンチエイリアシング（ＤＬＡＡ）」機能のデモを提案した。チューリング・アーキテクチャのテンサー・コアを活用したＤＬＡＡは、人工知能を使って高解像度のグラフィックスをより鮮明にし、オブジェクトをくっきりと描き出すことで、画像品質を向上させる技術だ。しかし、ジェンスンは感心しなかった。もっとワクワクするものを求めていたからだ。「画像の見栄えがよくなる程度では、ＧＰＵは飛ぶように売れたりはしないさ」

しかし、ジェンスンはその提案を聞いてひらめいた。もともときれいな画像を改善する

DLAAではなく、テンサー・コアを使って低価格なグラフィックス・カードの性能を高価格なカード並みに引き上げることができたら？　たとえば、画質向上機能を用いてピクセルをサンプリングし補完することで、本来1440p（クアッドHD）の解像度でグラフィックスを描画するよう設計されたカードでも、同様のフレーム・レートで高解像度の4K（ウルトラHD）画像を生成することができるかもしれない。AIを使って細部を補完し、低解像度の1440p画像を高解像度の4K画像に変換するわけだ。

「ディープラーニングによるスーパーサンプリング（画像内のギザギザを目立たなくする手法）ができたらすごいぞ」とジェンスンは言った。「そんなことができたら大事件だ。できないか？」

レフォーンはチームの面々と相談し、技術的には可能だとジェンスンに告げた。そのためには、このアイデアについて研究する必要があった。1週間後、基調講演のわずか数日前、レフォーンはジェンスンに初期の結果が有望だったことを報告し、のちに「DLSS（ディープラーニング・スーパーサンプリング）」と呼ばれることになる技術を実現できそうだと伝えた。「スライドに入れておいてくれ」とジェンスンは言った。

「自宅のコンピュータで1秒間に数億ピクセルを推測できるシステムや機械学習モデルをつくることを考えた人は、世界にひとりもいなかった」とブライアン・カタンザーロは述べた。[2]

このDLSSのアイデアを、ジェンスンはその場で思いついた。彼はある技術に秘められた可能性を見抜き、それをより高いビジネス価値を持つ新しい機能に置き換えたのだ。DLSSがうまくいけば、低価格帯から高価格帯までエヌビディアの製品ライン全体がより高性能となり、製品の価値が向上するため、より高い価格で販売できるようになる。

「研究者たちは驚くべき技術を発明していたが、ジェンスンはその用途を一瞬にして見抜いた。それは研究者たちが考えていたものとは違っていたんだ」とルーブキーは語った。「この出来事ひとつを取っても、ジェンスンがいかに優れたリーダーなのか、どれだけ技術に明るく、聡明なのかがわかる」

ジェンスンの基調講演は絶賛されたが、チューリングGPU搭載の「ジーフォースRTX」カードのほうは違った。「レイトレーシングとDLSSをリリースしたものの、反応は鈍かった」とジェフ・フィッシャーは述べた。問題は、ジーフォースRTXが前世代の「パスカル」カードと比べ、フレーム・レートの向上がほとんど見られなかったことだった。さらに、ゲーマーが目玉機能であるはずのレイトレーシングをオンにすると、RTXカードのフレーム・レートが25パーセントも低下してしまったのだ。

DLSSの性能は少しだけましだった。DLSSを有効にすると、パスカルに比べて動作が40パーセントほど高速になったが、画質は目に見えて低下した。また、この技術を機能させたい一つひとつのゲームの映像に基づいて、DLSSのAIを微調整し、トレーニングする必要もあった。それは多大な手間と時間を要するプロセスだった。それでも、エヌビディアは時間をかけて技術を開発・改良し、市場の需要が追いつくのを粘り強く待つことの重要性をすでに学んでいた。「自分から動かないと、鶏と卵の問題は解決しないんだ」とブライアン・カタンザーロは語る。「こちらが先につくらなければ、何億世帯という家庭に最高のAIを届けることなんてできない。レイトレーシングとAIは、どちらもゲームの世界に革命を巻き起こすとわかっていた。そういう未来が訪れることは避けられない、とね」

カタンザーロは、2018年のチューリング・アーキテクチャのリリース後にDLSSプロジェクトに加わった。彼が開発に携わったDLSS2・0は、2020年3月に発表された。今回はゲームごとの微調整が不要だったため、前回よりもずっと好評だった。「問題を見直し、ゲームごとのカスタム・トレーニング・データがなくても前回以上の結果を得ることができた」とカタンザーロは語った。

次のバージョンはさらに進化した。カタンザーロは一時的にエヌビディアを離れ、中国の検索エンジンおよびテクノロジー企業「バイドゥ」に勤めたが、のちにエヌビディアへと戻り、DLSS3・0の開発に取り組んだ。その目標は、ディープラーニングを使って、ゲーム用に描き出されたフレームとフレームのあいだにAI生成の中間フレームを挿入することだった。考え方はこうだ。ビデオゲームの連続するフレームどうしには一定のパターンや相関がある。そのため、AIチップでそのパターンや相関を予測できれば、GPUによる描画の計算負荷を部分的に軽減できるというわけだ。

カタンザーロによると、このフレーム生成機能のための十分に高精度なAIモデルを構築するのに、6年という開発期間を要したという。「開発中、結果の質が絶えず向上していくのがわかった。だから、開発を続けたんだ」と彼は語った。「学者なら、ひとつのプロジェクトに6年間も取り組む余裕なんてまずないだろうね。卒業しなきゃならないから」

「イノベーションのジレンマ」を完全に乗り越える

DLSSとリアルタイム・レイトレーシングの開発は、エヌビディアがイノベーションに対してどう臨むようになったかを示している。エヌビディアはごく短期的なスケジュールで新型のチップやボードをリリースしつづける一方で、エヌビディア・リサーチやほかのグループとともに壮大で野心的な「ムーンショット」プロジェクトも同時に追求するようになったのだ。「次世代のアンペア・アーキテクチャをリリースするころには、レイトレーシングやDLSSにこの製品をホームラン級にするだけの勢いがついていた」とジェフ・フィッシャーは言う。

それはクレイトン・クリステンセンが著書『イノベーションのジレンマ』のなかで警告したような停滞からエヌビディアを守る、いっそう強力な盾となった。組織はどうしても、商業化に何年もかかる野心的なイノベーションへの投資を犠牲にして、利益を生み出す自社の中核事業に注力したくなる。

ジョン・ペディ・リサーチによれば、本書の執筆時点で、エヌビディアのディスクリート（拡張ボード型）GPU市場のシェアは過去10年間でおよそ80パーセントを維持してきた。伝統的な指標に基づく価格性能比という点ではAMDに軍配が上がるものの、ゲーマーたちはそのイノベーション能力を理由にエヌビディアを選びつづけている。レイトレーシングとDLSSはいずれも、今や開発者たちが何百ものゲームに組み込む必須機能になった。そして、両機能はエヌビディアのグラフィックス・カード上で最高のパフォーマンスを発揮するため、AMDが対抗するのは難しいという実情がある。

レイトレーシングの場合、構想からGPU搭載に至るまで10年という歳月がかかった。同様に、フレーム生成のようなDLSSの一連の改良には6年を要した。「大事なのはビジョンと長期的な忍耐力だ。結果が不透明な段階でも、投資を続けることが必要なんだ」とカタンザーロは語った。

結局のところ、エヌビディア・リサーチはジェンスンの戦略的ビジョンが時代とともに移り変わってきたことを証明した。創業当初、エヌビディアが生き残るために必死だったころ、彼は具体的なプロジェクトに全身全霊で取り組むよう全員に求めた。次世代のチップを「光の速さ」で届け、「牛を丸ごと」出荷し、圧倒的な実行力でライバルに打ち勝とうとしたのだ。しかし、エヌビディアが大きくなるにつれ、生き残るためには未来になるべく多くの保険をかけることが肝要だ、とジェンスンは気づいた。継続的なイノベーションのためには、エヌビディアの事業運営に対してより柔軟なアプローチが必要になる。たとえ若き日のジェンスンなら見送っていたかもしれない「賭け」が必要になるとしても、だ。

この大人になった新しいジェンスンは、もうたったひとつの過ちにビクビクする人間ではなくなっていた。とりわけ、エヌビディアにある程度の財務的な余裕ができたことが大きかった。「一定のリスクを冒し、恥をかく覚悟がなければ、イノベーションなんてできない」とジェンスンは言った。[3]「私たちには投資回収のタイムラインがない。私たちが最適化しようとしているのは、投資回収のタイムラインでも利益目標でもないんだ。私たちが最適化する対象はただひとつ。この製品はびっくりするくらいクールか？　みんなに気に入ってもらえるか？」

ある元業界幹部によると、エヌビディアが競合他社と一線を画すのは、長期的な実験や投資に前向きであり、その自由な活動を収益化に結びつける能力が高い、という点なのだという。これは、グーグルのような大手テクノロジー企業とは好対照だ。グーグルも新技術の研究に巨額の資金を投じているものの、それが商業的な成果に結びつくことはほとんどない。実際、ディープラーニング・アーキテクチャ「トランスフォーマー」に関する画期的な論文「注意こそがすべてである（Attention Is All You Need）」を執筆したグーグルの8人の研究者全員が、ほどなくしてグーグルを去り、ＡＩ関連の起業に取り組んだ。このアーキテクチャは、ＣｈａｔＧＰＴのリリースも含め、ＡＩを用いた現代版の大規模言語モデル（ＬＬＭ）の進化の基礎となった。「大企業であることの副作用のひとつだろうね」と論文の共著者のひとりであるライオン・ジョーンズは言う。[4]「ここにいたら何もできないと感じるくらい、［グーグルの］お役所主義が進みきっていたんだ」。彼はそうつけ加え、必要な資源やデータを入手できなかったことへの苛立ちをにじませた。

エヌビディアにとっての2度目の10年紀は、プログラマブル・シェーダーへの研究開発投資の成功に始まり、ＣＵＤＡという業界を変革するイノベーションへと進んでいった。

そして、3度目の10年紀で訪れたのがレイトレーシング、DLSS、AIといった分野でのエヌビディア・リサーチの大躍進であり、そのすべてがエヌビディアの未来にとってかけがえのない役割を果たした。今やエヌビディア・リサーチは主任科学者のビル・ダリーが率いる総勢300人の研究者チームとなった。エヌビディアはイノベーションのジレンマを解決しただけでなく、完全に乗り越えたようだった。

ビッグバン

天文学的な決算発表

プロのトレーダーは今や絶滅危惧種といっていい存在だ。企業の決算報告書や経済データの発表に対応して、人間よりもすばやく効果的に取引を行なえるコンピュータは、この20年間で人間のトレーダーたちを駆逐してきた。

コナーズ・マンギーノは、ニュース速報や決算発表をもとに取引を行ない、生計を立てている数千人ほどの人間のトレーダーのひとりだ。彼は数十年間の経験とブルームバーグ端末を武器に、来る四半期も来る四半期もアルゴリズムに戦いを挑んでいる。そして、トレーダーとして生き残り、生計を立てるほどの腕前を持っている。

求められるのはすばやい反射神経だ。買いや売りのボタンを押すのがコンマ数秒遅れただけで、よい価格で取引ができるのか、壊滅的な損失をこうむるのかが分かれることもある。彼の友人たちのあいだでは、彼には重要なニュース発表を待つあいだずっと瞬きをしない超人的な能力がある、という冗談が飛び交うくらいだ。

2023年5月24日水曜日、マンギーノは取引終了後に予定されているエヌビディアの決算発表を待っていた。それは過去数年間でもっとも期待を集める発表のひとつであり、刻一刻と取引終了の時刻が迫るなか、彼は自身の端末をじっと見つめていた。

2022年終盤にオープンAIがリリースしたChatGPTは、メディアで大々的に報道された。そのチャットボットは、要求に応じて詩や料理のレシピ、歌詞を即座に生成する能力で人々の心をわしづかみにした。ChatGPTは公開からわずか2か月で月間アクティブ・ユーザ数1億人を突破し、史上もっとも急成長した消費者向けアプリとなった。突然、世界じゅうの企業がAIの利点、つまりその速度や計算能力、何より自然な言語を処理・生成する能力をあらゆる方法で活用しようとしはじめた。

マンギーノは、エヌビディアがAIブームの恩恵を受ける絶好の立場にあるとわかっていた。しかし、そのブームはどれほどの規模なのか？　そして、そのブームはエヌビディアにどれほどの影響を及ぼすのか？　問題はそこにあった。エヌビディアのGPUは、一流大学と関係を築こうとするデイヴィッド・カークの努力の甲斐もあり、学界ではよく知られた存在だった。かたやジェンスンも、過去10年間、エヌビディアの評判を単なるグラフィックス企業からAI企業へと変革するために並々ならぬ力を注いできた。彼の努力は一定の成功を収め、メタやTikTokなどの企業が動画や広告の推奨アルゴリズムを効率化するためにエヌビディアのGPUを活用するようになった。しかし、AIはエヌビディアの大きな収益源というわけではなかった。エヌビディアの2023年度（2023年1月期）を見てみると、AI向けGPUを含むデータセンター関連の収益は、売上全体の55パーセントを占めていた。しかし、この数字は主に、パンデミック後のゲームの全体的な需要減少にともない、ゲーム用カードの収益が25パーセント減少したことによって上振れしたものだった。

すべてが変わったのは、午後4時に市場の取引が終了してから21分後のことだった。マンギーノの端末画面にこんな見出しが表示された。

エヌビディアの第2四半期の収益、市場予想71億8000万ドルに対し、110億ドル±2パーセントの見通し

この速報は経験豊富なトレーダーにとって驚愕の内容にほかならなかった。エヌビディ

アは、ウォール街による第2四半期の収益予想を約40億ドルも上回ったのだ。決算発表と業績予想を読みながら、マンギーノは固まってしまった。「40億ドルだって？　そんなことが本当にありうるのか？」と彼は思った。「なんてことだ。すごい上げ幅だ！」

ふと我に返ったときには、決算発表と市場の反応とのあいだの空隙《くうげき》を突く一瞬のチャンスを逃していた。エヌビディアの株価はすでに時間外取引で2桁パーセントの急騰を見せていた。残念賞とばかりに、マンギーノはエヌビディアのGPU分野の最大のライバル企業であるアドバンスト・マイクロ・デバイセズの株式を購入した。エヌビディア株に買いが集まったことで、競合企業の株価も釣られて上がると踏んだからである。今回、勝利したのはアルゴリズムのほうだった。マンギーノとは違い、アルゴリズムは前例のない決算発表に躊躇せず反応したのだ。

ウォール街のほかのアナリストたちも同様の反応を見せた。バーンスタインのステイシー・ラスゴンは、自身の報告書に「ビッグバン」というタイトルをつけた。「この仕事を始めて15年以上になるが、今回エヌビディアが発表したようなガイダンスは見たことがない」とラスゴンは記し、同社の見通しは「あらゆる面から見て天文学的」だとつけ加えた。モルガン・スタンレーのアナリスト、ジョセフ・ムーアは、「エヌビディアは業界史上最大の売上の上方修正を見込んでいる」と報告した。さらに、フィデリテイ・インベストメンツの元有名ファンド・マネジャーで、現在数十億ドルを運用するテクノロジー・ヘッジファンドを運営中のギャビン・ベイカーは、今回のエヌビディアの前向きなガイダンスを、テクノロジー業界の歴史的な決算発表と比較した。彼は２００４年のグーグルのＩＰＯのあと、株式公開からわずか１四半期で収益と利益を倍増させたグーグルの最初の大型決算発表を見届けていた。[1] また、フェイスブックの２０１３年第２四半期の決算で、同社が広告ビジネスをモバイルへとうまく移行できることを初めて証明し、ウォール街の収益予想を2億ドル上回ったのも目の当たりにした。[2] しかし、エヌビディアのガイダンスはそのどちらをも上回った。「予想をこれほど上回った例は見たことがない」と彼は語った。

翌日、エヌビディアの株価は24パーセント急騰し、時価総額は1日にして１８４０億ドル増加した。これは、インテルの時価総額全体を上回る数字であり、アメリカの上場企業の1日の増加額としては過去最大級だった。

ジェンスンはエヌビディアに向けられた注目を、その翌週に台湾で開催されたテクノロジー会議「ＣＯＭＰＵＴＥＸ」の基調講演で活かした。講演で、彼はエヌビディアの新型ＡＩスーパーコンピュータ「ＤＧＸ ＧＨ２００」を発表した。このシステムは前モデルの実に32倍となる２５６基のＧＰＵを搭載していた。これにより、生成ＡＩアプリケーションの計算能力が格段に増し、より高性能なＡＩチャットボット向け言語モデル、より複雑な推奨アルゴリズム、より効果的な不正検出ツールやデータ分析ツールの開発が可能になった。

しかし、彼の最大のメッセージはあまりにもシンプルだったので、一般の聴衆でも理解することができた。エヌビディアなら、ＧＰＵ単価を抑えつつ、今までよりもはるかに強力な計算能力が手に入る、というメッセージだ。ジェンスンは講演を通じてこの点を強調し、技術仕様を読み上げる合間にこう繰り返した。「買えば買うほどお得ですよ」

さらに、エヌビディアの営業チームは、生成ＡＩに積極的な投資を行なわないと競合他社に後れを取り、存続の危機に見舞われる、と顧客たちに訴えかけ、前例のない需要を掻き立てることに成功した。ジェンスン自身は、ＡＩを合理的な精度で未来を予測できる「万能関数近似器」と呼んでいる。それは文法の修正や財務データの分析といった「ローテク」な作業でも成り立つし、コンピュータ・ビジョン、音声認識、推奨システムといった「ハイテク」分野でも成り立つ。最終的には、「構造を持つほとんどのもの」にＡＩが応用されると彼は信じている。

この万能関数近似器の最高の利用手段を提供するのが、もちろんエヌビディアの技術というわけだ。実際、その後の４四半期で、エヌビディアはテクノロジー史上まれに見る収益の拡大を遂げた。２０２４年度の第１四半期のデータセンター事業の収益は、主にＡＩチップの需要に引っ張られる形で、前年同期比４２７パーセント増加し、２２６億ドルに達した。ほとんど追加コストなしで販売数を何倍にもできるソフトウェアとは違い、エヌビディアが生産し、出荷しているのは複雑なハイエンド向けＡＩ製品やＡＩシステムだ。そのなかには３万５０００個の部品が含まれるものもある。エヌビディアほどの規模のテクノロジー企業で、ハードウェアの売上をここまで伸ばした例はいまだかつてなかった。

「魔法はいっさいない」

社外の人々にとって、エヌビディアの華々しい成長は奇跡のように思える。しかし、社内の人々から見れば、それは自然な進化にすぎないのだ、とジェフ・フィッシャーは言う。エヌビディアは運がよかった、というのは的外れな見方だ。エヌビディアは何年も前から需要の波が来ることを見越し、この瞬間のために虎視眈々と準備を進めていたのだ。実際、同社は特にフォックスコン、ウィストロン、ＴＳＭＣといった製造パートナーのところに行き、生産能力の増強を支援した。いわゆる「タイガー・チーム」〈目標達成や問題解決のための少数精鋭の専門家集団〉を派遣し、設備の購入、工場の増床、テストの自動化、高度なチップ・パッケージングの提供など、効率向上のためのあらゆる協力を惜しまなかった。

その背景には、ジェンスンの「おおまかな平等」の考え方があった。エヌビディアがこうした支援に前向きだったのは、パートナーの現在の生産工程を効率化するためだけではなかった。新型チップの設計を迅速化し、AIチップの製品サイクルを従来の2年周期から1年周期に短縮したかったからでもある。1990年代、エヌビディアは6か月ごとに新型グラフィックス・カードをリリースすることで製品サイクルを加速させた。今回、それと同じことをAIチップで実現しようとしていたわけだ。「AIが巨大になればなるほど、必要な解決策も増え、私たちがそうした目標や期待を満たすスピードも速くなっていくだろう」とエヌビディアのCFO、コレット・クレスは語った。[3]

通常、ハードウェアの生産工場では、製造工程のある段階から次の段階までの周期は平均14～18週間だ。メーカーは上流で生じた問題が下流で支障を引き起こすリスクに備えて、各段階のあいだに時間的余裕を設けている。そのせいで、機械や材料、部品が何日も遊休状態になることもある。エヌビディアのチームは、製造工程の初期段階に品質管理を導入し、予期せぬ問題の発生リスクを抑え、時間的余裕を設ける必要をなくす方法を考えた。ジェフ・フィッシャーによれば、エヌビディアのアプローチに「魔法はいっさいない」という。あるのは競争で優位を保つための必死の努力と容赦ない効率のみなのだ。そして、社内のチームだけでなく、エヌビディアと仕事をする誰もがこの姿勢を受け入れなければならない[4]。タイガー・チームの取り組みは、どれも多額の費用がかかり、利益を押し下げた。それでも、エヌビディアは常に事業の重要な部分への投資を惜しまない。たとえそれが他社の事業であっても、だ。

ふたつの大きな強み

エヌビディアには、ほかのAIチップ・メーカーと比べて大きな強みがある。iPhoneに対するアップルのアプローチと同じように、エヌビディアはハードウェア、ソフトウェア、ネットワーキング全体にわたって顧客体験を最適化する「フルスタック」モデルを採用している。ほとんどのライバル企業はチップしかつくっていないが、エヌビディアはそうしたライバル企業よりも速く動くのだ。

たとえば、現代の大規模言語モデル（LLM）で用いられるコア・アーキテクチャは、グーグルの科学者たちが2017年の論文「注意こそがすべてである」で発表した「トランスフォーマー」アーキテクチャだ。その最大のイノベーションである自己注意機構は、文中のさまざまな単語の重要度や、文脈に基づく長距離の依存関係を測定できるようにする。この注意機構のおかげで、より重要な情報に着目し、AIモデルをよりすばやくトレーニングし、従来のディープラーニング・アーキテクチャと比べて高品質な結果を生成できるようになるのだ。

ジェンスンはエヌビディアのＡＩ製品をトランスフォーマー対応にする必要があると瞬時に理解した。エヌビディアの元財務幹部のシモーナ・ヤンコウスキーは、グーグルの科学者たちの論文が発表されてからわずか数か月後に、ジェンスンが四半期決算説明会でトランスフォーマーについてかなり詳しい議論を始めたのを覚えている。[5]彼はＧＰＵソフトウェア・チームに、エヌビディアのテンサー・コアをトランスフォーマーの演算向けに最適化するための特殊なライブラリを開発するよう指示した。このライブラリはのちに「トランスフォーマー・エンジン」と呼ばれることになった。[6]このトランスフォーマー・エンジンは、２０１０年代終盤に開発が開始され、ＣｈａｔＧＰＴ公開の１か月前である２０２２年にリリースされた「ホッパー」チップ・アーキテクチャに初めて搭載された。

エヌビディア自身のテストによれば、トランスフォーマー・エンジン搭載のＧＰＵは、トランスフォーマー・エンジンがなければ数週間から数か月かかることもある最大規模のモデルのトレーニングでも、数日、または数時間で完了させることができたという。

「トランスフォーマーはとんでもない代物だった」とジェンスンは２０２３年に述べた。「空間データと時系列データからパターンや関係性を学習できるというのは、すごく効果的なアーキテクチャだろう？　その基本原理から考えると、トランスフォーマーがとんでもなく重要なものになることは容易に想像がつく。しかも、このモデルは並列でのトレーニングが可能だから、大幅なスケールアップが可能なんだ」[7]

2023年に生成AIの需要が爆発的に伸びたとき、生成AIを完全にサポートする準備が整っていたハードウェア・メーカーはエヌビディアだけだった。そして、その準備ができていたのは、初期の兆候を察知し、それをハードウェアやソフトウェアの高速化機能という形で製品化し、その機能を市場投入のわずか数か月前というタイミングで一連のチップに組み込むことができたからこそなのだ。エヌビディアが見せた息をのむスピードは、同社を王座から引きずり降ろすのがどれだけ難しいかを物語っていた。マイクロソフト、アマゾン、グーグル、インテル、アドバンスト・マイクロ・デバイセズなどの大手テクノロジー企業も独自のAIチップを開発しているが、エヌビディアは4度目の10年紀に突入しつつある今もなお、他社より速く走れることを証明しつづけているのだ。

エヌビディアのふたつ目の強みは、あまり知られていないが、価格決定力だ。エヌビディアはコモディティ製品（日用品）をつくることを信条としていない。競合が増えると価格に下押し圧力がかかってしまうからだ。その代わりに、エヌビディア製品の価格は創業当初から一貫して逆方向、つまり上昇方向のみに動いてきた。

「ジェンスンは常々、誰にもまねできないことをやろう、と言ってきた。独自の価値を市場に届けなければならない、と。最先端で革新的な仕事をしてこそ、エヌビディアに優秀な人材を惹き寄せられると感じているんだ」とエヌビディア幹部のジェイ・プリは言う。「エヌビディアには、ひたすら市場シェアだけを追い求めるという社風はない。むしろ、自分の手で市場を創出したいと考えている」[8]

ある元エヌビディア幹部によると、ジェンスンは他社に価格交渉を持ちかけられるたびに腹を立てたそうだ。契約交渉の最終局面に近づくと、潜在顧客は決まってジェンスンとの面会を求めてきた。「毎回、顧客に心の準備をしてもらうのに必死だよ」とその元エヌビディア幹部は言う。「絶対に価格交渉はしないように。契約締結が第一だから、と」[9]

ジェンスンはこの精神を社内全体に浸透させてきた。元マーケティング部長のマイケル・ハラは、エヌビディアの最初期の製品の価格設定についてジェンスンと話し合ったときのことを覚えている。S3からエヌビディアに移ってきたハラは、コモディティ製品によく見られるような価格戦略に慣れきっていた。当時、市場をリードしていたS3の3Dグラフィックス・チップは、5ドル（現在の価値にしておよそ11ドル）で販売されていた。1997年にRIVA128を発売したとき、ハラは価格が高すぎると買い手が尻込みするのではないかと心配していた。10ドルが上限だと彼が答えると、ジェンスンは「いや、安すぎると思う。15ドルでいこう」と提案した。結局、カードはその価格でも完売になった。翌年発売された派生版の「RIVA128ZX」チップは32ドル、1999年発売の次世代版「ジーフォース256」は65ドルで販売された。

ジェンスンは、エヌビディアのカードを購入するようなゲーマーたちなら性能向上に惜しみなくお金を支払うとわかっていたのだ。「ゲーム画面を見て、それまでとは劇的に異なる映像を見れば、ゲーマーはそのカードを買ってくれる」と彼は言った。その教訓は今もハラの心に残っている。彼はマーケティング部門からIR部門に異動したあとも、エヌビディアの投資家たちに向けて同じことを訴えた。エヌビディアは製品の平均小売価格（ASP）が上昇していくなかで、唯一の半導体企業になるだろう、と。「エヌビディアは、他社のASPが下降していくなかで、ASPが上昇しつづける唯一の企業になるはずだ」と彼は言った。

その理由はこうだ。3Dグラフィックスの計算はどこまでも解決の難しい問題なので、より高性能なハードウェアの開発競争には終わりがない。ハードウェアが現実を忠実に再現できるほど強力になる日は永遠に訪れないだろう。それでも、最新の3Dグラフィックス・カードを購入すれば、前世代に比べてはっきりと性能の向上がわかる。照明はより美しくなり、テクスチャはよりリアルになり、物体の動きはよりなめらかになる。

似たような構図が現在のディープラーニングや人工知能にも当てはまる。エヌビディアの現世代のハードウェアは、わずか数年でＡＩモデルの規模と能力を指数関数的に増大させてきた。だが、ＡＩの計算能力に対する需要はそれ以上のスピードで増大していっている。ＡＩで解決できる問題はますます複雑化しているからだ。根底にあるハードウェアとソフトウェアもモデルとともに進化しているため、確かにＡＩモデルは世代を経るたびに大きく進化していっている。それでも、真の汎用人工知能の実現ははるか未来の話であり、残されている課題は多い。そんななか、エヌビディアはテクノロジーの最先端にとどまり、性能の向上が一目でわかる注目度抜群の業界で自社を巧みにポジショニングすることで、価格決定力と平均小売価格の向上に成功しているのだ。

現在、エヌビディアのグラフィックス・カードは単価２０００ドルを超える。しかも、消費者向けの価格でそれだ。この10年間で、エヌビディアはＧＰＵを8基搭載したＡＩサーバ・システムを提供しはじめたが、その単価は数十万ドルにものぼる。自身の分子動力学ソフトウェアＡＭＢＥＲを高速化するために安価なジーフォース・シリーズを使い、エヌビディアと真っ向から対立したロス・ウォーカーは（第8章を参照）、当時の最上位のエヌビディア製ＧＰＵサーバの価格がホンダ・シビックなどの小型中古車並みだったことを覚えている。現在、同様のサーバは家1軒ぶんの値段になることもある。

「私は販売価格14万９０００ドルのＤＧＸ-1が発表されたとき、ちょうど聴衆のなかにいたんだ」と彼は語る。DGX-1というのは、AI研究に特化したテンサー・コアとトランスフォーマー・エンジン搭載の初のGPUサーバのことだ。「発表の瞬間、会場にどよめきの声が上がった。信じられなかったよ」[10]

それでも、エヌビディアの最高額の製品には遠く及ばない。本書の執筆時点で、エヌビディアの最新のサーバ・ラック・システムである「ブラックウェルGB200」シリーズは、「1兆パラメータ」のAIモデルのトレーニングを目的とした設計になっている。72基のGPU搭載で価格は200万〜300万ドルと、エヌビディア史上最高額のマシンだ。エヌビディアの最上位製品の価格は単に上昇しているだけではない。加速しているのだ。

ジェンスンが確信する次なるブーム

ジェンスンには、AIがいつ爆発的に広まるかを正確に予測できる特殊な神通力《じんつうりき》があるわけではない。実際、エヌビディアは当初、かなり慎重なアプローチを取っていたともいえる。エヌビディアは、ジェンスンがAIの可能性を示唆する重大なシグナルに気づくまで、AIの開発に多くの人員や予算を割り振ることはなかった。しかし、いったんその可能性に気づくと、ジェンスンは競合他社にはまねできないスピード感と目的意識をもって突き進んだのだ。

しかし、ジェンスンが初めから「目的地」を思い描いていたのは確かだ。リード・ヘイスティングスが自身の共同創業したネットフリックスで成し遂げたことを例に取ろう。彼は世界がいつかインターネット経由での動画ストリーミングに移行するとわかっていた。それが厳密にいつ実現するかはわからなかったものの、ストリーミングが動画視聴の最終的な解《かい》になるという直感があった。CEOとして、彼はDVDの郵送レンタル事業を手がけていたが、ストリーミングを可能にする高度な技術が実現したと見るや、果断にストリーミングへと舵を切った。

ジェンスンもAIに対して、そしてそれ以前にはビデオゲームに対して似たような行動を取った。1990年代初頭、彼はビデオゲーム市場が巨大になると確信していた。「ビデオゲーム世代で育ったからね」と彼は言う。[11]「エンターテインメントとしてのビデオゲームやコンピュータ・ゲームの価値は、私には一目瞭然だった」。彼はPCゲーム市場が5年や10年、15年以内には爆発的に成長すると信じていた。そして実際、1997年に『GLクエイク』がリリースされるとそのとおりになった。

ジェンスンは常に次なるブームを見極め、そのチャンスを活かすために何ができるかを模索しようとしている。2023年初頭、ジェンスンはひとりの学生からAIの次に来るのは何かと問われると、こう答えた。「まちがいない。次に来るのはデジタル生物学だろう」[12]

生体系というのは世の中でもっとも複雑なシステムのひとつだが、ジェンスンによれば、歴史上初めて、生体系をデジタルで構成できる時代が到来しつつあるのだという。ＡＩモデルを使えば、科学者たちは生体系の構造をいまだかつてないほど詳細にモデル化できるようになる。たとえば、タンパク質がほかのタンパク質や周囲の環境とどう相互作用するかを学んだり、高度なコンピューティングが解き放った莫大な計算能力を利用して、コンピュータ支援による新薬の研究や発見を行なったりすることができるようになる。「エヌビディアがその中心にいるというのは誇らしいことだ。そうした飛躍のなかには、エヌビディアが可能にしたものもある」と彼は語った。「その飛躍は巨大なものになるだろう」

ジェンスンは現在のデジタル生物学の状況と、エヌビディアの歴史におけるほとんどの画期的な出来事とのあいだには、共通点があると考えている。彼がエヌビディアを共同創業した当時、コンピュータ支援の半導体設計はようやく実現しつつあるところだった。「アルゴリズム、十分に高速なコンピュータ、ノウハウが組み合わさったおかげだ」と彼は述べた[13]。この3つの要素が一定の段階まで発展したことで、半導体業界はそれまでよりも巨大で複雑なチップをつくれるようになった。トランジスタを一つひとつ物理的に配置しなくても、ソフトウェアによる高度な抽象化を用いて、チップの設計やシミュレーションが行なえるようになったからだ。同じ要素の組み合わせにより、エヌビディアは2000年代初頭にGPUを発明し、2010年代終盤にAI分野を席巻した。ビル・ダリーのいう「燃料と空気の融合」というやつだ。

エヌビディアのヘルスケア担当副社長のキンバリー・パウエルによれば、コンピュータ支援による新薬の発見は、コンピュータ支援設計や電子設計自動化（EDA）がチップ設計に及ぼしたのと同じような影響を及ぼすことになるという。企業は、今までよりも一貫して効率的に病気の治療薬を発見できるだけでなく、一人ひとりに合わせて薬をカスタマイズすることさえできるようになるだろう。「新薬の発見から設計へと進化し、一か八かの業界から脱却するための条件が整うだろう」とパウエルは言う。[14]

たとえば、バイオテクノロジー企業「ジェネレート・バイオメディシンズ（Generate: Biomedicines）」は、AIやエヌビディアのGPUを活用して、自然界には生じない新たな分子構造やタンパク質ベースの薬を開発しているスタートアップ企業のひとつだ。同社は機械学習アルゴリズムを用いて何百万種類というタンパク質を研究し、自然界の働きの全体像をより詳しく描き出し、その知見を新薬の開発に活用している。同社の共同創業者で最高技術責任者（CTO）のゲヴォルグ・グリゴリアンは、ダートマス大学の教授時代、タンパク質の統計的パターンについて研究し、計算能力を用いたタンパク質の設計やモデル化の改善に努めた経験を持つ。

「非常に単純な統計を用いるだけで、データ内のパターンを一般化できることがわかった。データセットにとどまらない原理を次々と発見していたんだ」と彼は語る。「となれば、次のステップがＡＩや機械学習、大規模なデータ生成の活用だというのは目に見えていた」[15]。しかし、学界でそれを実現するのは不可能だった。大学の予算では必要な計算能力を購入するのは難しかったからだ。彼は新たな分子の設計方法に商業化の可能性を見出し、ほどなくしてジェネレート・バイオメディシンズを創業したというわけだ。

２０００年代初頭から、グリゴリアンは分子動力学のシミュレーションを実行する科学者たちがこぞってエヌビディアのゲーム用ＧＰＵを購入し、グラフィックスとは無関係な計算を強引に実行させていることに気づいた。エヌビディアのカードは本来ビデオゲーム用だったが、彼はエヌビディアが研究者たちに寄り添い、協力していることに感心した。「それがエヌビディアと分子科学との美しい結びつきの始まりだったと思う」と彼は述べた。

そういうわけで、彼が機械学習を使いはじめたとき、パイトーチ（PyTorch）を選択したのは自然な成り行きだった。パイトーチとは、２０１６年にメタ社が開発し、現在はリナックス財団の管理下にある無料のオープンソース機械学習ライブラリだ。「パイトーチはとてもよくできていて、大規模なコミュニティがあったし、エヌビディアによるサポートも豊富だった」とグリゴリアンは語る。「どの種類のGPUを使うかなんて迷うまでもなかった。パイトーチはCUDAと相性がよいし、CUDAを開発しているのはエヌビディアだからね。誰もがあまり深く考えずに自然とエヌビディアのハードウェアを使っていたんだ」

かつては解決不能な問題と考えられていた構造の予測やタンパク質の設計は、今や解決可能になった。グリゴリアンによれば、タンパク質の複雑さとその取りうる状態は宇宙に存在する原子の数を超えるという。「それはどの計算ツールにとっても扱うのがきわめて難しい数だ」と彼は言う。しかし、彼は熟練したタンパク質生物物理学者なら特定の分子構造を見てその潜在的な機能を推測できると考えている。つまり、自然界には学習可能な一般原理が存在するかもしれないということだ。まさにAIのような「万能予測エンジン」が解き明かすのにぴったりの問題だ。

ジェネレート・バイオメディシンズは、AIを活用して細胞レベルで分子を調べ、マッピングしているが、グリゴリアンは同じ手法を人体全体に拡張できるかもしれないと考えている。人体の反応のしかたをシミュレーションするのは桁違いに複雑だが、グリゴリアンはそれもいずれ可能になると考えている。彼はAIの力について、「いちどAIがうまく機能する様子を見たら、ＡＩの進化が続かないとは考えにくい」と語っている。

まるでＳＦ世界の話だと思うかもしれないが、グリゴリアンのチームはすでに細胞内の分子の機能を最適化する生成モデルの構築に取り組んでいる。彼らの究極の夢は、新薬の発見をソフトウェアレベルの問題にすることだ。ＡＩモデルがなんらかの病気、たとえばある種のがんを入力値として受け取ると、その病気を治療する分子を自動的に生成する、という仕組みだ。「完全に荒唐無稽な話というわけではない。私たちが生きているあいだに、こうしたＡＩの影響が表われる可能性もなくはないだろう」と彼は言う。「科学はいつだってみんなを驚かせる。いやそれにしても、なんて時代に生まれたんだろうね？」

ＡＩへの考え

企業の内部には、ＡＩによってまだ構造化されていない手つかずのデータが山ほど存在する。たとえば、電子メール、メモ、機密の社内文書、プレゼンテーションなどだ。消費者向けのインターネットはすでにＣｈａｔＧＰＴなどのチャットボットによってほとんど発掘ずみなので、次の大きなチャンスは企業内に眠っている。カスタマイズされたＡＩモデルを使えば、従業員が現在社内に点在している知識にアクセスできるようになるだろう。

ジェンスンはＡＩが従業員による情報の利用方法を一変させるだろうと述べている。従来のＩＴシステムは静的なファイル検索システムに依存しており、具体的な記憶装置に向けて技術的な検索コマンドをはっきりと書く必要がある。だが、こうしたリクエストは失敗することが多い。クエリの形式は繊細で柔軟性に欠けるところがあるからだ。

しかし、最新のＡＩモデルは自然な会話を理解できるので、文脈を通じてリクエストを理解できるようになった。これは大きな飛躍だ。「生成ＡＩの肝は、ソフトウェアがデータの意味を理解できる点にある」とジェンスンは述べている。[16] 彼は、企業が自社のデータベースを「ベクトル化」し、情報をインデックス化して記録し、それを大規模言語モデルと関連づけることで、ユーザが「データと対話」できるようになると考えている。

この使用事例は私にとって合点《がてん》がいく。私が大学卒業後に初めて就いたのは経営コンサルティングの仕事だったが、この仕事でもっとも面倒だったのは、サーバ上のファイル・ディレクトリを手動でえり分け、パートナーから要求された数年前の情報を探し出すためにパワーポイント文書やワード文書を検索しなければならないことだった。ときには、目的の文書を見つけるのに何時間、または何日もかかることがあった。今では、エヌビディアのＣｈａｔＲＴＸなどのＡＩアプリケーションが支える大規模言語モデルの力を借りれば、コンピュータ上のファイルから文脈に沿った回答を即座に受け取れるようになった。当然、生産性は飛躍的に高まる。以前ならそうとうな時間がかかっていた単調な繰り返し作業が数秒で完了し、従業員はより重要で高度な仕事に時間を回せるのだ。たとえるなら、記憶力がほぼ完璧で、コンピュータやインターネットに保存されたどんな知識でも瞬時に思い出すことができる優秀なインターン生のような仮想アシスタントが手に入るようなものだ。単純なファイル検索にとどまらず、こうしたモデルは社内データ全体から今までより鋭い洞察を導き出すこともできる。

２０２３年終盤のレポートで、ゴールドマン・サックスは生成ＡＩによる今後10年間のコスト削減額が業界全体で合計３兆ドルを上回る可能性があると予測した。エヌビディアの経営陣が繰り返し述べているとおり、これまでに１兆ドルが投じられてきた世界のデータセンター・コンピュータ・インフラは、現状では従来型のＣＰＵサーバによって動いているが、いずれＡＩに必要な並列計算能力を備えたＧＰＵへと移行するだろう。この移行はエヌビディアにとってまさに金脈といえる。２０２４年中盤、ＪＰモルガンは、年間１２３０億ドルにおよぶ企業内のＩＴ関連支出を掌握する１６６人の最高情報責任者（ＣＩＯ）たちを対象にしたアンケートの結果を発表した。その結果、ＣＩＯたちは今後３年間でＡＩコンピューティング・ハードウェアへの支出を年間40パーセント以上増やし、ＩＴ予算全体に占める割合を現在の５パーセントから２０２７年には14パーセント以上に引き上げる予定であることがわかった。また、ＣＩＯの３人にひとりが、新たなＡＩ投資を支えるためにその他のITプロジェクトへの支出を削減する予定だと答えた。削減対象としては、旧システムのアップグレード、インフラストラクチャ、社内アプリケーションの開発が上位3つに挙がった。

ジェンスンは、AIへの支出増加の恩恵を受けるのは経営幹部や投資家だけではない、と考えている。「テクノロジー業界が社会の底上げに対してできる最大の貢献が人工知能だと思います。歴史的に取り残されてきたすべての人々をすくい上げるでしょう」とジェンスンは2024年のオレゴン州立大学でのイベントで語った。[17] ジェンスンが社会的な論評に首を突っ込むことは珍しいが、こうした意見の発信が不可欠といえるくらい、今やエヌビディアの規模や影響力は巨大になったということだ。

そんなエヌビディアにとって唯一の妨げとなりうるのが、「AIのスケーリング則」と呼ばれるものだ。この法則にはモデルの規模、計算能力、データという3つの要素がある。大手テクノロジー企業やスタートアップ企業は、AIモデルの性能が短期的に向上しつづけると確信し、2025年にかけてAIインフラ支出を積極的に増やそうとしている。しかし、企業がこのままモデルの規模を増大させ、エヌビディアのGPUによる計算能力を増強し、データセットを巨大化していくにつれて、いずれ得られる見返りは少なくなっていく。こうなれば、エヌビディアの需要にぽっかりと穴が開くだろう。エヌビディアのデータセンター収入の大部分はモデルのトレーニングと関連しているからだ。２０２４年初頭、エヌビディアは同社のデータセンター向けＧＰＵの約60パーセントがＡＩモデルのトレーニング用に販売され、残りの40パーセントが推論用、つまりＡＩモデルからの回答の生成プロセス用に購入されたという。

　このＡＩ需要の低迷がいつ起きるのかは、誰にもわからない。２０２６年や２０２８年かもしれないし、もっと先かもしれない。しかし、歴史が証明するとおり、エヌビディアはきっとこの難題に対しても準備を怠らないだろう。そして、それがなんであれ、次の巨大なコンピューティングの波に乗る準備も決して怠らないはずだ。

将来性のある人材を採用する

31年間にわたってエヌビディアを率いてきた今でも、ジェンスン・フアンは自分専用のオフィスで働くことを拒みつづけている。代わりに、彼はエヌビディアの本社ビル「エンデバー」にある会議室「メトロポリス」に陣取り、一日じゅうグループ会議を開催している。少人数の会議の際には、「マインド・メルド（精神融合）」と呼ばれる5人部屋に移ることがある。これはテレパシーで他者と思考を共有する『スター・トレック』のバルカン人の能力を指す言葉だ。これは少しあからさまとはいえ、ジェンスンが築いてきたエヌビディアにふさわしい比喩といえるだろう。彼はエヌビディアを自身の驚異的な知性の延長として築き上げてきたのだ。

ジェンスンは技術系の創業者兼CEOであり、この点は一部の競合企業と比べたエヌビディアの強みのひとつとなっている。しかし、彼を単なる技術者と呼ぶのは、エヌビディア独特の社風に合う人材を雇用し、育成する彼の能力を過小評価することになるだろう。

彼は社員たちに、個々のプロジェクトを指揮する高い裁量権を与えているが、それはその社員がプロジェクトを会社の中心目標と完璧に一致させられる場合にかぎった話だ。ジェンスンはいっさいのあいまいさを排除するため、多くの時間を社員とのコミュニケーションに費やし、社内の全員にエヌビディアの戦略やビジョン全体を周知させている。彼は、ほとんどの企業が経営幹部以外とは共有しないレベルの透明性を社内で実現しているのだ。

ある大手ソフトウェア会社の元上級幹部は、何人のエヌビディア社員と話をしても、絶対に食い違う答えが返ってこないことにいつも感心していたという。社員たちはCEOからの一貫したメッセージを学び、自分のものにしていたのだ。対照的に、彼がそれまで仕事をしたことのあるほかの大半の企業では、外部のクライアントの前で代表者たちが言い争いを始めることもあった。

「結局のところ、幹部社員の扱い方を理解しておくことが大事だ。会社の組織はレースカーみたいなもので、CEOが運転方法を心得ておかなければならないマシンなんだ」とジェンスンは話す。

将来性のある人材の採用は、「エヌビディアの流儀」の第一の重要な要素だ。Yコンビネータの共同創業者のポール・グレアムは、かつてヤフーに勤めていたが、ヤフーが一流のエンジニアの獲得競争でグーグルやマイクロソフトに負けはじめたころから、同社の転落が始まったことに気づいた。「優秀なプログラマーはほかの優秀なプログラマーと一緒に働きたがる。そのため、社内のプログラマーの質が下がりはじめると、回復不能なきりもみ降下へと陥ってしまう」と彼は記している。「テクノロジー業界では、質の悪いプログラマーを抱えたらもう最後なのだ」[1]

ほとんどの場合は、有能な人材のほうからエヌビディアを見つけてくる。または、エヌビディアが積極的に一流の人材を探し出す。実際、新規採用の3分の1以上が現社員の紹介によるものだという。[2]

ライバル企業から優秀な人材を引き抜く機会を見つけたときのエヌビディアの動きは積極的ですばやい。クリエイティブ・ラボの元最高技術責任者（CTO）であるホック・リヤオは、エヌビディアのやり方をじかに目撃した。2002年、クリエイティブ・ラボは、アラバマ州ハンツビルにグラフィックス・チップ・エンジニアたちのオフィスを構える「3Dラボ（3Dlabs）」という会社を買収した。ところが3年後、クリエイティブ・ラボは3Dラボとハンツビル・オフィスを完全に閉鎖することを発表した。

当初、インテルはエヌビディアよりもすばやく動き、ハンツビルの元3Dラボ社員を引き抜こうとした。しかし、インテルの別の拠点に移ることが採用の条件であり、どの拠点もアラバマ州からはかなり遠方にあった。多くの社員は家族を住み慣れた土地から転居させたり、生活費の高い地域に引っ越したりすることに難色を示した。

インテルが興味を持っていることを知ったジェンスンは、すぐさま幹部たちを送り、3Dラボのチームに移転を条件としない採用のオファーを出した。それどころか、ハンツビルにオフィスを新設し、新たなチーム・メンバーの受け入れ体勢を整えるよう幹部たちに指示したのである。「エヌビディアの動きはすごく速い」とリャオは言う。「勝利のために人的資産や技術資産を積極的に積み上げていくんだ。実行と意思決定のスピードこそがエヌビディアの代名詞だと思う」。エヌビディアは今でもハンツビルにオフィスを維持している。

元エヌビディア幹部のベン・デ・ヴァールも似たような経験を語っている。２００５年、彼は上司であるソフトウェア・エンジニアリング部長のドワイト・ダークスとともに、ある企業の買収について評価するためにインドのプネーという都市を訪れた。それは50人規模のビデオ・エンコーダ・ソフトウェア企業だった。ところが到着すると、経営陣が社員をホテルの宴会場に集め、会社の解散を告げている場面に遭遇した。その企業は税務問題を抱え、財務的な困難に見舞われていたのだ。「見ていてつらく、心の痛む場面だった。涙を流す人もいた。みんな会社に心血を注いできたんだからね」とデ・ヴァールは語った。「私たちはなんのためにこんなところまで来たんだろう、と思ったよ[3]」

ダークスは、手ぶらでカリフォルニアに帰ればチャンスを逃すことになる、と思った。エヌビディアには新規プロジェクトに備えてソフトウェア・チームの増員が必要だったし、その会社の社員たちは優秀だった。その年、彼は人材スカウトのためにインドに9回も足を運び、筆頭候補としてその会社に狙いを定めていた。

そのとき、彼はアイデアをひらめいた。その会社が買収できないなら、社員たちを直接採用してはどうか？　そう提案されたジェンスンは一発でゴーサインを出した。「その場で旅の目的を買収モードから採用モードに切り替えたんだ」とダークス。「古びたホテルのビジネス・センターで一晩じゅうかけて、アメリカの標準的なパッケージよりもずっと複雑な採用書類を50枚ほど印刷したのを覚えている」[4]

初日の終わりまでに、54人中51人がエヌビディアのオファーを受け入れた。結局、彼らはプネーに新設されたエヌビディア・オフィスの中核メンバーとなり、そのオフィスはやがて1400人以上の社員を抱える一大エンジニアリング拠点へと成長していく。

「常に一流の人材が必要なんだ」とダークスは言い、エヌビディアが人材の一括採用を戦略のひとつとしていたことをつけ加えた。

ときに、エヌビディアはこれ以上ないくらいあからさまなやり方に頼ることもある。エヌビディアの幹部たちは、他社の一流のテクニカル・アーキテクトに対して、「君たちはどうせ負けるから、勝ち組に加わったほうがいい」とはっきり伝えることも辞さない。1997年に開催されたカンファレンスで、レンディションの主任アーキテクトのウォルト・ドノヴァンにRIVA128チップを見せつけ、引き抜いた際もそのやり方だった。「ウォルトは、エヌビディアと競い合うよりもエヌビディア・チームの一員になったほうがいいと考えてライバル企業から移ってきた初の主任アーキテクトだったと思う」とカークは語る。「それでひらめいた。あらゆる企業から一流の人材を引き抜いてくれば、今までよりもずっと多くのことをずっと効率的にできるんじゃないかとね[5]」

エヌビディアの元主任科学者のデイヴィッド・カークは、引き抜きの名人だった。彼は相手企業の要《かなめ》の人物が誰なのかを嗅ぎ回り、探し出すと、その人物に電話をかけて口説きにかかった。「やあ、元気かい？　仕事の調子はどうだい？　君の名前は聞いているよ。君を高く評価している」と彼は語りかけたのを覚えている。「君たちは最高の製品をつくっているね。何人のアーキテクトで取り組んでいるんだい？」

たいていは1社にひとりかふたりだ。それが標準的な人数であり、ある意味では理にかなっていた。アーキテクトはふつう、ひとつのチップ・ファミリー全体を監督するが、ほとんどの会社はいちどに数種類のチップ・ファミリーしか生産していないからだ。しかし、エヌビディアは違った。エヌビディアには20人のアーキテクトがおり、それぞれが画期的なプロジェクトに取り組んでいて、必要なリソースを余すところなく手に入れられる、とカークは説明した。そのうえで、エヌビディアには君のような人材がどうしても必要だ、と伝えるのだ。「うちに来てこのプロジェクトに取り組んでみないか？　きっと楽しいし、一緒に大儲けができると思うよ。ひとりきりでやっていても、そんなに楽しくないだろう？」

後年、エヌビディアが自我の強さで知られる一流のアーキテクトたちをこれほど多く引き抜き、つなぎとめられたことに、多くのエヌビディア社員が感銘を受けた。しかし、エヌビディアのチップはあまりにも複雑になったため、高度なチップ設計者がなるべく多く必要だった。仕事はありあまるほどあった。そして、カークはただ目についた人物を採用するのではなく、エヌビディアに足りないスキルを補完してくれる人材を優先して追い求めた。そのなかにはリーダーやマネジャーもいれば、数学アルゴリズムやグラフィックス・アルゴリズムといった具体的な分野の能力を買われて採用された人もいた。

「封筒の裏に図を描いて、何人かのエンジニアでチップを設計する時代はもう終わったんだ」とカークは言う。

スキルの補完を重視して採用された人物のひとりが、エヌビディアでもっとも有名な採用者であるシリコングラフィックス（ＳＧＩ）のジョン・モントリムだ。彼はＳＧＩのハイエンド向け3Dグラフィックス・ハードウェア「リアリティエンジン」を開発した経験を持ち、その数か月前にエヌビディアに加わったばかりのドノヴァンと共同で仕事をするべく採用された。カークによれば、モントリムはシステムのさまざまな構成要素どうしのつながりを理解する全般的なシステム・アーキテクトとして優れている一方、ドノヴァンはグラフィックス・テクスチャやテクスチャ・フィルタリングの専門家であり、エヌビディア社員のひとりから「わが社のピクセル品質の神」と呼ばれていた。その後、ふたりともエヌビディアに数十年間在籍することになる。

「いわばアーキテクトのオールスター・チームを築き上げたんだ」とカーク。「私たちに優秀な人材を盗まれた他社の幹部たちは憤慨していたけどね」

ドワイト・ダークスが1994年にエヌビディアに加わった経緯も、重要であるが難しい人材採用に対するジェンスンの粘り強さを示す例だ。エヌビディアに入る前、ダークスは新興グラフィックス企業「ペルーシッド」に勤めていた。のちに金融詐欺の疑いをかけられたメディア・ビジョンに買収された企業だ。もともとは、彼のペルーシッド時代の同僚で、のちに3dfxの共同創業者となるスコット・セラーズがエヌビディア入社の件でジェンスンと話をしていたのだが、最終的に実現しなかった。しかしその面接の際、セラーズはペルーシッドの人材について訊かれ、ソフトウェア・チームのふたり、ダークスと彼の直属の上司が群を抜いていると答えた。ジェンスンはその話を心に留めた。

その後、ジェンスンはダークスの上司に電話をかけ、「君はシリコンバレーで有数の切れ者だと聞いている。いちどこっちに来て話をしないか」と伝えた。ダークスの上司はオファーに応じ、エヌビディアに転職した。

ほどなくして、ダークスも退職を決意した。メディア・ビジョンの状況が日に日に悪化していたからだ。すると、元上司から連絡があり、ジェンスンと話をするよう勧められた。ダークスと話をしたジェンスンは、明らかに感銘を受け、ダークスの元上司にこう告げた。「ドワイトは戦士だ。もし君とドワイトをベトナムに送り込んだら、彼は君を背負って帰ってくるだろうね」

ダークスは興奮した。彼はその翌日に仕事を辞め、ペルーシッドの経営陣にエヌビディアへの転職を打ち明けた。すると、その幹部は激怒した。

「行かせないぞ」と彼は怒鳴った。「お前とエヌビディアを訴える。二度とシリコンバレーで働けなくしてやる」。法的措置をちらつかせればエヌビディアは尻尾を巻いて逃げていくだろう、と彼はダークスに言った。当時、エヌビディアは創業から1年しかたっておらず、資金に余裕があるわけではなかった。

しかし、ダークスからその脅しについて聞かされても、ジェンスンはうろたえる様子もなかった。

「やれるものならやってみろ」とジェンスンは答えた。そのとき、こういう上司のもとで働きたい、とダークスは思った。結局、彼はエヌビディアのオファーを受け入れ、それから30年以上も同社で働きつづけている。

社員を引き留める柔軟な報酬制度

エヌビディアの採用手法は「エヌビディアの流儀」のひとつの要素にすぎない。社員の引き留めに重きを置くのも、エヌビディアの流儀のひとつの要素だ。ジェンスンは社員のがんばりに報いる手段として、株式の付与を行なっており、株式はその社員が会社にとってどれだけ重要とみなされているかに応じて配分される。

「ジェンスンは株式を自分の血液同然とみなしているんだ」と元人事部長のジョン・マクソーリーは語る。「いつも株式の割当に関する報告書を読み込んでいるよ」

株式報酬は「譲渡制限付株式ユニット（ＲＳＵ）」と呼ばれる株式の付与という形を取る。社員は入社時に証券口座を受け取り、入社1年目の終わりに初回の株式報酬の４分の1を一括で受け取る。たとえば、株式報酬が合計１０００株なら、２５０株を受け取るわけだ。その後は、四半期ごとに年間の株式報酬の４分の１ずつを受け取る。

業界標準の4年間の権利確定期間がたって株式を満額行使できるようになったとたんにエンジニアが退社してしまうのを防ぐため、エヌビディアは毎年追加で株式を付与している。上司から「期待を上回る働きぶり」と評価された社員は、4年間で権利確定する300株を追加で付与されることもある。理論上、社員は毎年この追加の付与を受けることができるため、会社に残る理由がますます増えていくのだ。

もうひとつの工夫が、「最優秀貢献者《トップ・コントリビューター》」という称号である。マネジャーは、特別な評価に値する社員を上級幹部に推薦することができる。ジェンスンは最優秀貢献者の候補者リストに目を通し、同じく4年間で権利確定する特別な一回限りの株式の付与を行なうのだ。

この特別な付与が承認されると、該当する社員のもとにジェンスンをCCに含めたメールが上級幹部から送られてくる。メールの件名は「特別付与」となっており、「貴殿の並外れた貢献を称えて」RSUを付与する旨と、受賞理由の明確な説明が記載されている。ジェンスンは年次の勤務評定を待たずに、いつでも組織内の社員に直接株式を付与することもできる。これにより、すばらしい仕事をしている人々がその瞬間に評価されていると感じられるのだ。これもジェンスンが会社のあらゆる側面やレベルに関心を持っているというもうひとつの証だろう。

エヌビディアの元販売・マーケティング上級部長で、2000年にマイクロソフトとの

Xboxのパートナーシップ締結に重要な役割を果たしたクリス・ディスキンは、入社数か月でジェンスンから株式の付与を倍増してもらったという。ディスキンはジェンスンに感謝を示しつつも、もうひと押しした。「本当に感銘を受けたなら、倍増どころではないはずでしょう」と彼は言った。のちに付与された株式を見てみると、本当に2倍以上になっていた。

エヌビディアの実力主義的で柔軟で機敏な報酬制度は、きわめて低い離職率の維持に一役買ってきた。ビジネス向けSNSサービス企業「リンクトイン」によると、2024年度のエヌビディアの離職率は、業界平均の13パーセントに対して3パーセントを下回った。株価が上昇傾向にあり、未確定の株式を持つ社員が会社に残る理由があることも、その一因になったといえるだろう。

「エヌビディアは人をとても大切にする。給料や福利厚生の面だけでなく、エンジニアたちを会社の歯車ではなく人間として扱ってくれる面でもそうだと思う」とある元エヌビディア社員は言った。「昇進の機会も多い」。この人物によると、エヌビディアはがんと診断された家族を持つ社員に在宅勤務を認めたり、自宅を火災で失った社員に見舞金を支払ったりもするそうだ。

「人は自分を支えてくれる会社に尽くそうとするものだ」と彼は続けた。

別の上級幹部は、配偶者が重大な健康問題に見舞われたときのことを語った。彼は家族に寄り添うために大陸の反対側に転居しなければならなくなったとジェンスンに伝えた。「心配いらない」とジェンスンは言った。「ぜひ行ってやりなさい。また働けるようになったら連絡してくれればいいから」。その社員はフルタイムで働けなくなったにもかかわらず、給与を支給されつづけた。

常に最高の仕事を追求する社風

報酬だけでなく、常に最高の仕事を追求する社風も人材を引き留める要素になりうる。これが「エヌビディアの流儀」の3つ目の要素だ。最終的に廃止されたり、棚上げされたり、時代遅れになったりする製品や技術の開発に人生の数年間を捧げたいと思う社員などいない。エヌビディアのエンジニアたちは、豊富な技術的知識と経験を持つ業界の第一人者たちの隣で働きながら、世界を変えるかもしれない製品づくりに励むのだ。

エヌビディアの上級幹部やエンジニアの多くは、ほかの大手テクノロジー企業と比べても長期間、エヌビディアで働きつづける傾向にある。実際、ソフトウェア・エンジニアリング部長のドワイト・ダークス、PC事業幹部のジェフ・フィッシャー、GPUアーキテクチャ部長のジョナ・アルベンはいずれも、30年近くエヌビディアに勤めてきた。競合企業に転職したり、起業の世界に羽ばたこうとしたりする上級幹部はめったにいない（もちろん、エヌビディアと競い合うことを考えて尻込みする面もあるかもしれないが）。

あらゆるレベルの社員にとって、社内政治ではなく最高の仕事をすることに専念できる環境も、会社に忠誠を尽くす大きな理由になっている。全体の利益に貢献するよりも、出世競争にばかり躍起になるタイプの人間は、エヌビディアでは苦労するだろう。「そういうタイプの人間を重宝する企業もあるだろうが、エヌビディアは違う」と元GPUアーキテクトのリーイー・ウェイは言う。「その他のことはすべて忘れて、テクノロジー面に100パーセント集中できるんだ」[6]

実際、エヌビディアは、ほとんどの組織が意識的かどうかにかかわらず醸成してしまう弱肉強食の競争文化が生まれるのを積極的に防いでいる。目標達成に苦労したり技術的な難問に直面したりしている社員は、積極的に助けを求めるよう奨励されているのだ。

「この会社では、結果的に負けるとしても、孤立無援だから負けるということはありえない。全員で協力し合うからね。ひとりで負ける者はいないんだ」とジェンスンはエヌビディア社員にたびたび言う[7]。

たとえば、あなたがある地域を担当する営業幹部で、ノルマを下回っている場合、助けを借りられるよう早い段階でチームに報告することが求められる。そうすれば、問題解決のため、ジェンスンから上級エンジニアに至るまで、社内の応援を得られるかもしれない。「〝ひとりで負ける者はいない〟という哲学は、営業組織では特に重要だと思う」とグローバル・フィールド・オペレーション部長のジェイ・プリは言う。彼は自身の営業チームの人数に触れ、こうつけ加えた。「うちのチームは競合他社と比べると小ぶりだから、重大な出来事が起きたら全員で力を合わせるしかないんだ[8]」

営業幹部のアンソニー・メデイロスは、サン・マイクロシステムズ時代にそれとは正反対の考え方を目の当たりにした。彼や同僚たちは問題を自力で解決し、自分の給料の正当性を証明するよう求められた。そのため、助けを求めることは弱さとみなされたのだ。

「とにかく声を上げることが大事だ」と彼はエヌビディアの社風を評した。「声を上げないほうがむしろ問題になるんだ。

社員に求める究極のコミットメント

こうした手厚いサポートや報酬と引き換えに、ジェンスンは社員に多くを求める。究極のコミットメントは「エヌビディアの流儀」に欠かせない要素だ。下級職の社員でさえ、週60時間労働が最低ラインとして求められる。そして、チップ開発における重要な期間や（特にハードウェア・エンジニアの場合）、ＡＩへの方針転換のような企業戦略の急激な転換期には、週80時間労働を超えることもある。

透明性も「エヌビディアの流儀」に不可欠な要素だ。標準的な指揮命令系統とは別に、エヌビディア社員はジェンスン本人との個別のコミュニケーション手段を常に確保しておかなければならない。それは「トップ5」メールの形を取ることもあれば、廊下やトイレでの井戸端会議の形を取ることもある。

社内イベントでさえも隠れる場所などない。同社の開発者向け技術エンジニアだったピーター・ヤングは、新入社員向けのパーティーで初めてジェンスンに紹介されたのだが、ジェンスンはなんとすでに彼のことを知っていた。「君がピーター・ヤングか」とジェンスンは言った。「ソニーのプレイステーション部門から移ってきて1年になるね。その前は3dfxにいたんだったな」。同じように、彼は50人のパーティー出席者全員の経歴についても事細かに記憶していたという。

ヤングは、ジェンスンが比較的新しい下っ端の社員のことをこれほど詳しく把握していることに驚いた。彼が上司にそうこぼすと、「ふつうだよ。ジェンスンは誰に対してもそうだから」と上司は答えた。ヤングは、従業員数千人規模の企業のCEOが、社員一人ひとりとつながるためにそこまで手間暇をかけていることに感動した。[10] しかし、それは同時に、ジェンスンが社内の全員に目を光らせ、全員の可能性を把握し、能力に見合った働きを求めているという証拠でもあった。

　また、ジェンスンは社員たちに、エヌビディアの、そしてジェンスン自身の知識基盤を絶えず広げつづけることも求めている。彼の身近な幹部社員たちは、数十年前から変わらないジェンスンのクセについてよく冗談を言う。社員が見本市やゲーム・イベント、台湾出張から戻ってくると、ジェンスンは必ずその社員をつかまえてこう質問するのだという。

「それで、何を学んだ?」

「それがいわばジェンスンという人間の本質なんだ。彼はいつもまわりで何が起きているのかを知りたがる」とジェフ・フィッシャーは言う。「とにかく、世界で起きている出来事を知りたいんだ。より賢明な判断が下せるようにね」[11]

　最善の判断が下せないと感じると、ジェンスンはイライラしだす。すると、エヌビディアの特徴である透明性の文化のおかげで、それが表《おもて》に出てくることが多い。それでも、少なくとも一部の社員は、ジェンスンの性格を「短気」と表現するのは公平でない、と考えている。

「確かに、彼は怒りをぶちまけることもあるけれど、こちらがよほどの地雷を踏まないかぎりその段階までは行かない」とある社員は言う。「彼はただ、何にでも首を突っ込み、相手のしていることを理解したいだけなんだ。その過程で、すごく率直な物言いをし、厳しい質問を浴びせることがあるというだけで。その種の議論に慣れていないと、少し面食らうかもしれないけれど、そこに悪意はない。何かを進める前に、徹底的な論証をしないと気がすまない性格なのだと思う」

ジェンスンはまた、自分の時間の優先順位づけにも余念がない。アドビCEOのシャンタヌ・ナラヤンは、ジェンスンと朝食をとりながら、イノベーションから戦略、文化に至るまで、ビジネスの話題について有意義な会話を交わしたときのことを覚えている。[12] ナラヤンがチラリと腕時計に目をやると、「どうして時計なんて見るんだ?」とジェンスンがすかさず指摘した。「ジェンスン、君には予定ってものがないのか?」とナラヤンは返した。「どんな予定があるっていうんだ? 私はそのとき自分のしたいことをするだけさ」とジェンスンは答えた。ナラヤンはこの助言に感心した。ジェンスンは、スケジュールに縛られるのではなく、常にもっとも重要な活動に専念するべきだと言っていたのだ。

逆に、社員が回りくどい話を始めると、ジェンスンは決まって「LUA」と言う。「ルーア」と1単語のように発音して。エヌビディア幹部のブライアン・カタンザーロによると、「LUA」はジェンスンがしびれを切らしはじめているという警告サインなのだという。この言葉を発するとき、ジェンスンは社員に話をやめて3つのことをしてほしいと思っている。質問をちゃんと聞く(Listen)こと、質問を理解する(Understand)こと、質問に答える（Answer）ことだ。

「LUAは、重要な話をしているのだから真面目にやりなさい、という意味なんだ」とカタンザーロは言う。「彼はあいまいな表現や誇張で質問への答えをはぐらかされるのを嫌う。ジェンスンの部下なら誰でもLUAという言葉を聞いたことがあると思うよ[13]」

これはジェンスン自身への戒めでもある。本書のためにインタビューした誰もが、高度なコンピューティングに関する質問を聞き、理解し、答えるジェンスンの並外れた能力を口にした。エヌビディアの長年の投資家であるウンハク・べは、「技術的な観点だけでなく、ビジネスの観点からもあらゆる話ができる」ジェンスンの能力を高く評価している。「本当の意味で博識で、技術に精通するCEOとしては、ジェンスンの右に出る者はいない[14]」

エヌビディアの「単一障害点」

今日のようなエヌビディアを築き上げられた人物は、ジェンスン・フアンただひとりだと言ってまちがいないだろう。彼は技術とビジネス戦略に通じているだけでなく、実際に巨大企業を日々運営するというさらに困難な仕事も熟知している。自身の課した高い基準をみずから徹底し、組織に機能不全が根を張る前に排除する。また、ゆっくりとした段階的な進歩ではなく、飛躍的な成果を生み出す企業構造も築いてきた。企業全体が光の速さで動いており、惰性で仕事をしている人を見ればみんなの前で叱責する。エヌビディアの流儀とは、一言でいえば「ジェンスンの流儀」であり、もっと端的にいうなら「ジェンスンそのもの」なのだ。

しかし、それは同時に、エヌビディアがほとんどジェンスンと一心同体だという事実の裏返しでもある。ある意味、ジェンスンはエヌビディアの「単一障害点」（コンピュータ用語で、そこで障害が生じるとシステム全体が機能しなくなる箇所のこと）なのだ。本書の執筆時点で、彼は61歳だ。彼が一般的なアメリカ人男性と同じように65歳で引退するとは考えづらいが、いずれはエヌビディアを去る日がやってくるだろう。そのとき、誰が世界一重要なコンピュータ・ハードウェア会社の中心に立つのか？　過去31年間のジェンスンと同じくらいうまくエヌビディアを経営できる人物は果たしているのだろうか？

カーティス・プリエム（左）、ジェンスン・フアン（中央）、クリス・マラコウスキー（右）。本社「エンデバー」の前にて。（エヌビディア提供）

エヌビディア史を綴るに当たって、私は同社が何度も破綻や完全な崩壊の瀬戸際まで追い込まれていたことに衝撃を受けた。そのときに少しでも違う出来事が起きていたら、コンピューティングの世界は今とは別の道筋を歩み、私たちは今ごろ別の世界を生きているだろう。エヌビディアの成功のなかには、純然たる幸運もあった。クリス・マラコウスキーが医科大学入試試験を受けたあと、医学の道に進むと決めていたら？　彼がただの肩慣らしのつもりで面接を受けたサン・マイクロシステムズからのオファーを蹴り、次にディジタル・イクイップメントの面接を受けていたら？　カーティス・プリエムがNV1チップを市場のほかの製品に近づけていたら？　確かに成功はしたかもしれないが、エヌビディアがその失敗に学び、会社を窮地から救ったRIVA128チップを世に送り出す機会は生まれなかっただろう。「NV1が失敗していなかったら、エヌビディア自体が失敗していただろう」とプリエムは語った。[15]

しかし、エヌビディアの物語の大部分はジェンスン自身の努力の賜物だといっていい。彼はエヌビディアの起業資金を見事に調達し、融資だけが会社を救う唯一の道だとわかったときにも、新たな資金調達に成功した。VGAコアのライセンス供与を受け、どうにかRIVA128をスケジュールどおりにリリースした。CUDAの開発中には、長期的なビジョンよりも短期的な利益を優先するよう求めてくるウォール街をうまくなだめた。成果や人材に対して高い基準を設け、常識を打ち破るすべを学んだ。歯に衣着せぬ率直な物言いを通じて、時間を節約し、意思疎通のミスを防ぎ、重要な場面でエヌビディアの開発ペースを加速させた。そして何より、自身の哲学を「使命こそが究極のボスである」「光の速さ」「そんなにたいへんか？」といった決まり文句へと凝縮し、常に社員の意識を本当に重要なことに向けさせた。

エヌビディアが生死の境をさまようあいだも、エヌビディアの従業員数と収益が爆発的に成長するあいだも、ジェンスンと彼の築いた社風は、社内の統一性を保ちつづけてきた。ジェンスンは私のインタビューで、知性や才能はエヌビディアの成功とほとんど関係がない、と何度も強調した。むしろ、大事なのは強烈な努力と粘り強さなのだ、と。ここまでの苦労は必要なかったかもしれないが、実際に苦労はあったし、それはこれからも変わらないだろう。エヌビディアの仕事がジェンスンを含む全員に求めたものはただひとつ――「強い意志」なのだ。

これまで何百という企業がグラフィックス・チップ市場に参入してきたとはいえ、独立したグラフィックス・チップ企業として現存するのはエヌビディアだけだ。ジェンスン自身は今やテクノロジー業界の最長在任CEOとなっている。

さまざまな自己啓発の専門家や指導者から、働く時間を減らしつつ稼ぎを増やすことはできる、という言葉を聞くことがある。ジェンスンはこの考え方の真逆を行く存在だ。成功への近道なんて存在しない。成功するための最善策は、より困難な道を選ぶこと。そして、最高の教師は逆境である。彼は身をもってそのことを痛感してきた。だからこそ、ジェンスンはどの年齢の人でもたいてい燃え尽きてしまうようなペースで今もなお走りつづけられるし、今もなお一片の迷いも皮肉も疑いもなくこう言い切れるのだ。「私はエヌビディアが大好きだ」

付録　ジェンスン語録

「必要最小限に努めよ」――関連する知識を持った絶対不可欠な社員だけを会議に招くようにする。出席の必要がない人々の時間をムダにしてはいけない。

「AMAN、ALAP」――必要最低限（As much as needed, as little as possible）に努めよ。社員の時間や会社の資源の節約に努める。

「常に最高の人材を雇うべし」――聡明で有能な人材を雇えば、どんな問題も解決し、新たな難題に適応してくれるはずだ。

「批判は贈り物である」――率直なフィードバックが継続的な改善につながる。

「スコアは気にするな。どうゲームをプレイするのかだけを考えよ」――目先の株価の変動に惑わされてはいけない。最高の仕事をし、価値を創出することだけに専念しよう。

「将来的な成功の初期の兆しに着目せよ」――新しいプロジェクトが軌道に乗りかけているという証拠に目を向けよう。

「床を掃け」「牛を丸ごと出荷せよ」――小さな製造上の欠陥があっても、チップを低性能部品として販売してムダを減らせるよう、冗長性を持ったチップを設計すること。

「刀を研げ」――活発な議論は最高のアイデアに結びつくことが多い。

「そんなにたいへんか？」――目の前の仕事量に圧倒された気分になるのを防ぐためのおまじない。

「知的な誠実さを持て」――真実を語り、失敗を認め、過去の失敗に学んで前に進む勇気を持つこと。

「測定できるものは改善できる。ただし、測定する対象をまちがえてはいけない！」――的外れな指標を追跡するという罠に落ちないこと。賢くデータを使おう。

「これはワールドクラスだろうか？」――エヌビディアの製品、獲得する人材、ビジネス慣行はすべて業界最高のものと比較してこそ意味がある。

「基本原理に立ち返ろう」――過去の前例を基準にするのではなく、まっさらな気持ちで問題に取り組むこと。

「LUA（ルーア）」――質問をちゃんと聞き（Listen）、質問を理解し（Understand）、質問に答えなさい（Answer）、という意味の略語。ジェンスンが相手のまどろっこしい返答にしびれを切らしはじめているという警告サインだ。

「使命《ビジョン》こそが究極のボスである」――社内政治ではなく、顧客を満足させるという最終目標を念頭に意思決定を行なうこと。

「ひとりで負ける者はいない」――仕事がうまくいっていないときは、一刻も早くチームに報告し、みんなの助けを借りよう。

「エヌビディアの強みは実行力である」――エヌビディアが勝利できるのは優れた技術と実行力のおかげだ。

「機長」――ジェンスンが指名する重要プロジェクトのリーダー。全社から優先的なサポートを受けられる。

「2位は最初の敗者だ」――目指すべきは常に1位だ。

「小さなステップ、大きなビジョン」――実行可能な項目に優先順位をつけ、そのなかでもっとも重要な最初の課題に全力で取り組もう。

「光の速さで動け」——過去の実績と比べるのではなく、物理学の法則が許す絶対上限まで仕事の効率を高めよ。

「何をあきらめるかが戦略だ」——あらゆるものをえり分け、もっとも重要なものを選び出し、何をおいてもまずそれを実行しよう。

「市場シェアを奪うのではなく、市場を創出せよ」——エヌビディアは既存の事業で競い合うのではなく、新しい分野で市場のリーダーに立つことを常に目指している。

「信じると決めたらとことん信じよ」——何かを信じると決めたら、とことん信じ、実行すること。そこに全身全霊を捧げよう。

「強みは弱みでもある」——丁寧でそつのない行動も、度を越すとかえって進歩の妨げになる。

謝辞

本書は突然送られてきた1通のメールから始まった。2023年5月10日、こんな件名のメッセージが私のもとに届いた。「W・W・ノートンより　エヌビディアの本を書きませんか?」。送り主は編集者のダン・ガーストルだった。彼は担当作家のひとり（マシュー・ボール、ありがとう）から、私ならエヌビディアの本を書けそうだと言われ、私に連絡を取ってくれたらしい。

ほかの大手テクノロジー企業についての本は最低でも数冊は出版されていたので、エヌビディアについての本も同じくらい書かれているにちがいない、と思ったのだが、検索してみると1冊も見つからなかった。その瞬間、絶対に書きたいと思った。

そこからはとんとん拍子に話が進み、私はマンハッタンのブライアント・パーク・カフェでダンと会った。別れ際、彼からエージェントを探したほうがいいと勧められた。友人の勧めで会ったのがピラー・クイーンという人物で、私のエージェント業務を引き受けてくれた。こうして、最初のメールを受け取ってから1か月後には、私は出版契約を結んでいた。

目まぐるしい1年間だった。出版経験のない作家に賭け、貴重な助言や指導をくれたダンとピラーにはたいへんお世話になった。また、根気強く本書の原稿を編集し、貴重なフィードバックを寄せてくれたフリーランス編集者のダリル・キャンベルにもお礼を言いたい。

また、ジェンスンにも感謝を申し上げる。実をいうと当初、エヌビディアは本書への協力をためらっていた。私が過去にエヌビディアに対する否定的な記事を書いたことが原因のひとつだったのかもしれないが、ジェンスンは私が関係者と話をするのを止める素振りも見せなかった。加えて、本書の内容に貢献してくれたカーティス・プリエムとクリス・マラコウスキー、エヌビディア・チームのステファニー、ボブ、ミレーヌ、ケン、ヘクターにも感謝を述べたい。

最後に、忙しいなか時間を割き、貴重な経験を語ってくれた関係者の方々に心から感謝を申し上げる。コンピュータ史の最初の数十年間に関する彼らの証言のなかには、初めて書物にまとめられたものも多くあった。そんな証言を集められたことは最高の名誉だ。彼らの寛容さこそが本書を豊かにし、完成へと導いたのはまちがいない。

注

はじめに　究極のシンボル

1　Hendrik Bessembinder, "Which U.S. Stocks Generated the Highest Long-Term Returns?," S&P Global Market Intelligence Research Paper Series, July 16, 2024. http://dx.doi.org/10.2139/ssrn.4897069

第 1 章　苦しみを乗り越えて：ジェンスンの生い立ち

1　Lizzy Gurdus, "Nvidia CEO: My Mom Taught Me English," CNBC, May 6, 2018.
2　Matthew Yi, "Nvidia Founder Learned Key Lesson in Pingpong," *San Francisco Chronicle*, February 21, 2005.
3　"A Conversation with Nvidia's Jensen Huang," Stripe, May 21, 2024, video, 10:02.
4　1Maggie Shiels, "Nvidia's Jen-Hsun Huang," BBC News, January 14, 2010.
5　Brian Dumaine, "The Man Who Came Back from the Dead Again," *Fortune*, September 1, 2001.
6　ジュディ・ホアフロストへの 2024 年のインタビューより。
7　"19th Hole: The Readers Take Over," *Sports Illustrated*, January 30, 1978.
8　Yi, "Nvidia Founder Learned Key Lesson."
9　"2021 SIA Awards Dinner," SIAAmerica, February 11, 2022, video. https://www.youtube.com/watch?v=5yvN_T8xaw8.
10　"The Moment with Ryan Patel: Featuring NVIDIA CEO Jensen Huang |HP," HP, October 26, 2023, video, 1:47.
11　"Jen-Hsun Huang," *Charlie Rose*, February 5, 2009.
12　ジェンスン・フアンへの 2024 年のインタビューより。
13　"2021 SIA Awards Dinner," SIAAmerica, 1:04:00.
14　"The Moment with Ryan Patel," HP, 3:07.
15　"Jen-Hsun Huang, NVIDIA Co-Founder, Invests in the Next Generation of Stanford Engineers," School News, Stanford Engineering, October 1, 2010.
16　Gurdus, "Nvidia CEO."
17　"Jensen Huang," Stanford Institute for Economic Policy Research, March 7, 2024, video, 38:00.

第 2 章　グラフィックス革命のなかで

1　Frederick Van Veen, *The General Radio Story* (self-pub., 2011), 153.

2 Van Veen, *General Radio Story*, 171–75.
3 クリス・マラコウスキーへの 2023 年のインタビューより。
4 カーティス・プリエムへの 2024 年のインタビューより。
5 とはいえ、ヴァン・フック自身もグラフィックスのパイオニアだった。彼はのちにNINTENDO64 のグラフィックス・アーキテクチャを設計することになる。
6 クリス・マラコウスキーへの 2023 年のインタビューより。

第3章　エヌビディア誕生

1 “Jensen Huang,” Sequoia Capital, November 30, 2023, video, 5:13.
2 “Jen-Hsun Huang, NVIDIA Co-Founder, Invests in the Next Generation of Stanford Engineers,” School News, Stanford Engineering, October 1, 2010.
3 “2021 SIA Awards Dinner,” SIAAmerica, February 11, 2022, video, 1:11:09 https://www.youtube.com/watch?v=5yvN_T8xaw8.
4 “Jen-Hsun Huang,” Stanford Online, June 23, 2011, video, 9:25.
5 National Science Board, “Science and Engineering Indicators–2002,” NSB-02-01 (Arlington, VA: National Science Foundation, 2002). https://www.nsf.gov/publications/pub_summ.jsp?ods_key=nsb0201.
6 ジェンスン・フアンへの 2024 年のインタビューより。
7 “Jensen Huang,” Sequoia Capital.
8 マーク・スティーヴンスへの 2024 年のインタビューより。

第4章　すべてを賭ける

1 “Jen-Hsun Huang,” Stanford Online, June 23, 2011, video, 45:37.
2 パット・ゲルシンガーへの 2023 年のインタビューより。
3 ドワイト・ダークスへの 2024 年のインタビューより。
4 Jon Peddie, *The History of the GPU: Steps to Invention* (Cham, Switzerland: Springer, 2022), 278.
5 Peddie, *History of the GPU*, 278.
6 カーティス・プリエムへの 2024 年のインタビューより。
7 マイケル・ハラへの 2024 年のインタビューより。
8 “Jen-Hsun Huang, NVIDIA Co-Founder, Invests in the Next Generation of Stanford Engineers,” School News, Stanford Engineering, October 1, 2010.
9 “Jensen Huang,” Sequoia Capital, November 30, 2023, video, 13:57.
10 Jon Stokes, “Nvidia Cofounder Chris Malachowsky Speaks,” *Ars Technica*, September 3, 2008.
11 “Dean’s Speaker Series | Jensen Huang Founder, President & CEO, NVIDIA,” Berkeley

Haas, January 31, 2023, video, 32:09.
12 元エヌビディア社員への 2023 年のインタビューより。
13 "3dfx Oral History Panel," Computer History Museum, July 29, 2013, video.
14 Orchid Technology, "Orchid Ships Righteous 3D," press release, October 7, 1996.
15 "3dfx Oral History Panel," Computer History Museum.
16 スコット・セラーズへの 2023 年のインタビューより。
17 ドワイト・ダークスへの 2024 年のインタビューより。
18 "Jen-Hsun Huang," Oregon State University, February 22, 2013, video, 37:20.
19 元エヌビディア社員への 2023 年のインタビューより。
20 "Jen-Hsun Huang," Oregon State University, 30:28.
21 カーティス・プリエムへの 2024 年のインタビューより。
22 ドワイト・ダークスへの 2024 年のインタビューより。
23 ヘンリー・レヴィンへの 2023 年のインタビューより。
24 クリス・マラコウスキーへの 2023 年のインタビューより。
25 ジェンスン・フアンへの 2024 年のインタビューより。
26 エリック・クリステンソンへの 2023 年のインタビューより。
27 サッター・ヒルの CFO であるクリス・バッソからの個人的なメールより。
28 Nvidia, "Upstart Nvidia Ships Over One Million Performance 3D Processors," press release, January 12, 1998.
29 ジェンスン・フアンへの 2024 年のインタビューより。

第 5 章　ウルトラアグレッシブ

1 カロライン・ランドリーへの 2024 年のインタビューより。
2 マイケル・ハラへの 2024 年のインタビューより。
3 テンチ・コックスや数人の元エヌビディア社員への 2023 年のインタビューより。
4 ロバート・チョンゴルへの 2023 年のインタビューより。
5 ジェフ・フィッシャーへの 2024 年のインタビューより。
6 ジェフ・リバーへの 2023 年のインタビューより。
7 ジョン・マクソーリーへの 2023 年のインタビューより。
8 アンドリュー・ローガンへの 2024 年のインタビューより。
9 ケネス・ハーリーへの 2024 年のインタビューより。
10 カロライン・ランドリーへの 2024 年のインタビューより。
11 サンフォード・ラッセルへの 2024 年のインタビューより。
12 アンドリュー・ローガンへの 2024 年のインタビューより。
13 ジェフ・フィッシャーへの 2024 年のインタビューより。
14 "Morris Chang, in Conversation with Jen-Hsun Huang," Computer History Museum,

October 17, 2007, video, 23:00.
15 クリス・マラコウスキーへの 2023 年のインタビューより。
16 カーティス・プリエムへの 2024 年のインタビューより。
17 ジェフ・リバーへの 2023 年のインタビューより。
18 マイケル・ハラへの 2024 年のインタビューより。
19 マイケル・ハラへの 2024 年のインタビューより。
20 ジェフ・フィッシャーへの 2024 年のインタビューより。
21 カーティス・プリエムへの 2024 年のインタビューより。
22 ニック・トリアントスへの 2023 年のインタビューより。

第 6 章　勝利をつかめ！

1 ロス・スミスへの 2023 年のインタビューより。
2 スコット・セラーズへの 2023 年のインタビューより。
3 ドワイト・ダークスへの 2024 年のインタビューより。
4 マイケル・ハラへの 2024 年のインタビューより。
5 デイヴィッド・カークへの 2024 年のインタビューより。
6 カーティス・プリエムへの 2024 年のインタビューより。
7 ドワイト・ダークスへの 2024 年のインタビューより。
8 ドワイト・ダークスへの 2024 年のインタビューより。
9 リック・ツァイへの 2024 年のインタビューより。
10 Dean Takahashi, "Shares of Nvidia Surge 64% after Initial Public Offering," *Wall Street Journal*, January 25, 1999.
11 ケネス・ハーリーへの 2024 年のインタビューより。
12 Takahashi, "Shares of Nvidia Surge."
13 Dean Takahashi, *Opening the Xbox: Inside Microsoft's Plan to Unleash an Entertainment Revolution* (Roseville, CA: Prima Publishing, 2002), 230［邦訳：ディーン・タカハシ『マイクロソフトの蹉跌――プロジェクト Xbox の真実』元麻布春男監修・永井喜久子訳、ソフトバンクパブリッシング、2002 年、298 ～ 299 ページ］.
14 オリバー・バルタックへの 2023 年のインタビューより。
15 Takahashi, *Opening the Xbox*, 202［邦訳:『マイクロソフトの蹉跌』263 ～ 265 ページ］.
16 ジョージ・ハーバーへの 2023 年のインタビューより。
17 クリス・ディスキンへの 2024 年のインタビューより。
18 ジョージ・ハーバーへの 2023 年のインタビューより。
19 カーティス・プリエムへの 2024 年のインタビューより。
20 マイケル・ハラへの 2024 年のインタビューより。

第7章　ジーフォースとイノベーションのジレンマ

1　Clayton Christensen, *The Innovator's Dilemma: When New Technologies Cause Great Firms to Fail* (Boston, MA: Harvard Business School Press, 1997), 47［邦訳：クレイトン・クリステンセン『イノベーションのジレンマ 増補改訂版――技術革新が巨大企業を滅ぼすとき』玉田俊平太監修・伊豆原弓訳、翔泳社、2001 年、84 ページ］.

2　マイケル・ハラへの 2024 年のインタビューより。

3　ジェフ・フィッシャーへの 2024 年のインタビューより。

4　テンチ・コックスへの 2023 年のインタビューより。

5　"Jensen Huang of Nvidia on the Future of A.I. | DealBook Summit 2023," *New York Times*, November 30, 2023, video, 19:54.

6　エヌビディア社員への 2023 年のインタビューより。

7　サンフォード・ラッセルへの 2024 年のインタビューより。

8　ダン・ヴィヴォリへの 2024 年のインタビューより。

9　John D. Owens et al., "A Survey of General-Purpose Computation on Graphics Hardware," State of the Art Reports, Eurographics 2005, August 1, 2005 https://doi.org/10.2312/egst.20051043.

10　デイヴィッド・カークへの 2024 年のインタビューより。

11　ジェンスン・フアンへの 2024 年のインタビューより。

12　ふたりの元エヌビディア社員への 2023 年のインタビューより。

13　"Best Buy Named in Suit over Sam Goody Performance," *New York Times*, November 27, 2003.

14　ジェンスン・フアンへの 2024 年のインタビューより。

第8章　GPU 時代の到来

1　デイヴィッド・カークへの 2024 年のインタビューより。

2　ジェンスン・フアンへの 2024 年のインタビューより。

3　ジェンスン・フアンへの 2024 年のインタビューより。

4　Ian Buck et al., "Brook for GPUs: Stream Computing on Graphics Hardware," *ACM Transactions on Graphics* 23, no. 3 (August 2004): 777–86.

5　アンディ・キーンへの 2024 年のインタビューより。

6　Anand Lal Shimpi, "Nvidia's GeForce 8800," *Anandtech*, November 8, 2006.

7　"A Conversation with Nvidia's Jensen Huang," Stripe Sessions 2024, April 24, 2024, video, 01:04:49.

8　"No Priors Ep. 13 | With Jensen Huang, Founder & CEO of NVIDIA," No Priors: AI, Machine Learning, Tech, & Startups, April 25, 2023, video. https://www.youtube.com/watch?v=ZFtW3g1dbUU.

9 Rob Beschizza, "nVidia G80 Poked and Prodded. Verdict: Fast as Hell," *WIRED*, November 3, 2006; Jon Stokes, "NVIDIA Rethinks the GPU with the New GeForce 8800," *Ars Technica*, November 8, 2006.
10 デイヴィッド・カークへの 2024 年のインタビューより。
11 マーク・バーガーへの 2024 年のインタビューより。
12 デリック・ムーアへの 2024 年のインタビューより。
13 "NVIDIA CEO Jensen Huang," Acquired, October 15, 2023, video, 49:42.
14 アミール・サレクへの 2023 年のインタビューより。

第９章　試練が人を偉大にする：ジェンスンの哲学

1 Nvidia Corporation, "Letter to Stockholders: Notice of 2010 Annual Meeting" (Santa Clara, CA: Nvidia, April 2010).
2 ダン・ヴィヴォリへの 2023 年のインタビューより。
3 アンソニー・メデイロスへの 2024 年のインタビューより。
4 ジェンスン・フアンへの 2024 年のインタビューより。
5 "In Conversation | Jensen Huang and Joel Hellermark," Sana AI Summit, June 29, 2023, video, 32:10.
6 "A Conversation with Nvidia's Jensen Huang," Stripe, May 21, 2024, video, 11:06.
7 テンチ・コックスへの 2023 年のインタビューより。
8 オリバー・バルタックへの 2023 年のインタビューより。
9 アンディ・キーンへの 2024 年のインタビューより。
10 ジェンスン・フアンへの 2024 年のインタビューより。
11 シモーナ・ヤンコウスキーへの 2024 年のインタビューより。
12 ジェイ・プリへの 2024 年のインタビューより。
13 ジェンスン・フアンへの 2024 年のインタビューより。
14 ロバート・チョンゴルへの 2023 年のインタビューより。
15 マイケル・ダグラスへの 2024 年のインタビューより。
16 マイケル・ダグラスへの 2023 年のインタビューより。
17 ジョン・マクソーリーへの 2023 年のインタビューより。
18 元エヌビディア社員への 2024 年のインタビューより。
19 マーク・バーガーへの 2024 年のインタビューより。
20 ジェイ・プリへの 2024 年のインタビューより。
21 デイヴィッド・ラゴネスへの 2024 年のインタビューより。
22 マイケル・ダグラスへの 2024 年のインタビューより。
23 ジェンスン・フアンへの 2024 年のインタビューより。

第10章　ジェンスンとライバルを分かつもの

1 Carl Icahn, "Beyond Passive Investing," Founder's Council program, Greenwich Roundtable, April 12, 2005.
2 Walt Mossberg, "On Steve Jobs the Man, the Myth, the Movie," Ctrl-Walt-Delete Podcast, October 22, 2015.
3 ジョナ・アルベンへの2024年のインタビューより。
4 テンチ・コックスへの2023年のインタビューより。
5 アリ・シムナドへの2024年のインタビューより。
6 レオ・タムへの2023年のインタビューより。
7 ケビン・クレウェルへの2024年のインタビューより。
8 "In Conversation | Jensen Huang and Joel Hellermark," Sana AI Summit, June 29, 2023, video, 29:20.
9 "Jen-Hsun Huang," Stanford Online, June 23, 2011, video, 32:41.
10 "Jen-Hsun Huang," Oregon State University, February 22, 2013, video, 1:15:58.
11 テンチ・コックスへの2023年のインタビューより。
12 ジェフ・フィッシャーへの2023年のインタビューより。
13 ブライアン・カタンザーロへの2024年のインタビューより。
14 Maggie Shiels, "Nvidia's Jen-Hsun Huang," BBC, January 14, 2010.
15 "Saturday's Panel: A Conversation with Jen-Hsun Huang (5/7)," Committee of 100, May 18, 2007, video, 5:43.
16 "Jensen Huang—CEO of NVIDIA | Podcast | In Good Company | NorgesBank Investment Management," Norges Bank, November 19, 2023, video, 44:50.
17 Alexis C. Madrigal, "Paul Otellini's Intel: Can the Company That Built the Future Survive It?," *The Atlantic*, May 16, 2013.
18 パット・ゲルシンガーへの2023年のインタビューより。
19 Mark Lipacis, "NVDA Deep-Dive Presentation," Jefferies Equity Research, August 17, 2023.
20 "Search Engine Market Share Worldwide," Statcounter. https://gs.statcounter.com/search-engine-market-share (accessed August 9, 2024).

第11章　AIへの道

1 William James Dally, "A VLSI Architecture for Concurrent Data Structures," PhD diss., California Institute of Technology, 1986.
2 デイヴィッド・カークへの2024年のインタビューより。
3 Brian Caulfield, "What's the Difference Between a CPU and a GPU?," Nvidia Blog, December 16, 2009.

4 “NVIDIA: Adam and Jamie Explain Parallel Processing on GPU’s,” Artmaze1974, September 15, 2008, video.
5 John Markoff, “How Many Computers to Identify a Cat? 16,000,” *New York Times*, June 26, 2012.
6 ビル・ダリーへの 2024 年のインタビューより。
7 Adam Coates et al., “Deep Learning with COTS HPC Systems,” in *Proceedings of the 30th International Conference on Machine Learning*, Proceedings of Machine Learning Research, vol. 28, cycle 3, ed. Sanjoy Dasgupta and David McAllester (Atlanta, GA: PMLR, 2013), 1337–45.
8 Jensen Huang, “Accelerating AI with GPUs: A New Computing Model,” Nvidia Blog, January 12, 2016.
9 ビル・ダリーへの 2024 年のインタビューより。
10 Coates et al., “Deep Learning with COTS HPC Systems,” 1338.
11 Coates et al., “Deep Learning with COTS HPC Systems,” 1345.
12 ビル・ダリーへの 2024 年のインタビューより。
13 ブライアン・カタンザーロへの 2024 年のインタビューより。
14 Dave Gershgorn, “The Data That Transformed AI Research—and Possibly the World,” *Quartz*, July 26, 2017.
15 Jessi Hempel, “Fei-Fei Li’s Quest to Make AI Better for Humanity,” *WIRED*, November 13, 2018.
16 Gershgorn, “The Data That Transformed AI Research.”
17 ビル・ダリーへの 2024 年のインタビューより。
18 ブライアン・カタンザーロへの 2024 年のインタビューより。
19 ブライアン・カタンザーロへの 2024 年のインタビューより。
20 ブライアン・カタンザーロへの 2024 年のインタビューより。
21 ブライアン・カタンザーロへの 2024 年のインタビューより。
22 “NVIDIA Tesla V100: The First Tensor Core GPU,” Nvidia. https://www.nvidia.com/en-gb/data-center/tesla-v100/ (accessed August 13, 2024).
23 ビル・ダリーへの 2024 年のインタビューより。
24 “No Priors Ep. 13 | With Jensen Huang, Founder & CEO of NVIDIA,” No Priors: AI, Machine Learning, Tech, & Startups, April 25, 2023, video, 16:19 https://www.youtube.com/watch?v=ZFtW3g1dbUU.
25 “Q3 2024 Earnings Call,” Nvidia, November 21, 2023.

第 12 章　世界「最恐」のヘッジファンド

1 Michael J. de la Merced, “A Primer on Starboard, the Activist That Pushed for a

Staples-Office Depot Merger," *New York Times*, February 4, 2015.
2 "Transforming Darden Restaurants," Starboard Value, PowerPoint presentation, September 11, 2014.
3 William D. Cohan, "Starboard Value's Jeff Smith: The Investor CEOs Fear Most," *Fortunate*, December 3, 2014.
4 Darden Restaurants, "Darden Addresses Inaccurate and Misleading Statements by Starboard and Provides the Facts on Value Achieved with Red Lobster Sale," press release, August 4, 2014.
5 Myles Udland and Elena Holodny, "Hedge Fund Manager Publishes Dizzying 294-Slide Presentation Exposing How Olive Garden Wastes Money and Fails Customers," *Business Insider*, September 12, 2014.
6 "Transforming Darden Restaurants," Starboard Value, 6–7.
7 ジェフ・スミスへの 2024 年のインタビューより。
8 スターボード・バリューからメラノックス・テクノロジーズへの 2017 年 1 月 8 日の書簡より。
9 ジェイ・プリへの 2024 年のインタビューより。

第 13 章　未来に光を

1 デイヴィッド・ルーブキーへの 2024 年のインタビューより。
2 ブライアン・カタンザーロへの 2024 年のインタビューより。
3 ジェンスン・フアンへの 2024 年のインタビューより。
4 Jordan Novet, "Google A.I. Researcher Says He Left to Build a Startup after Encountering 'Big Company-itis,' " CNBC, August 17, 2023.

第 14 章　ビッグバン

1 John Markoff, "At Google, Earnings Soar, and Share Price Follows," *New York Times*, October 22, 2004.
2 Ben Popper, "Facebook's Q2 2013 Earnings Beat Expectations," *The Verge*, July 24, 2013.
3 コレット・クレスへの 2023 年のインタビューより。
4 ジェフ・フィッシャーへの 2024 年のインタビューより。
5 シモーナ・ヤンコウスキーへの 2024 年のインタビューより。
6 Dave Salvator, "H100 Transformer Engine Supercharges AI Training, Delivering Up to 6x Higher Performance without Losing Accuracy," Nvidia Blog, March 22, 2022.
7 "No Priors Ep. 13 | With Jensen Huang, Founder & CEO of NVIDIA," No Priors: AI, Machine Learning, Tech, & Startups, video, 16:51 https://www.youtube.com/

watch?v=ZFtW3g1dbUU.
8 ジェイ・プリへの2024年のインタビューより。
9 元エヌビディア幹部への2024年のインタビューより。
10 ロス・ウォーカーへの2024年のインタビューより。
11 "Jen-Hsun Huang," Stanford Online, June 23, 2011, video, 9:25.
12 "Dean's Speaker Series | Jensen Huang Founder, President & CEO, NVIDIA," Berkeley Haas, January 31, 2023, video, 49:25.
13 "Download Day 2024 — Fireside Chat: NVIDIA Founder & CEO Jensen Huang and Recursion's Chris Gibson," Recursion, June 24, 2024, video, 1:32.
14 Kimberly Powell Q&A interview by analyst Harlan Sur, 42nd Annual J.P. Morgan Healthcare Conference, San Francisco, CA, January 8, 2024.
15 ゲヴォルグ・グリゴリアンへの2024年のインタビューより。
16 "Nvidia CEO," HBR IdeaCast, November 14, 2023.
17 Brian Caulfield, "AI Is Tech's 'Greatest Contribution to Social Elevation,' NVIDIA CEO Tells Oregon State Students," Nvidia Blog, April 15, 2024.

おわりに　エヌビディアの流儀

1 Paul Graham, "What Happened to Yahoo," PaulGraham.com, August 2010.
2 Nvidia Corporation, "NVIDIA Corporate Responsibility Report Fiscal Year 2023" (Santa Clara, CA: Nvidia), 16.
3 ベン・デ・ヴァールへの2023年のインタビューより。
4 ドワイト・ダークスへの2024年のインタビューより。
5 デイヴィッド・カークへの2024年のインタビューより。
6 リーイー・ウェイへの2024年のインタビューより。
7 アンソニー・メデイロスへの2024年のインタビューより。
8 ジェイ・プリへの2024年のインタビューより。
9 アンソニー・メデイロスへの2024年のインタビューより。
10 ピーター・ヤングへの2024年のインタビューより。
11 ジェフ・フィッシャーへの2024年のインタビューより。
12 シャンタヌ・ナラヤンへの2024年のインタビューより。
13 ブライアン・カタンザーロへの2024年のインタビューより。
14 ウンハク・ベーへの2024年のインタビューより。
15 カーティス・プリエムへの2024年のインタビューより。

[著者]

テイ・キム（Tae Kim）

経営コンサルタントおよびヘッジファンドの株式アナリストとしてキャリアを開始したのち、ブルームバーグ・オピニオンの米国テクノロジー担当コラムニストを務めてきた。現在は投資金融専門誌『バロンズ』の上級テクノロジー・ライターを務める。アメリカの半導体企業やゲーム会社の上層部と深いつながりを持ち、1990年代からエヌビディアを追っている。本作が初の著書。

[訳者]

千葉敏生（ちば・としお）

翻訳家。1979年神奈川県生まれ。早稲田大学理工学部数理科学科卒。訳書に、タレブ『反脆弱性』（ダイヤモンド社、2017）、ワインバーガー『DARPA秘史』（光文社、2018）、ミラー『半導体戦争』（ダイヤモンド社、2023）、カーバー『ミステリー・パズルMURDLE』（実務教育出版、2024）ほか。

The Nvidia Way エヌビディアの流儀

2025年2月25日　第1刷発行

著　者——テイ・キム
訳　者——千葉敏生
発行所——ダイヤモンド社
〒150-8409　東京都渋谷区神宮前6-12-17
https://www.diamond.co.jp/
電話／03･5778･7233（編集）　03･5778･7240（販売）

ブックデザイン—コバヤシタケシ（SURFACE）
校正————加藤義廣（小柳商店）
製作進行——ダイヤモンド・グラフィック社
印刷————勇進印刷
製本————ブックアート
編集担当——横田大樹

ISBN 978-4-478-12014-9